高职高专土建类精品课程建设理论与实践

陈锡宝 等著

U0330819

中国建筑工业出版社

图书在版编目（CIP）数据

高职高专土建类精品课程建设理论与实践/陈锡宝等著.
北京：中国建筑工业出版社，2008
ISBN 978 – 7 – 112 – 09953 – 5

Ⅰ.高... Ⅱ.陈... Ⅲ.建筑工程 – 理论 – 高等学校：
技术学校 – 教材 Ⅳ.TU – 0

中国版本图书馆 CIP 数据核字（2008）第 035772 号

　　本书共分三篇，内容包括：土建类精品课程建设的指导思想、目标与定位、内容与方式、评估指标、国内外的比较研究，以及土建类精品课程的一流教学内容和教材、一流教学队伍、一流教学方法改革、一流公共实训基地、一流教学管理的研究，并在此基础上，详细介绍了建设工程招标投标、物业维修管理、城市管理监察实务、建筑材料等精品课程建设的成果。此书可作为高职高专院校精品教材课程建设参考使用。

责任编辑：张　晶
责任设计：张政纲
责任校对：汤小平

高职高专土建类精品课程建设
理论与实践
陈锡宝　等著
＊
中国建筑工业出版社出版、发行（北京西郊百万庄）
各地新华书店、建筑书店经销
北京嘉泰利德公司制版
北京云浩印刷有限责任公司印刷
＊
开本：787×1092 毫米　1/16　印张：10½　字数：254 千字
2008 年 5 月第一版　　2008 年 5 月第一次印刷
定价：**25.00** 元
ISBN 978 – 7 – 112 – 09953 – 5
（16736）

《高职高专土建类精品课程建设理论与实践》课题组

课题组组长： 陈锡宝　上海城市管理职业技术学院副院长

　　　　　　　　　副教授　高级经济师

副　组　长： 李　静　高教研究所所长兼图书馆馆长

　　　　　　　　　副教授

成　　　员： 滕永健　经济管理系主任　副教授

　　　　　　　蔡伟庆　经济管理系副主任　教授

　　　　　　　何　光　教务处处长　副教授

　　　　　　　朱剑萍　高教研究所　讲师

序

精品课程建设是高等院校教学质量和教学改革工程的重要组成部分，是提高教学质量的核心，也是教学改革的重点和难点。2003 年教育部发出《关于启动高等学校教学质量与教学改革工程精品课程建设工作的通知》以后，各地高校积极启动和开展精品课程建设，出现了一个精品课程百花齐放的可喜局面。

对于高职院校来说，如何以就业为导向，进一步提高对人才培养质量重要性的认识，通过启动和开展精品课程建设，更有效地整合现有教学资源和各类教学改革成果，加大高职教育工学结合的力度，加大教学过程中使用信息技术的力度，加强科研与教学紧密结合的力度，切实提高学生的职业技术技能水平，成为一个十分重要的问题。以精品课程建设为抓手，特别是以专业性、技术性、实践性较强的土建类专业作为启动精品课程建设的表率，全面提升人才培养水平，从而增强学校在社会上的核心竞争力。课题组的这个研究方向，无疑是正确的。

改革开放以来，我国的经济建设和社会发展取得了举世瞩目的巨大成就，城乡面貌发生了翻天覆地的变化。现代化的商务楼宇和居民居住小区像雨后春笋般地涌现出来，堪称人类建筑发展史上的奇迹。广大人民群众的人均居住面积和生活质量在较短的时间内有了大幅度的提高。建筑业突飞猛进的发展，需要数以百万计的工程技术人员和数以千万计的建筑技术工人队伍，同时对城市管理特别是土建类工程管理提出了许多新的课题，对包括高职院校在内的高等院校土建类专业人才培养数量和质量提出了严峻的挑战和前所未有的发展机遇，也给土建类课程改革和土建类专业领域的科学研究提供了广阔的空间。

本课题是中国建设教育协会 2005 年批准立项的重点课题。课题组成员大都是上海城市管理职业技术学院长期从事土建类课程教学的教授和专家。课题组全体同志在学院领导和相关系部老师的大力支持下，经过两年左右的深入研究，取得了一批有创新、有质量的研究成果，包括课题研究主报告、子课题研究成果、精品课程建设成果和一批已发表的专项研究成果。课题研究的一些理论成果在教学改革实践过程中得到专家、老师和同学的普遍好评，显示了明显的成效。因此，把高职高专土建类精品课程建设的这些理论研究成果以及实践成果汇编成书，可以说是一项比较有意义的工作。

作为一个研究课题，通过专家组的验收和结题，并得到专家组成员的一致好评，可以说划上了一个圆满的句号。但是，高职高专土建类精品课程建设总体上还刚刚起步，今后深化教学改革和继续建设的任务还很繁重。已被评上的精品课程还要继续坚持标准，持续建设和升级，后面还有更多理论问题需要探讨，还有许多实际工作要做。希望课题组和精品课程教学团队的同志们在教学改革和提高人才培养水平方面取得更多更大的成绩。

全国高职高专土建类专业指导委员会秘书长　教授　赵园城

2007 年 7 月

验收专家意见

　　根据中国建设教育协会课题立项项目结题验收的要求，课题验收专家组于 2006 年 12 月 8 日对"高职高专土建类精品课程建设的理论与实践"课题（J2005—17）进行结题验收。通过听取汇报、查阅资料、专家组最终形成如下验收意见：

　　该课题从转变学科观念入手，提出土建类精品课程建设的价值取向，积极吸取高职精品课程研究的新思想，认真学习高职精品课程的优秀成果，并借鉴国外有益经验，课题的研究具有必备的理论基础。

　　课题对土建类精品课程建设状况、精品课程建设的指导思想、目标与定位、课程内容及构建方式、评价体系进行了较详实的分析研究，得出了较准确的结论。课题对有关信息的掌握是充分的，研究较深入。

　　课题取得了丰硕的成果。课题对土建类精品课程建设的指导思想、目标确立及定位；土建类精品课程建设的价值取向、土建类精品课程建设的内涵、土建类精品课程创建方式；土建类精品课程评估指标等一系列重要问题，都提出了具有较高价值和实践意义的成果。

　　综上所述，本课题研究不仅对土建类精品课程建设有较高的指导作用，对其他专业高职的精品课程建设也具有借鉴意义。本课题在国内处于较前列水平，因而，专家组一致认为应通过验收。

　　专家组建议，课题组对已有研究成果应加强实践，认真试点，不断总结，更趋完善，对土建类精品课程建设如何满足行业需求应作深入研究，对国外同类专业的精品课程建设也须作认真的比较研究。

新疆建设职业学院院长　教授
课题验收专家组组长
2006 年 12 月

目　录

第1篇　课题研究主报告

1.1　课题背景/003
1.2　土建类精品课程建设的国内外比较研究/006
1.3　土建类精品课程建设的指导思想、目标与定位/017
1.4　土建类精品课程建设的内容与方式/022
1.5　土建类专业精品课程评估指标/038
1.6　结束语/044
　　　本课题已发表研究成果一览表/045

第2篇　子课题研究成果

2.1　子课题之一：关于一流教学队伍建设的研究/049
2.2　子课题之二：关于一流教学内容与教材研究/062
2.3　子课题之三：关于一流教学方法改革研究/078
2.4　子课题之四：关于一流教学管理研究/092
2.5　子课题之五：关于一流公共实训基地建设研究/100

第3篇　精品课程建设成果

3.1　精品课程一：建设工程招标投标/115
3.2　精品课程二：物业维修管理/123
3.3　精品课程三：城市管理监察执法实务/131
3.4　精品课程四：建筑材料/138

附　录

附录一　教育部关于启动高等学校教学质量与教学改革工程精品课程建设工作的通知/147
附录二　教育部办公厅关于印发《国家精品课程建设工作实施办法》的通知/149
附录三　精品课程评审指标说明（高职高专课程适用）/151
附录四　教育部关于全面提高高等职业教育教学质量的若干意见/153
附录五　上海市高职高专精品课程一览表（2003～2007年）/156

参考文献/159
后记/161

第 1 篇　课题研究主报告

1.1 课题背景

1. 我国高校经过多年扩招，初步实现了大众化高等教育，通过精品课程建设推动整体教学质量的提高

时代对职教课程提出了新要求。知识经济将使所有的传统产业知识化。产品中技术、信息和知识含量的提高，需要智能型的应用人才。

未来的不确定性、知识老化周期加速、产品换代的加速和职业的频繁更替，需要具有终身学习能力的人和具有创业意识与创业能力的人。

随着科学技术的综合化，学科或行业间的界限逐渐被打破，复合型职业岗位不断出现，需要"宽专多能"的复合型人才。

对个人而言，产业知识化趋势以及职业的频繁更替和失业人数的增多，使他们越来越感到就业的压力，要求继续深造，提高自己各方面素质的愿望和呼声日益强烈。

在美国社区学院学生中，接受部分时间制非正规职业技术教育和培训的学生数在增加；平均年龄在增加；具有本科、研究生高学历的学生数在增加。知识、技术更新，转岗、转业培训已经成为社区学院的一项主要职能。

在新的历史发展时期，职业技术教育如何为学生未来的多次就业作准备？

在高等教育大众化背景下，如何构建职业技术教育课程使它能够培养出 21 世纪所需的"宽专多能"的复合型、智能型应用人才，以及使它既能够为学生的就业又能为学生的升学作准备，成为 21 世纪各国职业技术教育课程改革的主要目标和任务。

2003 年 4 月，教育部以《关于启动高等学校教学质量与教学改革工程精品课程建设工作的通知》为启动标志，揭开了我国高等学校精品课程建设的序幕。

1998 年以来，按照科教兴国战略和深化教育改革、全面推进素质教育的要求，根据经济发展形势需要以及人民群众的愿望，国家决定扩大高等教育招生规模。1998 年至 2004 年，我国高等教育招生数量年均增长 21.7%。高等教育毛入学率由 1998 年的 9.8% 提高到 2004 年的 19%，2006 年更是达到 21%。高等教育招生人数 2001 年达到 480.7 万人。2004 年我国高等教育总规模已超过 2000 万人，2006 年在校生人数已超过 2300 万人，居世界第一位。按照马丁·特罗高等教育发展的三阶段的观点，适龄人口的入学率低于 15% 为精英阶段，处于 15%~50% 之间为大众化阶段。我国目前正处于由精英型向大众型的转型期，其标志就是接受高等教育的学生数量急剧增加。从精英教育到大众化教育，我国高等教育正在寻求规模、质量、结构和效益内在统一的健康协调发展。

教育质量观是人们在特定的社会条件下的教育价值选择。"质量观是随不同时期的不同发展主题而变化发展的,不同时期确立的质量标准应有利于高等教育发展,而不是背离和限制高等教育发展"。[1]我国是发展中国家办大教育,而且是世界上最大规模的高等教育。人民群众不断增长的教育需求同教育资源供给特别是优质教育资源供给不足的矛盾,是现阶段教育发展面临的基本矛盾。要在高等教育规模持续增长的情况下,继续保持教育质量的不断提高,这是当前高教领域的重要课题。

高等教育大众化国家的实践证明,多样化是高等教育大众化的必由之路,包括社会经济对人才的规格、类型、层次需求的多样化;人才学习需要的多样化;为多渠道解决经费问题而形成的办学主体和办学形式的多样化等等。大众化高等教育这种多样化的特点,必然要求我们确立与之相适应、相匹配的多样化的高等教育质量观。"普通高校与高等职业技术教育的质量规格就不应该完全一样,不能以普通高校的质量观来套高等职业技术院校。"[2]"质量工程"是教育部《2003~2007年教育振兴行动计划》的重要组成部分,精品课程建设是"质量工程"的重要内容,教育部计划用5年时间(2003~2007)建设1500门国家级精品课程,各省、市、自治区一般建设200~500门省级精品课程,校级精品课程由各校自定,形成"国家级、省级、校级"精品课程体系,全部上网,免费开放,服务于广大师生,从而切实提高教学质量。高职高专土建类精品课程建设是整个精品课程建设系统工程的重要组成部分。

2. 高职院校精品课程建设是从传统的学科本位向职业能力本位教育转变的抓手

课程是将宏观的教育理论与微观的教育实践联系起来的一座桥梁。教育思想和培养目标都必须借助这座桥梁才能实现。教育层次、类别的区分,也集中反映了课程模式与教学内容的区别。高等职业教育与普通高等教育的类别特征、与中等职业教育的层次区别,也集中反映在各自的课程体系之中。近10年来,我国高等职业教育引入了能力本位的观念,学习借鉴了国外一些先进经验,改革了课程内容,增大了实践环节,取得了一些成绩,但在整体的课程模式和体系上还没有根本的变革。

学科本位主义的泛滥是一个值得高度关注的问题,这主要反映在以下几个方面:

(1)把高职教育视为高等教育中的次类,教育层次多限于大专;

(2)把高职教育的生源定位为差生群体;

(3)简化学科教育的专业与课程设置为高职教育所用;

(4)沿用学科教育的课堂教育为主和教师传授为主的教学法;

(5)按照学科教育的模式招聘、任用和评估教师,缺少对"双师型"教师的认可、吸引、保留与激励的机制;

(6)按照学科教育的模式设计和实施对学生学习效果的考试、测评。

由于上述原因,高职院校无法适应社会对应用型人才的数量与质量的需求,因此,必须尽快实现高职教育由学科本位向职业本位的转型。

高职教育由学科本位向职业本位转型的途径主要有:以观念创新推动制度创新和实务创新;完善高职教育法律体系;在全社会树立对高职教育的正确态度;确立正确的目标定位和人才规格,提倡"职业导向、够用为度"的、产学研一体的人才培养模式;兴办各种层次的高等职业院校、满足发展需要;设计特色鲜明的人才培养方案。高职教育所培养的人才,应具有良好的职业适应性、应用能力强、知识面较宽、综合素质高等特点。课程和教学内容体系的构建应以"实际应用"为主旨和特征。此外,由于行业边界的日益模糊,在课程设计中对专业和行业的依赖度应当适应产业经济的发展,注重对学生就业能力与职业发展能力培养的有机结合。课程的设计还应充分体现出对经验的开放度,提倡框架式设计或模块式设计,以充分适应学生的个性需求,造就有良好职业适应性和职业发展潜力的人才;构建以"双师型"教师为主体的师资队伍；设计完善的教学评估体系；提倡学历教育和职业教育的兼容；学习和借鉴西方职业教育的经验，外国特别是西方发达国家有不少成功的职业教育模式，可以供我们学习和借鉴。如澳大利亚的 TAFE 人才培养模式，是一种国家指导下的政府、行业与学校相结合、以学生为中心的多层次的综合性人才培养模式，已经取得巨大的成功。TAFE 教育强调能力培养，其培训包由国家机构根据行业和课程的类别制定和开发。岗位所要求的知识和技能被分解，行业标准被转换成了专业课程。TAFE 培训包不含公共基础课，只有专业基础课和专业课，采用模块化的课程结构，按照职业与岗位能力单元要素来开发学习模块。TAFE 框架下的高职教育具有完善的校内实习实训基地，教师都具有大学教育专业背景，又受过 TAFE 师资训练还有企业实践的经历。

随着我国经济发展与社会进步，对高素质、高技能专门人才的需求日益扩大，而我国目前的高职教育无论从规模、结构上还是发展层次来看，都不能充分满足社会对高技能应用性人才的需求。在制约高职教育健康发展的诸多因素中，学科本位的影响是一个值得高度关注的因素。要保证高职教育的持续的健康发展，必须要尽快实现高职教育从学科本位到职业本位的转型。但是，由于教学体系的形成和发展都是路径依赖的。传统学科教育的路径惯性，会在很大程度上长时期地影响和制约高职教育的发展进程。改变学科本位为职业本位，绝非一日之功。对此，我们应该有清醒的认识，并做好充分的准备。

当前，我国许多高职院校的学科本位思想在课程中的表现仍然根深蒂固，制约了高等职业技术型人才的培养。虽然高职教育已呈现由学科本位向能力本位转变的趋势，但能力本位的课程模式基本还停留在概念层面；在专业培养计划中大多仍沿用学科本位的课程体系和课程形式；在直接面对学生的课程中，从教学内容到方法手段也没有完全向能力本位转换；课程改革尚需与时俱进。

"职业教育的课程改革应当以学生职业素养的生成与人生发展为核心展示课程的价值，建构课程的要素"[3]。高职课程改革应当借鉴国外特别是发达国家的先进理念和办学经验。职业教育的课程是学生以经验为基础的理解、体验、探究、反思和创造性实践而建构的活动。课程应该是开放的和舒展的。职业教育领域的课程范畴不同于基础教育领域课程的学科中心主义。它已延伸到项目和实践活动，典型地反映了多元学习方式的整合。精品课程建设应当从职业能力本位来遴选教学内容，加强实践性教学环节，把提高学生的职业技能和实际操作能力作为出发点和落脚点。包括高职土建类在内的精品课程建设应当在从传统的学科教育向职业能力本位教育的战略转变中发挥重要作用。

3. 通过精品课程建设切实改变目前应用型高技术人才偏少的现状，大力提升高职人才培养水平，开创有中国特色的高职教育新天地

改革开放以来，我国制造业获得了持续快速的发展，"中国制造"已遍及世界各地。然而，要从制造大国走向制造强国，必须从根本上提高"中国制造"产品的技术含量，有效提升"中国制造"的竞争力，就要优先发展先进制造业。先进制造业是以制造业吸收信息技术、新材料技术、自动化技术和现代管理技术等高新技术，并与现代服务业互动为特征的新型产业。先进制造业的关键特征是拥有先进制造技术，技术的先进客观上要求掌握技术的人员素质提升。在这一背景下，发挥职业技术教育的"引擎"作用显得特别重要。但是，在我国有可能在制造业大国的位置上更向前推进一步的今天，出现了与制造大国地位极不相称的尴尬局面：中国已经成为一个制造业人才尤其是高级蓝领稀缺的国家。据劳动部门统计，我国的高级技工仅占工人的5%左右，而发达国家这比例高达35%～40%。以上海为例，2003年上海市劳动社会保障局对上海市部分企业1.6万余名职工进行调查，发现高级技师仅185人，占总数的2.8%，高级技师平均年龄达48岁。上海有技术工人140万人左右，其中高级技工只

占 6.2%。[4] 培育自己的技术创新力量，提升制造业的国际竞争力，实现从成本性质的"中国制造"向技术性质的"中国制造"转变，当务之急是要通过大力发展职业技术教育，尤其是高等职业技术教育，大规模、多层次、多类型地培养我国制造业所急需的应用型高技术人才。德国根据其社会、经济与科技的发展，对职业技术人才提出了更高的要求。一是劳动分工出现单一工种向复合工种转变，技术进步导致简单职业向综合职业发展，要求劳动者具备跨岗位和跨职业的能力。二是信息社会使一次学习向终生学习迁移，竞争机制使终身职业向多种职业迁移，要求劳动者具备不断开发自身潜能，不断适应劳动力市场变化的能力。根据我国目前制造业发展的最大瓶颈问题，必须把人力资源开发作为职业技术教育的第一要务，高度重视技术应用型人才的培养，逐步适应制造业发展要求，打破传统的封闭式职业教育体系，使职业教育和社会、企业建立紧密联系，提供多样化的人才培养途径。高职院校精品课程建设就是通过积极调整和提升专业结构和课程模式，培养大批高素质的应用型高技术人才，从根本上改变目前我国高等技术人才匮乏的现状，成为开创有中国特色高等职业教育的重要措施。

2005 年，职业教育被确定为我国教育事业的一个战略重点，摆在了更加突出的位置。国务院召开了全国职业教育工作会议，并发布《关于大力发展职业教育的决定》，成为我国职业教育发展历程中的里程碑。在 2005 年一年中，教育部、财政部等部委召开的全国性职业教育专项工作会议已达 6 次，其规格之高、频率之多、力度之大，确为历年所罕见。中央对职业教育的重视达到前所未有的高度，把发展职业教育作为经济社会发展的重要基础和教育工作的战略重点。发展职业教育的政策措施有重大突破。如实施"四大工程"，抓好"四项改革"，实施"四个计划"，大力加强职业教育基础能力建设。职业教育成为现代国民教育体系的有机组成部分，对职业教育的功能和作用的认识已由单纯的经济视角转变为包括经济社会和人的发展在内的全面视角。

在这种宏观大背景下，本课题从实际出发，围绕高等职业技术学院土建类精品课程建设的理论与实践这一主题，进行探索和研究，以期推动其他课程的改革和建设，有利于应用型高技术人才培养水平的进一步提高。

1.2 土建类精品课程建设的国内外比较研究

高等职业教育的土建类专业具有技术性、应用性、实践性很强的特点，因此精品课程建设也具有相应的特点。课程建设在国外一般称为课程开发。课程开发是为实现一定的培养目标，在确定的教育思想指导下，采用科学的程序与方法对教育全过程所进行的方案设计、组织实施与评价管理的总和。在国外现代职业教育的实践中，往往把课程开发的研究、设计、实施、管理进行一体化的系统考虑。20 世纪 80 年代以来，许多国家特别是西方发达国家在高等职业教育方面进行了改革，土建类专业在课程开发方面更加注重企业的实质性参与和学生职业技能的提高，取得了良好的效果。一些国家在改革和实践过程中逐渐形成了自己的特色或模式。

一是德国的"双元制"模式。所谓"双元制"是指企业和职业院校在职业教育中共同发挥作用，又以企业为主（每周学生在企业实践 3～4 天，在学校学习理论 1～2 天）。德国"双元制"是其众多教育制度的一种，最早可追溯到中世纪，类似于我国师傅带徒弟的传授技艺模式。19 世纪初，只有手工业和商业领域才培训学徒，但到了 20 世纪初，已发展到国民经济的各个行业、各个领域。这种模式将企业与学校、理论知识与实践技能紧密结合起来，以培养高水平的技术应用人员。德国"双元制"学制通常为 3 年，专业分为商业、技术和服务 3 大类。

"双元制"模式是以能力为本位、工作过程为导向的。它在培养学生的从业能力的基础上，更注重学生关键能力的培养，旨在顺利就业的同时，提高学生适应社会和自我发展的能力。"双元制"职业教育是德国经济发展的"秘密武器"，在促进其就业、经济发展以及社会稳定中发挥了重要作用。

"双元制"模式实质是指学生在企业接受实践技能培训和在学校接受理论培训相结合的职业教育模式。学生有双重身份，即学徒和学生；学生有两个学习培训地点，即企业和学校。这是一种国家立法支持、校企合作共建的办学制度，主要标志是学校和企业共同负责人才培养工作，共同制定课程开发计划。"双元制"模式在德国得到政府、企业、学校、学生、家长的普遍认同，是德国职业教育的最主要的特色，也是推行职业教育成功的关键。为了调动企业在职业教育中承担主要责任的积极性，联邦政府在政策方面给予一定的照顾，如规定企业的职业教育费用可以计入成本，并可减免税收，可计入产品价格并在产品销售后收回等等。"双元制"中的"一元"是指职业院校自身，其主要职能是传授与职业相关的专业知识体系；另"一元"则是一些校外的实训场所，如企业、工厂或公共事业单位等，这类机构的主要职能是让学生在实践中接受职业技能方面的专业培训。德国高等职业教育的课程模式具有"宽基础，复合型"的特点，注重学生独立工作能力的培养和个性发展。课程开发以职业能力为本位，课程内容主要按照职业资格的标准为依据，课程模式以职业活动为核心展开，以实践技能课程为本。普通理论课教学内容比较浅显，而专业课几乎覆盖了专业所需的所有理论，知识面广，综合性强。如柏林技术学院结构工程专业开设的主要课程有数学、画法几何、建筑物理、建材学、土力学与地下建筑、测量学、钢筋混凝土结构、钢结构、木结构、交通工程、土木工程企业经济学、土木工程法规、建筑业、水力学、居民计划用水、给水排水工程与企业、数据处理在建筑业的应用、高层建筑设计、预应力混凝土、桥梁建筑、混凝土工艺等。实践课程采用综合项目和教学单元模式。理论课程通常采用以应用性理论为主的综合课程。在课程实施过程中，采取相应的组织形式，体现课程目标与实施手段的一致性。

"双元制"模式无论在理论教学还是实践教学均体现了以学生为主体的思想。在教学过程中，教师不再是知识的主要传授者、讲解者，而是指导者、咨询者；学生不再是被动的接受者，而是主动的获取者，其主动性和积极性得到了充分的发挥。"双元制"教学方法采取以学生为主体的多种教学方法，突出学生的中心地位作为其主要特点，尤其是对关键知识和技能都务必要求每一位学生自主动手。行动导向教学法是"双元制"提倡的教学方法。行动导向教学法是一种能力本位的教学方法，包括项目教学、"头脑风暴法"、角色扮演、模拟教学、案例分析、引导课文教学法。在土建类专业的课堂教学中，德国也是采用行动导向教学法，如对机器运动过程的演示、原理概念的演示等。德国政府在建筑业高等职业教育中推行"关键能力"和"行为导向"，在许多州开展教学改革典型试验，并提出了新的土建类专业课程开发方案。从2004年起，上海城市管理职业技术学院与德国著名的青年社会及教育工作国际联盟曼海姆教育中心合作办班，采取"双元制"教学模式设置课程和组织教学，特别加强实践性教学环节和提高学生实际操作能力，受到了广大学生的欢迎。

二是美国、加拿大的CBE模式。CBE（Competency Based Education）的意思是"以能力为本位的教育"。这里的能力，不是指单纯的技能，还包括掌握与运用这项技能所必备的知识和态度。这种模式强调的是职业或职业岗位所需能力的确定、学习和运用。由于CBE这种模式是以能力为本位的，所以它特别适用于职业教育。虽然CBE从北美产生至今不过30多年，但从各国职教模式构建实践来看，它对世界职业教育理论研究与实践活动的影响是十分广泛而深远的。20世纪90年代初，通过开展中国—加拿大高中后职业技术教育合作项目（Canada-China College Linkage Programme，CCCLP），CBE被介绍到中国，引起了中国职业教育界有识之士的广泛关注。10 多年过去了，CBE 在中国得到了广泛的传播、学习和借鉴。

美国和加拿大的职业教育最早可以追溯到殖民时代。在工业革命中已经出现了比较正规的技工学校。20 世纪初就颁布了关于促进职业教育的法律。20 世纪 90 年代以后，美国进一步推动了职业教育立法和相应的改革，通过课程一体化、合作课程、技术准备等对职业教学体制和教学内容进行重新整合，极大地推动了技术和经济的发展。学生也受益匪浅，大都获得了就业所须的职业技术能力。例如，课程一体化就是把理论、学术方面的课程内容和技术、职业生涯方面的课程内容结合起来，主要表现在职业生涯和技术课程更多地吸收学术内容，而不是学术性课程吸收职业生涯和技术内容。这种模式的核心是从职业岗位的需要出发，通过职业分析确定岗位所需的综合能力和专项能力，制定能力分析表，将相同、相近的各项能力进行归纳，构成教学课程模块。课程体系打破了传统的以公共课、基础课为主导的课程教学模式，强调以岗位群所需职业能力的培养为核心，重视学生的技能训练，理论知识传授以"必须、够用"为度，不太注重知识的系统性和完整性，而是着重于学生实际能力的培养，保证了人才培养目标的顺利实现。

例如加拿大乔治布朗学院建筑技术与管理专业设置的主要课程有建筑绘图、建筑计算机绘图、计算机技能及应用、建筑业实践、建筑史、技术数学、建筑技术数学、住房及小型建筑、建筑科学与环境、建筑设计与技术、建筑编码、机械及电子设备安装、建筑安全实践、建筑业定量调查、建筑三维摸拟、法律与建筑合同、结构工程、建筑科学、建筑经济、项目管理、劳动关系与人才资源管理、普通选修等。课程设置的针对性较强，理论课与实践课在教学过程中互相支持，两种课程的比例大致为 1:1。每学期均安排专业实践活动。土建类专业课程设置非常重视人文素质教育，普通选修主要有历史学、社会学、文学、美学等课程。

三是英国的 BTEC 模式。BTEC（Business & Technology Education Council）是英国商业与技术教育委员会的简称。BTEC 成立于 1986 年，由英国两大职业评估机构 TEC（技术教育委员会）和 BEC（商业教育委员会）合并而成，是英国权威的资格开发和颁证机构。BTEC 模式是英国商业与技术委员会在国际上提供职业教育证书课程的职教模式。它由英国爱德思国家学历及职业资格考试委员会颁发证书，分初、中、高 3 个层次 9 大类，上千种专业证书。爱德思具有英国资格证书与课程委员会批准审核的教学大纲、考试、考卷和评分标准制度。在 BTEC 模式中，把各类专业归纳为下述 9 大类：

1. 艺术设计类

艺术设计类专业主要包括平面设计、装潢设计、时装设计、服装裁剪和三维设计等领域。

2. 商务类

商务类专业主要包括文秘、管理、金融、财会、市场营销、人力资源管理以及物业管理等领域。

3. 建筑类

建筑类主要包括土木工程和建筑维修等领域。

4. 工程类

工程类主要包括船舶、海运、汽车、机械、数控、机电一体化和仪器设备制造等领域。

5. 健康与保健类

健康与保健类主要包括护理、医药、卫生技术、健康咨询、公共卫生管理等领域。

6. 信息技术与计算机类

信息技术与计算机类主要包括多媒体、电子技术和商务信息技术等领域。

7. 土地类和乡村发展类

土地类主要包括农业和环境科学等领域。

8. 媒体类

媒体类主要包括戏剧和音乐作品领域。

9. 旅游类

旅游类主要包括接待与餐饮、娱乐休闲与饭店管理等领域。

英国号称继续教育之乡，高等职业技术教育历史悠久，设施比较先进，法规比较完备。在工业革命初期，英国本土和主要殖民地就建立了数以百计的职业技术学校。经过长期的发展，形成了一整套比较周密的职业教育法律体系和比较完善的职业教育体制。英国各地都有一大批装备先进、技术一流的职业培训基地。英国的职业教育对经济、科技的发展是功不可没的。英国9个大类的职业技术岗位覆盖了全国90%以上的就业岗位，建筑类是其中之一。英国高等职业教育培养目标是面向生产第一线的高级技术应用性人才和管理人才，以及动手能力较强的技能性人才。其特点是依赖职业能力分析的结果，确立权威性的国家标准，来确定学生的等级水平。

英国国家颁发的职业资格证书一般分为6级，1~4级要求达到本专业领域中特定岗位的较强动手能力；5~6级证书则要求在上述能力的基础上，具备一定的技术分析、设计能力和解决实际问题的能力。职业教育针对不同工作岗位的需要和职业资格证书的不同级别，开设不同的职业技术课程，使学生获得国家认可的职业资格证书，然后进入劳动力就业市场。

BTEC课程教学强调采用多种多样的教学活动，如课堂讨论、实践实习、社会调查、实地参观、课业、扮演角色、演讲、口头报告（汇报）、书面报告、自我评价、小组活动、解决实际问题等。课业是BTEC典型的教学组织方式，十分值得土建类精品课程借鉴。其课业设计的原则主要有：依据大纲设计课业；有利于学生的自主创新；为学生提供发展通用能力的机会；课业紧密结合社会实际和工程实际；课业评价方法明确，标准适当以及完成期限切实可行。

土建类专业课程与其他专业课程一样，呈模块状结构。学生在取得某一级证书后，再学习几个模块，即可取得高一级证书。专业课程以行业组织制定的职业能力标准和国家的统一证书制度为依据，由国家各相关产业理事会及其顾问咨询组织根据产业需求、就业市场信息和岗位技能要求确定。专业课程的具体内容由企业和院校共同制定或调整。在课程设置和学习成果认定方面，具有较强的灵活性和开放性。政府建立了行会组织参与制度和面向全社会的开放式学习系统，院校与企业界、社区组织保持紧密的合作关系，并在当地经济和社会发展中发挥重要作用。

四是澳大利亚的TAFE模式。TAFE（Technical And Further Education）的意思是"技术与继续教育"。澳大利亚将技术教育与继续教育结合到一起，进行开发、实施与管理，形成了一种技术与继续教育的模式。人们称这种模式为TAFE。目前，澳大利亚有250所TAFE学院和42所大学，TAFE学院应用TAFE模式开展教育教学活动。TAFE的地位和作用主要有：它是职业教育和培训的主要提供者；它既是教育机构，也是执行政府政治和经济政策的载体；它为各个行业培训技术工人、服务人员和技术人员；TAFE也培养某些领域较高层次的专业技术人员和管理人员。TAFE学院一般属政府所有、管理并由政府资助。

TAFE形成了一个由政府主持、行业主导和学院实施的体制。土建类精品课程建设可以从这一体制中得到有益启发。尤其值得一提的是行业主导。TAFE的行业主导，首先是业界参加职业教育的决策。在澳大利亚，所有国家和地方政府职业教育管理机构的组成人员均由代表行业意志的行业人员参加。澳大利亚在国家和州政府两个层次上成立了行业咨询顾问委员会，各州的重要管理机构——TAFE服务处也是以行业人员为主组成。行业人员充分代表行业利益参与决策，反映了职业教育管理中的企业本位指导思想，体现了行业的主导作用。其次，业界参加国家框架体系的构建和教学领域改革策略的制定。澳大利亚相关行业组织的一项重要使命就是协助政府提供最新的相关岗位要求及近期就业信息，以指导职业院校的专业设置，并帮助学习者选择专业方向。行业在国家培训框架、国家资格框架、认证框架等工作领域均积极参与决策管理。职业教育的专业设置、课程开发等也必须充分发挥行业的主导作用。职业教育的课程设置由专门的课程开发机关负责。所设置的课程以行业组织制定的职业能力标准和国家统一的证书制度为依据，然后将行业标准转换成课程。每一类证书、文凭需要开设多少门课程，需要开设哪些课程等问题均由各相关产业培训理事会及其顾问组织根据就业市场信息、相关岗位技能要求和能力标准而定，并根据劳动力市场的变化而不断修订。这种专业性的管理和操作避免了专业与课程设置的重复，减少了资源浪费。

TAFE 强调能力培养是国家教育法规的要求，其教学是建立在以培养学生能力为目标的基础上的。加强实践教学环节是 TAFE 又一个突出的特点，在教学过程中将理论教学与实践教学融为一体，教室即实验室，实验室即教室；学习环境就是工作环境或模拟工作环境。课堂教学以提高能力为原则，纯理论的课程较少，基础课更是以够用为度。教学方法上以项目教学为主，并结合个体辅导。

除了上述几种主要模式之外，其他国家也创造了一些较好的经验。如奥地利提出高职教育的发展导向是"为未来造就人才，为生活创造机会"，其土建类专业的课程由政府、专家和企业共同组成的职业教育研究机构制定，具有多层次、多学制的特点，能及时反应市场和企业的需求。工程类职业技术教育课程结构分为"树干"公共基础课程和"树枝"专业技术课程。前者是核心课程，全面覆盖工程技术系列所有的基础课程；后者从第 3 学年开始，细分出不同重点的专业方向，增加不同的专业技术课程。在搞好课堂教学的同时，更侧重于实践教学环节和学生实际技能的提高。

日本的职业教育占据教育的半壁江山，培养了大批能够理解、熟悉、使用各种技术的劳动大军，成为经济发展的"秘密武器"。日本政府强调高等职业教育院校加强与地区、产业界之间合作的重要性，实行振兴产业教育的经费补助政策。其中，土建类专业的课程开发与设置更加重视应用性技术、技能的学习，行业和企业积极参与高等职业院校的人才培养工作，包括课程设计和组织实施教学，加强实践性教学环节，培养学生的实际技能，使学生毕业后能胜任工作岗位的实际操作。

韩国政府将职业教育特别是高等职业教育放在极其重要的地位，经过 20 世纪 90 年代以来的职业教育体制改革，已经建立了比较成熟的终身教育体系，为广大青年和其他劳动者提供更多的职业教育机会。"随着信息时代的来临，终身教育理念逐步深入人心，将职前教育体系与职后教育有机结合起来，创造一个终身教育的完整连续统一体已成为世界性趋势。"[5] 在土建类专业课程开发中，职业技术院校与企业加强实质性的合作，共同研究和制定教学计划和课程设置方案，加强实践性环节的教学、考核和评估，产业现场就是高职院校学生的主要学习场所。许多院校还开展企业委托教育，把一些实践性课程委托给企业进行教学和管理，培养出来的学生能适应企业实际岗位的需要，动手能力强，成为企业生产和管理的中坚力量。

国外高等职业技术院校土建类专业课程开发与我国高职土建类专业精品课程建设有诸多相似相通之处，然而在内涵方面却有所区别。国外职业教育土建类课程开发的主要内容在于课程的设计、实施和管理，而我国的精品课程建设不但涵盖了国外课程开发的全部内容，还包括制定科学的课程建设规划、加强教师队伍建设、重视教学内容和课程体系改革、使用先进的教学方法和手段、重视教材建设、理论教学与实际教学并重、建立切实有效的激励和评价机制等重要内容，因此精品课程作为具有一流教师队伍、一流教学内容、一流教学方法、一流教材、一流教学管理等特点的示范性课程，较之国外单纯的课程开发，更具广泛性。

在一个较长的时期内，我国传统的土建类高等职业教育课程更多地遵循学科体系掌握间接知识的教育规律，较多采取由核心向外围发展的课程结构。课程模式的学科性较强，理论知识的系统性较强。目前，我国现行的高职土建类专业课程模式主要有 3 种：

一是传统的三层式结构。课程设置按公共课、专业基础课、专业课的顺序安排，实际上沿袭本科教育课程结构，以学科为主线和内涵而构建，因此又被称为"本科压缩型"结构。尽管在高职教育中增加了实践教学环节，但学科教育的框架仍然未能突破。

二是加宽的三层平台式结构。在三层式结构的基础上，按原有的土建类专业拓宽口径，形成 3 个层面较宽的平台。如在原来开设公共基础课的同时，增加若干人文社会科学课程和素质教育课程；专业基础课对土建类专业课程的教学内容进行扩展和组合，构成新的专业基础课群，如工程力学、工程识图、工程材料、工程测量等。专业课可以让学生在土建类课程的一定范围选学，以适应学生个性发展。

三是模块式结构。课程体系在对职业岗位进行分析的基础上，把课程组成各种知识模块和能力模块，以培养学生职业能力为主线构建土建类专业的课程体系。在模块式结构中，知识体系和能力体系是两个相互独立而又联系的整体。知识模块包括专业基础知识和专业理论知识；能力模块主要由实验、设计、实习、实训等实践性教学环节组成，强调提高学生的实际操作能力。

在上述几种土建类专业课程模式中，模块式结构在相当程度上吸收了发达国家的课程开发经验，是教学效果较好的模式。然而，许多高职院校在采用模块式结构的实际教学中，存在着实践教学环节的教学方式单一，技能训练以模仿为主。教育过程重理论轻实践，造成理论与实践相脱节。教学内容往往滞后于建筑科技发展水平，新材料、新技术、新工艺不能及时反映到课程内容上来。总体上来说，人才培养的质量难以适应企业和社会的实际发展需要。

实践性课程和教学内容是精品课程建设的重要组成部分，是关系到人才培养质量的关键所在。然而，与一些发达国家相比较，我国高等职业教育在实践性教学环节方面的巨大差距是显而易见的。例如，在实习实训基地方面，许多学校校内实训基地数量少，规模小，实验室和实验设备远远跟不上教学的需要。校外实训基地也不能满足学生现场学习技术技能的需要。许多地方对高职教育重视不够，许多企业缺乏接纳高职学生实训的积极性。不少校企结合的实训基地徒具形式，甚至仅仅挂了一块牌子。在一些地方或高职院校，具有先进设施和装备的公共实训基地建设刚刚起步，已经建成的公共实训基地使用率还有待提高。为了从根本上解决这些问题，除了完善促进高职教育的法律法规和加大对实训基地的投资力度之外，从我国国情和高等职业教育发展的实际出发，学习和借鉴德国"双元制"、美国"课程一体化"、日本"企业委托职业技术教育"等发达国家在职业教育方面的一些具体做法，无疑是十分重要的。

近年来，我国高等职业教育在教学改革和精品课程建设方面进行了积极的探索，取得了长足的发展和可喜的成就。但是，由于存在发展时间较短、基础较差、经费不足、经验不多等种种原因，目前仍然存在着一些严重的问题和明显的不足，需要在深化教育体制改革过程中不断改进和完善。因此，高职土建类精品课程建设应当继续借鉴国外先进的教育理念和课程开发的经验，按照我国高职教育的人才培养目标，贯彻"以就业为主导、以能力为本位"的方针，加强学生应用性技术能力培养，在调动行业和企业积极性、注重和加强实践教学环节、提高学生实际技术能力等方面深化改革，敢于创新。同时，在学习和借鉴国外先进高职教育发展经验的同时，科学总结我国长期以来行之有效的课程建设经验，把土建类精品课程建设提高到一个新的水平。

20 世纪 90 年代以来，发达国家高等职业教育课程改革至少有 5 条经验值得我们借鉴：

1. 课程目标——由岗位技能训练转向综合职业能力的培养

传统职业教育主要是进行岗位技能训练，课程编制者出于为个体的职业生活作准备考虑，认为职业教育课程的目标是使个体掌握胜任具体岗位的技能。然而，现代社会工作性质的变化对传统职业教育课程的目标提出了质疑：在信息社会中，终生只从事一项工作变得越来越不可能。个体无法预知自己将来从事何种工作，如果只掌握一门针对固定岗位的技艺，个体的生存与发展将受到严重的挑战。实际上，为应对岗位和职业的变换，个体必须具备一些综合性的技能或能力。鉴于此，世纪之交世界各国纷纷改革其职业教育课程的目标，由原来的岗位技能培训转向注重综合职业能力培养。在西欧、北美国家发展起来的有别于传统职业教育理念的新职业主义，就是顺应这一趋势的产物。它包括澳大利亚的关键能力培训、英国的核心能力培训、德国的基础职业能力培训等。新职业主义的策略是：打破狭隘的职业训练的壁垒，向学生传授具有通用性的、可迁移的、工具性的技能，而不是传授传统意义上的、高度专门化的、狭义的技能。相应地，为培养这种综合职业能力，各国在进行职业教育课程改革时，都考虑到了课程目标的整合性，把掌握知识和技能、发展能力、培养良好的职业道德和个性心理品质等各类目标有机地结合起来，着眼于提高劳动者的综合职业素质。

1992 年，英国的国家职业资格委员会（GNVQ）出台了普通国家职业资格（GNVQ）课程。与原有的国家职业资格（NVQ）课程不同的是，GNVQ 开发的不是某个具体专业领域内的职业能力，而是广泛的职业或专业都需要的一般技能、知识和理解力。授证机构对这一点作了明确说明：引进 GNVQ 课程的目的在于给学生提供一种宽泛的教育，使他们为就业培训和继续的、高等的教育打好基础。日本高等职业教育在人才培养方面也日益重视促进学生的全面发展。以长冈工业高等专门学校为例，近年来该校重新明确了培养目标，即具有丰富个性、自主性和创造性的富有发展前景的技术人员。学校现开设的 5 个学科中，一般教学课程的总学分普遍多于专业课程学分，且范围非常广泛。学校还开设了企业实习、创造研究等课程，培养学生的创造能力和职业意识。另外，在开设必修课的同时，还开设了大量选修课，学生可根据自己的兴趣爱好选择喜欢的课程，这为学生个性的发展提供了一定空间。课程目标既考虑到人文素养和科学素养的均衡，又考虑到学生主体性的发挥，有利于学生形成创造性的、有个性的人格，从而促进学生的全面发展。

随着"终身学习"、"可持续发展"等观念的日益深入人心，个性的全面发展、综合素质的培养已成为一些发达国家和地区职业教育课程开发的总体目标。职业教育愈益关注人的个性发展，课程目标也从单纯注重培养学生的专门技能和专业能力向注重培养学生的社会适应能力、综合职业能力、创业能力以及情感、态度、价值观等多种素质相融合的方向发展，越来越倾向于追求工具性价值和发展性价值的统一。这种趋向必然促成各种课程观的有机融合，课程目标逐渐从原先单一的技能型向以综合职业能力为核心的多元整合型发展，呈现出"学科本位—能力本位—人格本位"发展的总趋势。

2. 课程内容——实现职业性与学术性在更高水平上的整合

1991 年，《世界银行关于职业教育和培训的政策文件》重新对普通教育与职业教育的关系进行了明确定位，即二者由原来的"替代"关系变为"互补"关系，要求在扎实的普通教育基础上实施职业教育，高等职业学院应以职业基础教育为主，主要任务是为学生奠定宽厚坚实的专业文化基础以及树立全面发展的思想观念。20 世纪 90 年代初，各国在这方面采取的主要策略是加强职业教育课程的基础性。许多国家都注重拓宽职业教育课程，采取推行职业基础教育年的做法，如德国、法国职业学校的学生第一年学习普通文化课和某一职业领域的基本知识、基本技能，第二年、第三年才进行分专业的培训。

在一些国家还出现了一些新的整合学术课程和职业课程的方式，它们与原来我们常说的"职业教育普通化、普通教育职业化"有本质的区别。前者是把两种教育有机地整合为一体，后者只是在职业教育课程中增加普通课程内容，普通教育中增加职业课程内容，但职业教育与普通教育还是分立的。这一变革的意义是重大的：整合两种教育，增强学术教育的职业性，既方便学生进一步的学习和培训，也有利于加强教育与学生未来工作之间的联系，提高学生的学习动机。正是基于这些考虑，主张整合职业课程与学术课程，用与职业相关的主题来组织和促进学术课程的学习成为一种趋势。

20世纪90年代初，美国就颁布了一系列法律法规，鼓励中、高等职业教育机构通过课程与教学改革更好地整合学术课程和职业课程。1990年，《卡尔·D·珀金斯职业技术教育法修正案》（Carl Perkins Vocational and Applied Technology Education Act Amendments）要求使用联邦基金来资助"学术课程与职业课程整合"计划，使学生既具有一定的学术基础，又能掌握相应的职业能力。不同的州、地区及学校出于不同的目的、功能和预期结果的需要，在整合学术课程与职业课程的过程中出现了各种不同的、各具特色的模式。其中的一些模式被1994年颁布的《从学校到工作多途径法》（School to Work Opportunities Act）所采纳，在政府层面上进行推广。如"技术准备计划"（Technical Preparation Programs）、"生计学校"（Career Academies）、"校办企业"（School-Sponsored Enterprises）、"企业—学校合作"（Business-Education Compacts）、"合作教育"等。它们的共同特征，是在同一阶段把学校课程与工作课程整合起来。当然，不同模式在整合的程度及层次上存在着差别。

再来看英国的情况。在GNVQ制度出台以前，英国的国家职业资格证书体系中只有两条相互独立、互相平行的资格通道，即纯学术性的A级证书制度和国家职业资格（NVQ）制度。前者主要在于发展与学科相关的知识、理解力和技能，以使学生能够升入大学。后者是一种以工作为本位的职业培训课程，主要提供给在职人员，其主要目的在于发展和掌握专业技能或与专业相关级别的熟练技能。除了这两类课程外，自20世纪80年代始，也有不少机构如继续教育学院、第六学级学院等给16～19岁的青年提供全日制或部分时间制的职前准备课程，但这些课程不仅交叉重复，没有统一的国家标准，而且多为终结性的，不能提供学生升学的机会，因而对学生和家长缺乏吸引力。新出台的GNVQ课程考虑到与不同的职业资格证书和学术性证书标准的可比性，从而为不同资格之间的学分转换提供了条件。GNVQ课程和NVQ一样采用单元结构，但某一门GNVQ课程的选修单元，可以选自其他GNVQ单元、NVQ单元、普通中等教育证书（CNSE）、普通中等教育证书高级补充级（AS级）、普通教育证书高级（A级）等，学生可以根据自己的兴趣和抱负加以选择。这就为各类课程的整合、为学生的就业或升学创造了条件。

3. 课程结构——彰显模块化课程的开放性、灵活性

模块课程是根据特定的目的、学习者特定的需求，从学习的单元库中选出合适的学习单元组合而成的。每个模块由若干个学习单元组成。一个完整的课程模块还包括该部分内容的培训目标、所需的学习材料、完成该部分材料学习所需的辅导材料，以及考核评估标准等。模块课程的显著特点就是开放性、灵活性。首先，在学习过程中，模块可自由组合，模块的选择与组合取决于所要解决的问题，学生可以根据自己的基础和兴趣选择与组合自己的学习内容。其次，模块课程组合式的学习材料促使教师可随时根据社会经济环境的变化（如职业职能转变，新技术新工艺的出现等）调整教育培训系统的教学内容，使教育系统的产出及时跟上社会经济发展变化的需求。

美国、加拿大、澳大利亚等国家的职业教育模式都是能力本位（Competency-Based Education——CBE）的，职业技术教育课程开发采用的就是模块式。当根据市场需求开设一门新课

程时，加拿大社区学院的做法是组成一个DACUM（意为课程开发）委员会，一般由8~12人组成。委员会成员包括本行业有丰富实践经验的工人、技术人员和管理人员、专家和熟练技师，也包括少量有经验的学院教师和管理人员。委员会的任务是进行职业目标分析（包括工作分析、任务分析、能力分析），他们经充分讨论把每个培训的内容分解为8~12项职责，再把每项职责细化为6~30项具体的专项能力，并针对每项能力制定出教学方法和考核标准。最后，委员会把某一职业能力按照综合能力、专项能力的层次分界，编制成DACUM表。DACUM表既是制定教学计划的依据，也是指导学生学习和评价学生成绩的依据。DACUM表制定后即转交到教学专家手中进行课程设计，教学专家据此确定若干教学单元（模块 module）。每个教学单元（模块）要按照职业岗位的实际需要，将各项知识与技能按顺序排列。教师或教学人员按教学模块设计"学习包"——学习指南。学习包的内容包括：能力目标、应掌握的知识和技能、学习方式、学习资料、参考书籍、成绩评估等。这就是一个完整的课程开发程序。它的突出优点是使以行业需求为导向的课程开发得以实现，使得职业教育可以根据外部世界的需要灵活地调整和增加新的内容。

1997年4月，德国联邦政府实施的"职业教育改革方案——灵活的结构，现代的专业"的行动，把职业教育现有专业的现代化与新兴专业的建立列为职业教育发展政策中的首要问题。职教界人士取得的共识是：仅仅只对现有专业内容实施现代化已远远不能适应时代发展的要求，灵活性与质量保证成为实现职业教育专业改革的主要目标。为此，"动态性"与"开放性"成为建立新型专业结构的两个主要支点。鉴于模块化方案在适应个人职业生计发展的前景方面具有选择性，在满足企业特殊职业资格的需求方面具有灵活性，在实现不同领域职业资格的连接方面具有整合性，以及在实施职前职后教育的相互衔接方面具有贯通性这4大优点，德国新的职教方案对模块化敞开大门。截至2001年，新建培训职业（专业）37个，更新原有培训职业（专业）105个，总计142个。

越来越多的发达国家和地区在职业教育课程体系的构建上，以培养学生的综合能力和终身学习能力为宗旨，采用开放灵活的课程体系，按照课程单元（或模块）实行"单元学分+累积学分"制，以适应长期、短期、校内、校外、课堂和在线以及连续和中断等多种形式的学习，其终极目的在于提高学员适应职业变化的能力。

4. 课程实施——从传统"教程"向"学程"转变

为切实培养学生的职业能力，一些国家在职业教育发展上由以学校为本逐渐向以学校为本和以企业为本相结合的方向转移，相应的职业教育课程实施模式也由单一由学校完成向以学校和企业相结合方向转移，采用由企业与学校合作、生产与教学配合进行的"产教结合、双元教学"的职业教育课程实施模式。在课程实施上十分重视实践性，以培养学生精熟的实际操作技能与快速解决实际问题的能力。如德国的"双元制"、美国的"合作教育"、日本的"产学合作"等都是这方面的例子。

德国职业学校的课程标准由德国各州文教部长联席会议制定。1996年至今，德国各州文教部长联席会议颁布、修订并逐步在各州实施《职业学校专业教学框架教学计划编制指南》。这是德国对职业学校课程模式进行的一次重大改革。其基本教学理念是：职业教育应通过职业情境中的典型职业活动，即与专业实践紧密相关的案例学习来实现专业知识的习得与职业实践技能的掌握，从而使得职业教育更加贴近职业实践。其现实意义在于提高"双元制"职业教育体系的有效性，使职业学校教学进一步发挥好配合企业实践教学的功能。

加拿大的高等农职教育特别注重生产第一线的行业技能的培养，强调"在做中学会做"（learning to do by doing）、"在工作中学习工作技巧"（learning job skills by doing the job）的培训方式。它强调学生在生产现场亲自动手做，从而获得所需要的技巧。以阿尔伯塔省雷克兰地农学院（Lakeland College）的一门"学生管理农场"（Student Manage Farm）课程为例，课程的学习周期为两年。每个课程周期共有20个学生参加。20个学生分成4个组：生产组、财务组、市场组和人力资源管理组，每组选一个组长。学生每星期要召开一次商务会议（business meeting），集体讨论有关事宜。这20个学生共同经营管理720英亩的学校农场，农场大致分为5个区，种4~5种作物，每一年种什么、种多少，到哪里买种子、买肥料、卖粮食，采用何种交易方式等，都由学生自己决定。指导教师（SMF instructors）参与全过程，但只是必要时从旁建议。一个生产周期结束后，SMF课程随之结束。

"教程"向"学程"的转移意味着更多地强调学生所学习和吸收的东西，而不是仅关注教师有意呈现的东西。它必然导致教师作为知识、技能的权威者角色功能的削弱。教师成为学生可以利用的学习资源的一部分，成为学习的促进者和组织者。"学程"强调适应学生的个体差异，不同学习者可有不同的学习内容和进度。在完善的制度支持下，学生所获得的全部学习经验（无论是正式还是非正式的学习）均能得到认可。

5. 课程评价——及时反馈的多元整合评价体系

这种趋势主要体现在近年来英国、加拿大、澳大利亚等国所实施的能力本位职业教育与培训（GBET）体系中。因为在能力观上注重一般能力与具体职业情境的结合，注重胜任职业角色所要求的多方面的能力，所以其能力标准一方面力求简洁明了，另一方面力求具有更大的包容性与灵活性。这样，在对能力的评价上就强调多元整合的评价，贯彻3个原则：第一，为确保评价的有效性及合理性，尽可能地采用多种评价方法（如技能测试、模拟练习、口头与书面问答、直接观察、考察原有学习证据等）；第二，针对当前评价的能力单元，采用与之最适合的、最相关的评价方法；第三，每一次评价或测试同时覆盖相关的多种能力单元，而不是针对个别能力单元分别鼓励地进行评价或测试。因此，多元整合评价的取向相对于注重任务技能的评价更突出整体性、灵活性，并且由于评价指标明确、具体，从而更具有科学性、规范性。

为了确保课程学习质量，模块课程一般都采用建立目标体系的方法，来代替传统的只有笼统的综合目标管理的方式。建立目标体系，是指在综合目标（General Objectives）的基础上再确定出各类专项目标（Specific Objectives）。最终目标的达成，是通过分别达到各阶段（模块）的目标来实现的，而各阶段（模块）目标则通过达到各单元目标来实现。课程实施过程中的每一步、每一个阶段都根据目标进行考核和管理，保证每一个教学环节实施后，都能及时得到考核评估，并能及时获得反馈信息：是已经通过可以进行下一步骤、下一阶段学习，还是没有通过，必须再进行现阶段、环节的学习直至通过。及时的评估和信息反馈，使教育培训系统的效率和效益都得到有力的保证。正如英国督学在评价中指出的：在模块方式下，明确的目标和成就感增强了学生的乐趣、兴趣、信心和个人的价值感。对学生而言，模块的优势在于其简洁性，以模块方式组建的课程不再冗长，尤其是在考核上的优越性更为明显，每个学习模块的长度不等，但都可在一个较短的时间内得到检测，因此每个学生都可以获得直接的反馈信息。

下面我们再结合先进高校精品课程建设经验来进行分析。

20世纪80年代开始，国内高校普遍进行了重点或优秀课程建设工作，当时重视的重点是教材等问题。进入本世纪后，受先进国家高校经验影响，特别是美国麻省理工学院（MIT）建设开放课程（Open Course Ware，简称OCW）的经验，教育部提出建设精品课程的思路。

为了明晰精品课程建设的思路，我们将我国国家精品课程和美国麻省理工学院的开放课程作了一些比较，见表1-1所列。

国家精品课程和麻省理工学院的 OCW 对比表   表 1-1
（截止到 2006 年 3 月）

内容	中国国家精品课程	美国麻省理工学院 OCW
服务对象	本科生、高职高专生	本科生、研究生
主要语言	中文、英文	英语，译为多国语言
建设主体	教育部、省市自治区教育厅（教委）、学校、教师团队	学校、课程教师个人
建设时间	2003～2007 年，5 年时间	2001～2007 年，7 年时间
建设数量	计划 1500 门，目前建成了 765 门，本科 619 门，军事学校 5 门，高职 141 门	计划 1800～2000 门，已完成 1100 门，面向本科、研究生的课程相当，有 100 余门交叉，但是面向研究生的略多一些
学科	13 个一级学科，41 个二级学科（中国标准）	33 门学科（美国标准）
网络服务	界面不一、服务差别大、响应慢	界面统一、服务统一、响应快
采用的主要信息技术	各个学校自己规定，主要采用 OFFICE 系列软件、多媒体、FLASH、教学软件、课件等格式	微软公司提供统一模板，主要是文字、图片、表格、PDF 文本
管理	统分结合、重在学校	学校管理、重在教师
评估主体	专家、部分听课学生	联合国教科文组织，世界科学学术联盟，学生，点击率
影响力	影响国内高校	影响世界高校
特色	内容较前沿、形式多样	内容前沿、形式简单

我们感觉他们的经验是：

（1）坚持课程内容的前沿性。世纪大讲堂的教学内容先进，引起许多学生的兴趣就是一个例证。麻省理工学院的公开课程，每门课程内容都有非常大的吸引力，连非专业人士也能体会到其中的趣味。

（2）坚持技术统一性和服务稳定性。课程网站主页风格统一、操作简单、重点突出，课程主体内容的服务支持到位，可以满足大部分学生、浏览者的要求。

（3）坚持保证计算机网络到位、通畅，给课程建设者和使用者方便。网络是精品课程的翅膀，是精品课程和普通课程的重要区别之一。

（4）坚持为学生和其他学习者服务，实时反馈，教学相长。精品课程内容前沿、方法独到、资源集中、联络便捷、相互提高对学生学习有极大帮助。通过网络监控，对活动积极、效果好的进行奖励，引导学生掌握新的学习方法和技术。师生进行更全面、深入的沟通。前沿的课程内容，经过相互讨论，学习者得到进步，课程建设者也得到提高。技术方面可以通过程序统计点击率、填评估表格、电子邮件高效率地完成。

（5）坚持全面提高课程建设水平。名牌高校的先进性集中表现在课程基础扎实和前沿。麻省理工学院将所有本科、研究生课程上网共享，每门课程都有充实的内容和创新启发力。国内高校从 20 世纪 80 年代起，课程建设方面完成从重点课程、优秀课程向精品课程的发展，课程建设水平大为提高。从已建成的国家精品课程来看，以本科为主、高职为辅。在这个基础上，再进一步将精品课程高标准地开发和建设，保证创新内容及时进入建设过程，并从高端向下普及扩展，使精品课程建设迈上一个新的台阶。

1.3　土建类精品课程建设的指导思想、目标与定位

1.3.1　指导思想

高职高专教育教学质量是全社会共同关注的问题。随着经济的发展和社会的进步，对实用型专业人才的需求越来越大。院校生源的扩招，使得这一问题更显得突出。教育部采取一系列举措，先后下发了《国务院关于大力推进职业教育改革与发展的决定》、《教育部关于加强高职高专教育人才培养工作的意见》、《关于制订高职高专专业教学计划原则的意见》等文件，明确提出以素质教育为目标，以培养学生的创新精神和实践能力为重点，以市场需求为依据，以学生就业为导向，以高等职业教育课程改革为切入口，探索、认识、掌握新时期高职课程的本质和特色，构建新型的教学模式，以促进和提高课程建设质量。

在教育部《关于启动高等学校教学质量与教学改革工程精品课程建设工作的通知》中明确提出，精品课程是具有一流教师队伍、一流教学内容、一流教学方法、一流教材、一流教学管理等特点的示范性课程。精品课程评价指标体系中明确要求精品课程建设要体现现代教育思想，符合科学性、先进性和教育教学的普遍规律，具有鲜明特色，并能恰当运用现代教学技术、方法与手段，教学效果显著，具有示范性和辐射推广作用。课程评审注重教学内容与体系方面的经典与现代、基础性与先进性的关系，以充分调动学生学习的积极性和参与性为目的的传统教学手段和现代教育技术协调应用的关系，强调理论教学与实践教学并重，重视在实践教学中培养学生的实践能力和创新能力。

精品课程首先强调的是一种全新的教学理念，以素质教育为主，知识传授与能力培养相结合，强调"四基"（基本素质、基本知识、基本能力、基本技能）并重，要使学生学到行业最前沿的东西。同时，精品课程的研究方法和教学方法，要让学生对所学课程很感兴趣，教学相长，不断地启迪学生探索求知的热望，引发他们奋发向上的精神和自强不息的品格，训练学生的创新性思维，从而真正培养出创新性人才。精品课程也是一个动态的过程，学校通过不断验收，不断检查来保证课程的质量，有计划、有目标地建设成一批具有辐射性强、影响力大的精品课程，可以大范围地推进全校的课程建设，可以营造一种重视教学质量、重视课程建设、以人才培养为己任的良好氛围。因此，学校开展精品课程建设的工作也是学校对全校课程实行宏观管理、可持续地推进课程整体教学水平提高的重要手段，推进管理观念更新、实现教学管理创新的主要方面。

建设精品课程就是为了向课程要质量，向名师要质量，推动优质教育资源的共享，使学生得到最好的教育。通过精品课程的建设和教学，使学生提高基本素质、夯实基本知识、培养基本能力、提高基本技能，从而达到全面提高教育教学质量的目的。

因此，精品课程建设的核心就是解决好课程内容建设问题，就是解决好如何为学生提供好的教学方法和手段问题。高职精品课程建设可分为6方面内容：教学队伍建设、教学内容、教材建设、机制建设、教学方法和手段建设、实训内容建设。可见精品课程建设是一项综合系统工程，涉及到教学理念、师资、学生、教材、教学方式、教学内容、教学手段、教学管理等方方面面，是牵一发而动全身的工程。因此，精品课程建设应该以现代教育理念为先导，不断提高师资队伍素质，更新教学内容，建设相应层次的、具有较强针对性和适用性的优秀教材，以现代信息技术手段为平台，以科学的管理体制为保障，以推进教学资源共享为原则，集教学理念、师资队伍、教学内容、教材建设、教育技术、教学方法和管理制度建设于一身。具体主要表现在以下几个方面：

1. 建立符合高职精品课程建设实际，按照教育部精品课程建设的标准，体现土建类精品

课程建设特色及评价体系。将课程建设与课程评价结合起来，把精品课程建设与课程评估和专业评估工作结合起来。

2. 设计与上述评价体系相配套的保障体制及运行机制。为保证精品课程的建设质量，学校应建立一套较完整的精品课程评估指标体系，建立精品课程的全过程监督、检查和评估制度，学校应组织专家不定期进行网上教学资源检查，重点关注课程内容的更新程度和在教学中的应用程度，及时掌握课程建设信息，限期改正课程建设中存在的问题。通过检查评估，保证精品课程建设质量和使用效果。

3. 以精品课程建设促进师资队伍建设，改革教学内容，改进教学方法和教学手段，加强实践性教学环节。通过精品课程建设，把教学思想、教学内容、课程体系、教学方法、教学手段等几个方面的改革整合为一体，使课程建设与改革成为一个动态发展、不断深化的过程，发挥精品课程的示范作用，从根本上创建以能力与素质培养为主旨的新的人才培养模式，实现高职高专人才培养目标。

4. 有计划、有目标、分阶段、分层次地开展精品课程建设工作。在课程建设规划和目标上，实行精品课程的分期分批建设，成熟一个确定一个。从课程建设的层次来说，要逐步从单门课程建设发展扩大到系列课程，以点带面，以至于更高层面的整合性、综合性课程建设。

1.3.2　目标确立

如果我们把课程看作客体，那么课程的主体就是学生、组织或社会。而课程的价值就是学生、组织或者社会对课程的满足程度。随着科学技术、社会经济和人类认识水平的发展，课程的主体对课程的要求必然发生各种变化。这就导致了课程价值及课程目标在不同时期具有不同的取向。人性与科学的整合是课程价值的正确取向。课程目标的确立就必须遵循这一价值取向。

首先，明确体现学校办学理念、整体目标对教学改革要求的指导思想；有在研究本校课程和教学应具有的特色基础上制定的建设目标；有根据学校专业课程体系结构而规划的总体布局；有为提供支持、服务、考核、激励而建立的科学、可行的管理办法等等。在建设中应该鼓励创新，发挥优势，主动开创，形成特色，克服格式化、一般化。要建立和形成适合校情的课程建设制度和运行机制，才能使精品课程建设不断深入发展。

其次，科学合理的课程建设质量标准，既是课程建设的目标导向，也是检查评估课程建设质量的主要依据。目标管理的重点是制定科学合理的、易于操作的质量标准体系，实现集教学名师、精品教材、教学改革成果于一体，实现优质教学资源的充分交流与共享，最大限度地提高课程教学的质量。主要建设目标有：建立优秀的师资和合理的梯队结构、先进的课程体系、先进的教学内容、先进的教材、先进的教学手段和教学方法、成熟的网络课件，能够通过网络共享资源，发挥精品课程的示范、辐射作用，带动学校课程建设的全面进步，使学校课程教学质量有更大的提高。

再次，要树立全新的课程理念，要有整体的、全局的观念和视野，要努力构建有利于学生知识、能力、素质协调发展，有利于培养学生学习能力、实践能力、创新能力的整体优化的课程体系。特别是要处理好3种关系：一是处理好既有知识和未来知识的关系。在科技迅猛发展、知识更新加快的条件下，课程体系在让学生掌握既有知识的同时，要有助于学生探求和掌握新知识；二是处理好"专业化"和"综合化"的关系。信息时代，一方面社会分工越来越细，另一方面社会化程度越来越高，只掌握单一的专业知识难以适应社会的发展，也难以学好专业知识。高职院校要努力开发专业综合的精品课程，以培养学生广泛的适应力。

三是要处理好专业知识和非专业知识的关系。实践表明，高职学生仅有专业知识和能力是不够的，还必须具有一定的非专业知识和能力才能适应社会，比如一定的社会知识、经济知识，一定的表达能力、交际能力等。精品课程建设只有做到专业课程和非专业课程融合，才能培养出高素质的人才。

1. 目标确立要素

确立合理的精品课程建设目标，是搞好精品课程建设的重要保证。课程目标是精品课程力图最终达到的标准或预期学习结果，是学生学完课程后将要达到的或获得的知识能力等。课程建设目标为教育目的、培养目标服务。因此，精品课程目标确立，首先要满足职业教育以就业为导向的教育性质和以开发人力资源、为劳动力个体的职业生涯更好发展的目的，实现培养技术应用性高级专门人才的培养目标。根据实践经验，可以将精品课程建设的目标分解为5类要素，即基本建设要素、主体建设要素、过程建设要素、教学评价要素和成果特色要素，对精品课程建设提出具体要求。

（1）基本建设要素：课程的基本建设要素是指课程最基础的构成要素，如教学大纲、教材、教学档案、管理制度和教学参考资料等。作为精品课程，应当建立科学完善的教学大纲，精品化、立体化的教材体系，完整规范的教学档案，科学系统的管理制度和充分满足教学需要的教学资源。

（2）主体建设要素：课程主体建设要素是保证和实现课程建设目标的主体因素，如课程带头人、教师、学生、教师的科学研究和教学研究等。要通过精品课程建设，使该门课程具有一二名在同一学科领域具有广泛影响的名师作为课程建设的负责人，培养造就一支职称、年龄结构合理，且相对稳定的教师队伍，营造有利于青年教师成长的良好环境，建立教师积极开展教学研究和科学研究的有效机制，进而通过教师的引导和示范作用，使学生明确学习目标，养成积极和创新学习的态度。

（3）过程建设要素：过程建设要素是指课程教学组织过程的基本要素，如教学组织运行、教学内容的选择、教学方法与手段的运用、教师的配备等。作为精品课程，其教学过程应体现以下几个方面：即教学组织科学严谨，各教学环节制度化，教学安排合理；教学内容适应土建类学生培养目标，与时俱进；教学方法与手段服务于教学效果，教学方法多样化和个性化，教学手段先进且应用恰当；以高水平教师为主体，构成体现本课程力量和水平的主讲教师队伍。

（4）教学评价要素：教学评价要素是保证课程水平和教学质量的重要环节，包括教学效果的总体评价、学生评价、同行评价等。作为精品课程，应当建立教学效果评价制度，对教学内容的科学性、准确性严格评价；对教师的教学方法进行评价，讲究教学方法的灵活性，根据不同内容采取灵活的教学手段和方法；对教师教学技巧的艺术性进行评价，具有强烈的艺术性和感染力。应当注重学生对课程的评价，以学生评价为主，达到较高的学生总体满意率。要接受专家和同行教师评价，得到同行和校内外的广泛认可。

（5）特色与标志性成果：精品课程建设重在过程，但衡量课程的精品性必须通过一定的特色和标志性成果体现出来。教师群体的影响和声望、重大的教学和科研成果、人才的素质和质量，以及在教学改革方面应具有鲜明特色，在课程建设中具有长久的发展和积淀。

1）作为精品课程，其主讲教师必须是该专业课程的学术带头人，应具有副教授以上职称的国内知名学者；建立有利于优秀教师脱颖而出的良性机制，培养一批高素质并具发展潜力的中青年教学和学术骨干；有多人次获国家和省级的集体和个人荣誉。

2）取得重大的教学改革和建设成果，在国内产生广泛影响。

3）人才素质高，学生在与该课程有关的单项竞赛中获省级以上奖励；毕业生对该课程给予较高评价。

4）特色鲜明，成为土建类某学科专业人才培养的支撑性课程，得到广泛认可和认同。

2. 目标确立的三维度

参照美国课程开发专家泰勒在其著名的《课程与教学的基本原理》一书阐述的课程目标确立原则，我们认为土建类精品课程建设目标确立的三维度是：

（1）社会维度——就业市场。面向土建行业之技术与高技能人才的需求是土建类精品课程建设的社会维度。高职教育就是就业教育，已成为一种共识。正如杨德广先生认为"只要是能适应社会需要的人才，就是高质量人才。"[6]

（2）学生维度——能力本位。精品课程建设强调教学的灵活多样性和管理的严格科学性，为土建行业培养出更多动手能力较强的实用人才，使学生在校期间就具备土建职业所需要的实际工作能力。

（3）学科维度——课程设置。土建类学科目前划分为土建施工类、建筑设备类、经营管理类和建筑艺术类共14个专业，形成了特定的课程体系，涵盖了包括制图测量、建筑构造、道路桥梁、力学、结构、施工、经济管理等土建类所有课程。

3. 目标确立策略

当前课程目标的确立已经由以前的"学科本位"向"能力本位"转变。土建类精品课程建设目标确立的策略可以分3步进行：

（1）调研——了解精品课程在整体专业中所承担的培养任务、应具备哪些能力、能力的程度与标准等等，以此作为确立精品课程建设目标的客观依据。

（2）论证——在市场调查的基础上，结合本校专业与课程建设实际，请有关专家对调查结果进行诊断分析与论证，为制定具体的课程目标提供科学依据。

（3）确立——在专家论证的基础上，组织专业学科教师研讨，并根据该课程的具体要求确立课程目标。

课程建设是高职院校深化教学改革，提高教育质量，优化教育资源，提高教育资源利用率，实现人才培养目标的保证。精品课程建设应该使高职课程优质化、规范化；精品课程建设将促进教师教学观念转变、教学方式的改革、实践教学质量的提高；精品课程建设将充分调动学生学习的主动性和积极性，培养学生分析、解决问题的能力和实际动手能力；精品课程建设也将促进其他课程的建设，以达到全面提高教学质量的目的。

高职院校土建类精品课程建设，要在进行市场和土建行业需求调查的基础上，确定专业培养目标，进行能力培养模块的规划，完善专业教学计划，分析专业课程和基础课程，把涉及面广、对教学改革受益大的课程，确定为精品课程。

1.3.3 准确定位

高职高专教育是培养适应生产、建设、管理、服务第一线需要的高等技术应用型专门人才，以就业为导向的高等教育。高职高专院校在办学过程中，围绕市场需求，不断探索、大胆创新、主动适应社会、适应地方经济发展和行业发展对人才的需求。在形成自己办学特色中，课程是重要的载体。办学特色正是通过课程教学来实现的，抓好课程建设，对高职特色的形成具有重要意义。从这个意义上讲，精品课程是学校教育质量的重要标志；高职院校必须有反映教育特色的精品课程。

高职课程有别于"学科型"教育课程，围绕着专业培养目标，课程突出特点是理论与实践并重，强调的是"职业性"和"应用性"。精品课程的定位应体现为"职业性、技术的应用性和示范性"。精品课程建设是一个实践的过程，是在优质课程的基础上，建设具有一流的教师队伍、教学内容、教学方法、教材、教学管理等特点的示范性课程。

准确定位精品课在整个教学体系中的位置，准确定位精品课在相同课程中的位置，这是精品课程在实施和推广中最值得重视的问题。

所谓精品课是指有一流的教师队伍、一流的教学内容、一流的教学方法、一流的教材、一流的教学管理等特点的示范性课程。精品课程建设的目的是突出提高教学质量，提高人才培养质量。显然，精品课承载了相当沉重的负担。精品课不仅要达到应有的良好教学效果，还要为相同专业的其他课程起到榜样的作用。那么已经建设起来的精品课是否就是样板课？相同专业的同一门课程是否可以"复制"或"克隆"呢？众所周知，课堂教学过程是一个操作性极强的实施过程，相同的课程"复制"或"克隆"是非常容易的事情。如果这样，以现有的精品课程为样板，"复制"或"克隆"下去，精品课程建设推广过程就成了"复制"或"克隆"的过程，精品课程的建设就将成为教学改革中的消极因素。从另一个角度说，在实施教学的过程中，课堂是一个开放的空间，教师在这个空间里，也是一个充分展示自己学识魅力的地方。僵化刻板地照搬和模仿就会使自己的教学失去灵活性，使知识的教与学变成机械的传带，扼杀创新精神，僵化课堂气氛。每一位教师都有对自己从事的学科知识的理解，简单的"复制"或"克隆"，似乎是优化了教学，而事实上却是损害了教学，导致教师放弃自己对知识消化后的阐释，不利于教师充分发挥自己的主观能动性。因此，我们必须要为精品课程在学科教学中的位置做好定位。

精品课程在我们的教学评价体系中不应该是样板或者标准，而是一个参照物，是一个标杆。就整个教学体系而言，精品课程的突出地位，对于整个专业的影响是巨大的。相当数量的精品课程建设必然带动学校整个专业教学的改革和进步。把精品课程的建设定位于一所学校、一个专业建设的先进课程建设，定位于一种参照标准，比简单地把精品课程定位于直接参照和模仿对象的意义更为深刻。

因此，在高职人才培养过程中，精品课程的定位应具有一定的受益面，已初步形成自己课程风格，在专门人才培养中起到重要作用的课程。精品课程应该是最精美的、最优秀的为实现培养目标而确定的，教育内容、结构、进程安排和教学实施过程等应有如下建树：

第一，知识传授、能力培养、素质教育于一体，发人深思，启思明智；

第二，教学相长，不断启迪学生探索求知的热望，引发他们奋发向上的精神和自强不息的品格；

第三，效果深远，辐射深远。有鉴于此，精品课程定位是高水平、前沿、特色化课程体系。

精品课程应该是"名牌课程"，应该是"示范课程"，应该有自己的特色与风格，应该是普遍受学生欢迎的课程。具体地说，精品课程应该体现现代教育思想，适合现代科学技术需要，适应社会发展进步和行业需求，能够促进学生的全面素质发展，有利于带动高职高专教育教学改革；应该集科学性、先进性、教育性、整体性、有效性和示范性于一身。

由此可见，精品课程建设的定位贵在一个"精"字。这个"精"的涵义有4层：

一是表现为精粹而不繁杂，精当而不失体，精辟而不流俗，精湛而不虚夸，精深而不肤浅，精进而不囿旧。

二是精品是一种意识，精品是一种精神，精品是一种追求，精品是一种境界——是精益求精的境界。

三是精品要精在点点滴滴——不成熟、不精细不出手；精在科学远见——不引领、不领潮不出手；精在方方面面——不系统、不完善不出手；精在前瞻创新——无新意、不前沿不出手。

四是精品更是一种责任，是承担教学育人的责任，是引领教学改革潮流的责任，是面向全国高职高专土建类院校示范辐射的责任。

精品课程在教学上的定位主要体现在以下 4 个方面：

（1）理论教学应体现以应用为目的，以"必需、够用"为度，关键是实践教学。实践教学内容应与理论教学相配套，形成完整体系，突出产学结合特色，能很好培养学生实践技能，并尽可能考虑与国家职业技能鉴定相接轨。高职教育的课程体系具有很强的"实用性"特征，在教学内容中高度重视实训、实习等实践性教学环节，实践性内容占有相当的比例。因此，在精品课程建设中，要坚持基本理论与实践并重的原则，加强工程实践性训练，既反对忽视基本理论对实践的重要作用和人才智力开发中的作用，又要防止把能力的培养误认为就是专业技能的培养，处理好基本理论和实践教学的关系，建立完整的实践教学环节。

（2）理论教学和实践教学大纲应体现系统完整。能充分体现教学改革和教学研究成果，指导思想把握准确，教学大纲既是参评课程教学的指导性文件，又是指导学生自学的纲要。教学大纲除了对本课程基本内容提出明确要求外，还应根据学科的发展加以更新，提出培养学生能力的措施，阐明本课程与有关课程的关系，充分体现优化课内，强化课外，激发学生主动学习的精神，并提出相应措施和办法。

（3）教学条件上，应重点反映实训大纲、教材、学生指导书等教学辅助材料建设及实训硬件设施条件，实训项目开设等内容，除在数量上要符合实践教学要求，还要在质量上反映出高要求。

（4）教学方法上，要处理好以充分调动学生学习积极性和参与性为目的的传统教学手段和现代教育技术协调应用的关系；要恰当地处理传授知识和培养能力的关系，把讲授的重点由单纯讲知识本身转向同时讲授获得知识的方法和思维方法；强调理论教学与实践教学并重，重视在实践教学中培养学生的实践能力和创新能力；教学方式应该用"互动式"代替"填鸭式"，这是高职高专教育区别于其他教育的显著特性。强调"实践教学环节"，这是高职高专课程与本科课程不同的关键所在。

教学环境影响着精品课程的效果。教学环境是由每次讲课在施教过程中涉及到的教具、挂图、课件、教室、实验设备、实训演练设备、实训教学场所、教学内容、教学方法、课堂组织形式、师资形态、风格、气质、现代教育技术的运用以及任课教师所营造的使学生感受到的课堂教学氛围等等因素所构成。教学环境直接影响和关系到精品课程的效果，营造良好的教学环境，将在精品课程实施中起到重要作用。如何明确和提倡对精品课程所需要的教学环境进行营造和设计，实质上是反映了能否树立先进的教育理念和以学生为本的思想，能否以创新的教学方法和手段实施精品课。教学环境应是精品课程建设的重要因素。

1.4 土建类精品课程建设的内容与方式

1.4.1 土建类高职课程体系建设基本情况

2003 年以来，高职类精品课程建设有了长足的进步，所占比例呈逐年增长的趋势，但总体仍然处于相对落后的局面。究其根源，正是由于高职高专院校教育资源的相对滞后，缺乏对适合自身特色精品课程体系建设的研究和实践，造成精品课程建设的相对滞后。

高职土建类专业主要是指建设行业中，建立在土木工程、建筑学、管理学等主干学科基础之上，为土木建筑业生产一线培养高技术应用性人才的专业。高职土建类专业跨越土木工程、建筑学、管理学诸学科，有鲜明的工程性质，有明确的工程对象和技术领域。

目前，高职土建类划分为土建施工、建筑设备、经济管理、建筑艺术 4 大类 14 个专业 38

个职业群。其中土建施工包括建筑工程、地下工程、道路与桥梁工程和水利水电工程专业；建筑设备包括供热通风与空调、建筑设备工程、建筑电气工程和给水排水工程专业；经济管理包括建筑工程管理和工程造价专业；建筑艺术包括建筑装饰、环境艺术、建筑设计和城镇规划专业。其中建筑工程、建筑装饰、工程造价、建筑工程管理、建筑设备工程、供热通风与空调、给水排水工程、道路与桥梁工程、工程监理 9 个专业为土建类试点专业。学生毕业后主要到建设施工企业或建设管理部门从事工程施工、工程管理、工程概预算、中小型工程设计、工程质量检查、建设监理、房地产开发、物业管理等方面的工作。

高职教育就是就业教育，围绕着土建类专业的培养目标，土建施工类专业的主要岗位是建造师助理（施工员、质检员、安全员、预算员、检测实验员、监理员等）。如果课程设置过于单一，知识面过窄，一方面不利于学生就业，另一方面也不利于学生今后的持续发展。就土建类专业来说，必须具备制图测量、建筑构造、道路桥梁、力学、结构、施工、经济管理 7 个方面的基本专业知识。此外，学生还必须掌握专业主干方向的知识技能，例如房屋建筑专业，除了基本的专业知识学习外，还应当加强结构、建筑构造、设计方面的技能培养；施工专业，应当加强施工技术、施工组织、工种操作的技能培养；工程预算专业，应当增设经济方面课程，以项目教学的形式加强对预算的技能训练。

建筑设备类专业主要培养学生在土木工程设备安装企业从事设备安装与调试，在城市供水系统、环卫系统从事水质检测、污水处理等工作。主要岗位是安装建造师助理（安装工程施工员、质检员、安全员、预算员、水质检验员）。

经济管理类专业主要培养学生在工程施工企业从事概算、预算、决算，以及投标报价等，在房地产开发企业从事房地产估价、房地产营销，在房地产管理部门从事物业管理等工作。主要岗位是造价师助理、物业管理员等。

建筑艺术类专业主要培养学生在设计单位从事规划设计、建筑设计、建筑装饰设计、城市景观设计等工作。主要岗位是设计师助理。

高职土建类专业培养目标的主要岗位能力是：掌握本专业建筑产品的基本设计原理与概念；了解相邻专业建筑产品的原理、构造和施工工艺；熟练掌握本专业建筑产品的基本构造、基本施工工艺和质量标准；熟练掌握本专业建筑产品成本核算与控制方法；熟练掌握施工组织设计的原理与方法；具备必要的安全生产知识；具备必要的与基层施工人员沟通与协调能力。[7]

按照土建类专业人才培养的要求，土建类课程设置呈现三大趋势：

一是以专业理论知识为主线，兼顾其他多项要素的专业理论综合化课程。如建筑工程专业的《建筑力学》、《建筑结构》课程。

二是以专业技能为主线，兼顾其他多项要素的专业技能综合化课程。如《建筑识图与训练》课程。

三是理论与技能并重的综合化课程。如《工程造价控制》课程。开发高职高专综合化课程模式的指导思想是：对课程体系的改革进行探索，课程设置适当综合化；课程内容加强实施性，逐步做到整体优化；遵循教学规律和人的认识规律，实践性教学突出专业技术应用能力的培养，模块结构体现衔接性、独立性、通用性和综合性特征。土建类综合化课程改革目前有 18 门课程：建筑结构与 CAD、建筑识图与构造、材料构造与施工、造型设计基础、给水排水管道、水处理工程、水资源与取水工程、路基路面工程、道路勘测设计、通风空调与制冷技术、供热工程、机械基础、建筑工程技术、安装工程技术、安装工程与预算、工程造价管理与实务、定额预算与施工组织管理、建筑工程招标投标。其中"建筑识图与构造"是辽宁省精品课程，"建筑工程招投标"为上海市精品课程；"建筑结构与 CAD"是江苏省一类优秀课程,"供热工程"为江苏省二类优秀课程;"定额预算与组织管理"为校级优秀课程。

我国目前高职高专院校数量比本科院校还要多,在校生人数占到了"半壁江山",而高职高专国家精品课程的比例还不到1/5,这还包括一些本科院校的高职高专课程,如表1-2所列。

年　　度	课程总数	高职高专类	比　　例
2003	151	24	16%
2004	300	51	17%
2005	299	61	21%
2006	360	106	29.4%
共计	1010	242	23.9%

2003~2006年度国家精品课程高职高专类情况统计表　　　　表1-2

从所列表可以看出,高职高专精品课程建设任重道远。土建类国家精品课程更是凤毛麟角。在2005年61门高职精品课程中,土建类精品课程只有4门:福建工程学院的"土建工程计量"和"建筑施工技术"、天津中德职业技术学院的"楼宇智能化技术"、石家庄铁路职业技术学院的"桥梁工程"。在2006年106门高职精品课程中,土建类精品课程只有5门:徐州建筑职业技术学院的"建筑设计建筑装饰表现技法"、吉林交通职业技术学院的"土建施工公路养护与管理"、山西建筑职业技术学院的"土建施工建筑材料"、四川建筑职业技术学院的"土建施工建筑结构"、石家庄铁路职业技术学院的"土建施工隧道工程"。

1.4.2　土建类精品课程建设内容的价值取向

课程就其实质而言,是一种主要由课程观、课程目标、课程内容和课程结构所组成的培养人的总体设计方案。就其形式而言,它是教育机构赖以顺利开展教育活动的一系列方案的文件。课程目标就是价值取向的体现。课程内容是由知识、技能与态度3个基本要素组成。

精品课程建设内容的价值取向应反映出高等职业教育的本质特征和内在要求,也应蕴涵着高等职业院校的人才培养规格和质量标准。高职高专土建类精品课程建设内容的价值取向应按照精品课程建设目标与定位来思考。课程观受社会观念的影响。我国的某些传统社会观念不利于高等职业教育课程观的形成,因其核心是轻视劳动,只有摒弃"重理论、轻实践、鄙视技术"的陈旧思想才能建立适应社会发展的高职课程观。高职教育是以就业为导向的教育,人才培养要突出综合能力的形成,满足职业岗位的知识、能力、素质的需要。因此,课程观显然不能采取学科本位,而应是能力本位的。因此,就业导向、能力本位是高等职业教育课程观的核心内容。从世界范围看,高等职业教育能力本位课程观兴盛不衰。现代社会生产技术的发展极其迅速,生产技术的发展直接导致工作岗位技术含量增加,责任范围扩大,对从业者的职业能力提出了更高的要求。转变学科本位的思想,实现高职课程模式向能力本位的转换,在与时俱进和有机整合的观念指导下实现课程开发,对于当前建设有中国特色的高等职业教育是十分重要的。具体说来,有以下3个方面:

(1)职业能力本位。其特征是以职业能力为基础,将形成某项职业能力所需的知识、技能、态度等课程内容要素按职业能力本身的结构方式进行组织。有的研究者又细分为能力本位、职业本位。职业能力本位主张职业教育以学生的职业发展为中心,以职业岗位对学生职业素质和能力的需求为标准进行职业教育的设计、实施、管理和评估。职业能力本位是高等职业技术教育的本质特征。我国高等职业技术教育已形成了一种目标岗位任务型职业教育课程体系。这种课程体系的突出体现就是"定单式"高职培养模式。按照这一模式，课程设置以目标岗位需求为依据，企业岗位需要什么知识，学校就教什么知识，企业岗位需要什么技能，就培养什么技能。一切以就业为导向，工作中用得着的就学，用不着的就不学。"因为，高等职业教育培养的人才规格，在很大程度上体现为培养出符合一定社会和经济发展需要的专业化人才。"[9]这种职业化追求，优化了人们的职业资质，树立起职业意识，所培养的应该是能够解决相关职业岗位中出现的综合的、复杂的实际问题的职业人才，体现了知识与技术的实践性、技能与管理的融合性。所培养的人才不仅具备了相应岗位的操作能力，还掌握了理论知识，具备一定的管理能力、创新能力和发展能力。

在追求职业化的课程设置价值取向中，高职院校的课程追求塑造全面发展的职业人才。课程设置充分考虑学生未来的职业生涯，不仅保证受教育者掌握专门的知识和技能，以适应未来职业不断变化的专业要求，同时还应提高其能动性和适应性，即用系统化和组织化的知识、能力，培养学生较强的解决问题的能力，以提供给学生较为宽泛的职业能力、思维能力及个人品质。如电气技术员的一项任务是"检查落实电气设备的安全措施"，需要具备的"知识"包括电路基本定律、测量原理、安全技术和接线工艺等；"态度"包括认真、细致、严守工艺规程、注意工作环境和整齐卫生等；"技能"包括会使用兆欧表、万用表、电桥、螺丝刀和防保工具等。在组织和编制课程时，一般将这些知识、技能、态度分别编成一定的课程模块。

职教课程有明确的职业定向性，这种职业定向性主要体现在知识、技能与态度三个层面，这三个层面的课程内容设计必须满足学生的就业需要。如"建筑识图与构造"，中等职业教育以"识图"为特点，高等职业教育则以"作图"为特点，而不会以工程师教育的"画法几何"、培养空间想象的设计能力为主要内容。社会经济发展的日益高附加值化，对劳动者的综合职业能力提出了更高的要求。现代社会的劳动者不应只是具有高专业性职业技能的技术型人才，更应是具备终身学习能力的知识劳动者。美国劳工部《关于2000年的报告》中指出，未来的劳动者应具备5种关键能力：处理资源的能力；处理人际关系的能力；处理信息的能力；系统看待事物的能力；运用技术的能力。

（2）内容适用性。精品课程建设一般分为教学内容、教材建设、队伍建设、机制建设、教学方法和手段建设、实验内容建设6个方面。教学内容建设是精品课程建设的核心之一。

高职高专土建类精品课程内容建设一定要反映土建类学科领域最新科技成果。当今社会科技发展日新月异，新型学科和专业不断出现。没有哪一门学科、哪一个专业的课程设置是一成不变的，如课程设置的调整、课程内容的整合，课程与其他各门课程之间相互衔接和有机结合等等，都在随着社会的发展而变化。有时一门课程的内容体系设置的发展变化就将引起一连串的连锁反应。

因此，精品课程内容建设要适应当时、当地所属的特定行业、职业的要求，即要求知识、技能、态度等课程内容适宜而实用。"适宜"就是要符合实际需要，要满足职业技术人才在各产业的生产第一线所从事的活动。"实用"就是要能在实际中应用，课程内容对于各类型知识的选择与组合，必须呈现出适用性特点。在这方面，专家的观点是："由于高职教育的专向性、直接性这些基本特性的要求，高职教育课程内容必须要适应当时、当地所属的特定行业、职业的要求，即要求知识、技能、态度等课程内容适宜且实用。高职的课程内容选择还要强调适用性（适宜和实用）的价值取向。"[10]

一般来说，优化教学内容有三种策略：有序组织教材内容，体现教学的科学性；有机整合生活内容，呈现教学的生活性；有效融合师生互动信息，实现教学的生成性。

以土建类人才为例，土建类专业人才培养目标是：具有一定的马列主义、毛泽东思想、邓小平理论基础，以及其他的人文、社会科学知识；掌握本专业的技术科学理论知识，主要包括土木工程、建筑学、管理科学等学科理论知识，以及某些特定的基础科学理论知识；熟练掌握本专业的专业技术知识，主要包括勘察、测量、设计、施工、安装、监理、加固、维修，以及政策法规、企业经营、项目管理、施工组织、物业管理等知识；具备与专业相关的工程技术和经济管理知识。无论选择哪一门课程来创建精品课程，都要按照土建类行业人才培养规格知识的要求来组织、整合课程内容。整合课程内容和结构体系是创建精品课程的核心，以培养岗位能力为着眼点，以实用性为特征构建精品课程体系。

内容适用性的价值取向决定了精品课程建设在教学内容上要高度重视实践性教学环节，要坚持基本理论与实践并重的原则。既要反对忽视基本理论对实践的重要作用和人才智力开发中的作用，又要防止把能力的培养误认为就是专业技能的培养，处理好基本理论和实践教学的关系。结合具体精品课程的特点，把握好主要内容和体系结构建设的主线，使教学内容与土建行业经济及技术的发展水平相适应。高职教育生命力的维持在于不断根据社会经济发展对人才种类的需求变化，及时调整专业设置与课程内容，从而保持教学内容的时代性，使高职专业课程的设置与当前及未来社会经济发展所能提供的具体职业岗位相匹配；课程结构与劳动力就业市场的人才需求结构要保持一致。

职业能力本位要求高职教育在进行课程内容选择与组织的过程中应遵循4个方面的核心要求：一是高职的课程内容要能够传输现代经济发展所需的价值观和态度；二是高职课程内容要从塑造能适应现代科学技术进步趋势的现代劳动者出发进行选择与设置；三是高职课程内容在有效提供满足广泛行业就业需求的专门职业技能的同时，也要为学习者提供可进行职业流动的综合职业知识与职业技能的教育；四是高职课程内容要为学生能够智能化参与工作，进行积极的自主创业服务，突出培养学生创新与创造性的职业品质。

（3）市场本位。精品课程具有引领性特质，紧贴市场需求来甄选精品课程，这是现实提出的要求。"以信息技术等高新技术为标志的技术发展趋势已日益呈现出新的特征。这些新特征将对职业教育及其课程产生直接和深远的影响。"[11]以市场为导向建设精品课程，就是要十分关注对课程的社会背景和行业背景分析，其出发点是适应时代发展的要求，紧密依托行业第一线，以满足市场对人才的需求。

与普通教育相比，职业教育具有一定特殊性。普通教育主要满足一元需求，而职业教育则要满足二元需求，即同时要满足经济社会发展的需要和个人发展的需要。在现代社会，人生发展与社会发展的互动态势更加明显。劳动分工出现单一工种向复合工种转变；技术进步导致简单职业向综合职业发展；信息爆炸催化一次性学习向终身学习跃进；竞争机制迫使终身职业向多种职业嬗变。现代劳动力市场发生了巨大变革，教育水平与个体未来从事的职业、所处的地位及经济条件关系更加紧密。因此，高职高专土建类精品课程建设必须充分考虑学生未来的职业生涯，保证受教育者掌握专门的知识和技能，以适应未来职业不断变化的要求。

精品课程建设强调市场本位的价值导向。其选择课程内容的标准就是以市场需求为准绳，理论教学与实践教学并重，课程结构综合化、复合化。"在探索有中国特色的职技教育课程体系的过程中，要重点解决三对矛盾：应该解决职技教育既要提高学生就业应变能力，又要强化职业针对性之间的矛盾；市场急剧变化与教育发展需要相对稳定的矛盾；学生学习动力的职业针对性以及对技能学习的偏爱，与毕业后后续学习之间的矛盾。"[12]以上海城市管理职业技术学院"建设工程招标投标"精品课程建设为例，这门课程有内容新颖、政策法规性强、适用范围广泛和操作程序严格的特点。课程内容首先以《中华人民共和国招标投标法》为基础，集中进行招标投标理论的讲解，要求体现招标投标中的法制性、程序性和规范性；其次，按照我国的建设程序分门别类介绍勘察、设计、监理、施工、设备采购、园林绿化、物业管理等招标的概念程序和操作，重点突出各自的特点和操作时应注意的问题，融入国际招标投标相关知识，强化实践性教学环节，并及时将一些最新的学科研究成果和招标投标的操作程序加以引用，使精品课程紧密贴近市场要求。

1.4.3　准确理解和把握土建类精品课程建设的内涵

根据教育部教高函［2003］01号文件精神，精品课程建设就是为了向课程要质量，向名师要质量，核心就是解决好课程内容建设问题，从而提高人才培养质量。具体来讲，精品课程就是具有一流教师队伍、一流教学内容、一流教学方法、一流教材、一流教学管理等特点的示范性课程。

1. 教师队伍建设

高等职业教育是一种职业性的高等教育，也是一种高层次的职业技术教育。其性质和培养目标决定了师资队伍建设的特殊性，这种特殊性是人们对高教师资队伍建设原则思考的起点。根据以往研究资料，高职师资队伍建设应遵循的原则有：专兼相结合；平衡发展与整体优化相结合；激励与制约相结合；普遍提高与重点培养相结合。在精品课程建设中，尤其强调教师队伍建设。

高职教育师资队伍建设面临的主要问题有：随着教育大众化和高职院校的普遍扩招，高职院校的教师数量相对不足，生师比偏高，造成大部分教师特别是重点教学岗位教师的工作任务十分繁重，很难保证大众化过程中的高等教育质量；学历层次偏低，远低于普通高校专任教师的学历层次，更低于国外同类学校专任教师的学历层次；理论型教师多，"双师型"教师比例偏低；缺乏完整、科学的培养和培训体系。而精品课程则要求要有一流的教师队伍。

一流的教师队伍，就是要形成一支以主讲教授（或副教授）负责的、结构合理、人员稳定、教学水平高、教学效果好的"双师型"素质队伍。所谓"双师型"教师，应具备以下6个方面的素质和能力：有良好的职业道德，既具有教书育人，又具有进行职业指导等方面的素质和能力；具备与讲授专业相对应的行业、职业素质，要求具备宽厚的行业、职业基本理论、基础知识和实践能力，能按照市场调查、市场分析、行业分析、职业及职业岗位群分析，调整和改进培养目标、教学内容、教学方法、教学手段，注重学生行业、职业知识的传授和实践技能的培养，能进行专业开发和改造等；具备相当的经济素养，即具备较丰富的经济常识，树立市场观、质量观、效益观、产业观等经济理论，并善于将经济常识、规律等贯穿于教育教学全过程；具备相当的社会沟通、交往、组织和协调能力。既能在校园内交往与协调，又能在企业与行业从业人员中进行交流和沟通；具备相当管理能力，即在具备良好的班级管理、教学管理能力的同时，更要具备企业、行业管理能力，懂得企业和行业管理规律，并具备指导学生参与企业、行业管理的能力；具备相应的适应能力和创新能力，即要适应资讯、科技和经济等快速变化的时代要求，具备良好的创新精神，善于组织和指导学生开展创造性活动的能力。因此，"双师型"教师首先是合格的高校教师，应具有相应的实践经验或应用技能，按专业不同，其素质要求和使命应有所不同。例如上海城市管理职业技术学院"城市管理监察执法实务"、"建设工程招标投标"两门市级精品课程，都是由教授领衔。特别是"建设工程招标投标"课程，学院挑选了一位教学效果好且具有丰富实践经验的（上海市建设工程招标投标专家评委）、具有国家注册监理工程师执业资格的"双师型"教师担任主讲教师，同时配备了都是双师型的一位副教授（国家注册造价工程师和房地产估价师）和一位讲师（国家注册造价师）组成课程学科梯队，并相应配备了辅导教师和实训教师。

2. 教学内容建设

课程教学内容组织必须遵循一定的原则，泰勒提出的课程内容组织的连续性（Continuity）、顺序性（Sequence）和整合性（Integration）三个基本原则，为课程内容的纵向和横向组织，提出了一个总的思想。教学内容是学校实现教育目的的重要保证，是指为实现学校培养目标而规定的学科及各门学科的知识技能。精品课程内容的确定，是根据课程目标，选择达到目标的知识、技能、职业态度等内容。

精品课程内容的建设与组织其内在动机应该注意三个方面：

一是以任务为导向。职业教育培养的是技术应用型人才，在课程组织上，应遵循"从实际到理论、从具体到抽象、从个别到一般"和"提出问题、解决问题、归纳总结"的教学程序。而实现这样的教学程序，在课程组织上采用任务导向的方式，可以促进学生学习动机的发展。

二是以学习目标为先行。学生学习目标要明确，学习动机和兴趣则处于较高水平。明确的学习目标是指学生学习目标完整、系统、具体，而且学习者必须能够理解它的价值和意义。职业教育学习观和教学观研究表明，课程的内容结构还能为学生学习确立心理结构，科学的课程结构为提高学习效率提供了前提。

三是学习兴趣的诱发。学习兴趣的诱发可以分为设趣、激趣、诱趣、扩趣4个阶段。精品课程教学内容组织应充分体现设趣、激趣、诱趣、扩趣这4个阶段。设趣是教师通过分析学生本身的个体需要或者可能的外部诱因，为学生的学习设定学习目标和创设新异的学习情境。教材首先应该通过设置恰当的学习目标，创设问题情境，提高学生的学习兴趣。激趣是激发学生的好奇心和求知欲。在教材中，要注意促使学生好奇心尽快向求知欲发展。诱趣是诱发学生"生疑——思疑——释疑、再生疑——再思疑——再释疑"的过程。这就需要教材依靠对内容的精心组织、科学安排，对学生产生这种诱惑。扩趣是引导学生不断探究，培养创造性思维，引发创新精神。

TAFE 课程体系可以分为5个层次（以新南威尔士州为例）：第1层是培训包，规定了相关专业的能力标准的要求；第2层是专业教学计划，由州教育部课程开发部门负责，贯彻培训包的每一项要求，形成课程，并提出实施计划；第3层是由州或学校开发的教学大纲，明确课程的教学内涵与要求等，一般涉及面广的由州课程开发部门组织专门人员开发，以保证水准和质量；第4层是学习或教学指导书，州课程开发部门也参与开发，这些材料内容详实，包括了教学内容、教学方法、考核练习等内容；第5层是必要的教材，由学校依据指导书做出选择，不进行专门开发，供学生参考阅读。

重视课程模式的探索，是职业教育与基础教育课程理论研究的主要区别，是职业教育课程理论的重要特征，是职业教育课程改革的核心。

在以能力为本位课程观的指导下，精品课程内容的选择主要是根据课程开发中的职业工作分析获得的能力要求和标准来组织课程内容。我们强调以能力需要进行知识的有机整合来确定课程内容，其整合的关键是要在深入分析精品课程的内涵及其内在联系、国家和地方经济发展状态以及生源情况，有取有舍，抓住主要矛盾，形成有机整合。国家精品课把教学内容作为核心，十分重视对这方面的考核。对比 2003 年、2004 年、2005 年和 2006 年颁布的不同的课程评估指标，教学内容一直是分值最高的。

2003 年的《国家精品课程评审标准》（征求意见稿）和教育部颁发的《国家精品课程建设工作实施办法》的《精品课程评审标准》，教学内容均为 22 分。强调内容新颖，信息量大，及时反映学科最新动态，本课程与相关课程关系处理得当。

2004 年，这部分内容的分值增加到 25 分，增加了实验的考察。

2006 年，教学内容分值为 23 分。一流的教学内容要具有先进性、科学性，要及时反映土建类学科领域的最新科技成果；同时，广泛吸收先进的教学经验，积极整合优秀教改成果，体现新时期社会、政治、经济、科技的发展对人才培养提出的新要求。

　　具体来讲，包括3个方面。首先，精品课程内容体系结构要体现理论联系实际。既要有前置课程，又要有后续课程。前置课程注重引导学生学习的积极性，后续课程着力培养学生的能力。理论教学与实践教学交互进行，比例适当，做到理论联系实际，融理论知识传授、操作能力培养于一体。不断将学科最新成果引入教学，课程内容能够及时更新，兼顾课程内容的基础性与先进性，剔除和土建行业要求不相适应的教学内容。如力学方面课程包括理论力学、材料力学、结构力学知识；结构课程综合混凝土结构、钢结构、砌体结构方面内容；施工课程综合施工技术和组织设计两方面内容；经济管理课程包括工程经济、项目管理、工程预决算的知识。这些课程由于包含内容较多，在课程大纲的制定上有所突出，有所减舍。例如结构课程，突出的内容应该是结构构造上的要求做法，在构件计算方面可以要求一些最基本的计算，其他部分可作为了解的内容。在一年的课程之后，针对不同的专业还应该在专业方面的课程进行细化、加深，如施工专业，再开设施工组织设计、安全管理、专项施工技术等课程对施工方面的知识细化加深。此阶段的课程形式要从以课堂讲授为主转向以实践教学为主，课堂教学为辅的阶段。其次，在教学内容组织方式与目的方面要做到教学环节有机结合。精品课程在教学内容的组织上按照理论联系实际的要求进行；理论教学以讲授、演示为主，全面系统讲授本课程的基础理论知识；实践教学采取教师演示操作、学生自主训练的方法。第三，凸显高职特色的实践性教学的设计。能力本位是职业教育的根本特点。和传统的高等教育相比，职业教育更强调"实践能力"的培养，主张知识、技能和态度一体的素质结构。能力本位的培养模式是经济和社会发展需要的产物。随着社会进步和经济发展，特别是我国全面建设小康社会的目标，对高等技术应用型人才的需要更趋多元化，社会不仅需要传统意义学术型、工程型人才，同样也需要技术型、技能型人才。因此，将"技术应用型人才"作为高职院校的办学目标定位，并倡导以"技能本位"为核心的培养模式，不仅是一种理想思维的结果，也是职业教育对现代经济生活的一种对接与回应，这就要求职业教育必须突出能力培养这一目标。而凸显高职特色的实践性教学设计是实现能力培养的现实选择。实践性教学应紧紧围绕能力要求，确定核心技能和一般技能分层次和重点进行不同的训练，依据课程教学大纲设计精品课程的实践项目基本涵盖该课程实践教学要求；实践教学可以在校内实训基地进行，也可在土建类公共实训基地进行；在实践教学基础上逐步总结，形成具有高职特色的实践性教学内容。

　　下面就中美两国的工程图学教学内容进行简要比较分析（表1-3）。

中美两国的工程图学教学内容对比表　　　　　　　　　　表1-3

主要内容	美　　国	中　　国
绪论	详细地描述了制图的作用和地位，此外还加入了设计的全过程	简单介绍
CAD系统和软件	较详细地描述了CAD系统的组成、尺寸驱动的参数化三维建模软件solidworks、并交集的概念、参数化建模、快速成型、CAM等	简单描述CAD系统的组成和二维软件AutoCAD
手绘	强调手绘是设计的源泉和基础，对笔的牌号、削笔后的形状、握笔的姿势等都有详细地说明	无单独的章

续表

主要内容	美　国	中　国
几何作图	曲线部分比较多，有螺旋线、摆线、渐开线等	除曲线外，基本上同美国的内容
画法几何	点线面的内容融入到投影制图中，无相对位置和综合解题内容	很详细地从1个点的投影开始叙述，直到综合题
截交和相贯	将棱柱、圆柱、圆锥的截交和相贯内容融入到投影制图中，内容也较简单	相当详细地描述，包括圆球、圆环等
投影制图	重点内容，描述了物体对1个投影面的投影后直接叙述物体对6个基本面的投影	先叙述物体对1个投影面的投影，其次叙述对2个投影面的投影，然后叙述对3个投影面的投影，最后到表达方面一章时才叙述对6个投影面的投影
轴测图	两国基本相同	两国基本相同
透视图	叙述了透视图的基本原理	无
剖视断面	两国基本相同	两国基本相同
斜视图和展开	讲解得较多	讲解得较少
尺寸	介绍了solidworks能自动生成尺寸的优越性，尺寸标注在剖视图后叙述并集中在一章讲完，用正误对比的方式讲解，给人的印象深刻	分3次讲解，第一次是在国家标准中，第2次是在组合体中，第3次是在零件图中。此外在AutoCAD中也叙述
设计、加工和绘图	介绍了数字化生产，列出了形状特征对应的加工方法、讲解了如何选择材料	无
公差	两国基本相同	两国基本相同
标准件、常用件	着重叙述螺纹、弹簧、键，介绍了CAD基础上开发partspec标准件库软件	叙述的内容比美国多，介绍了齿轮、轴承。无标准件库的介绍
装配图	两国基本相同，但介绍了技术文件管理系统软件	两国基本相同，无软件介绍

　　中美大学工程图学主要教学内容基本相同，但侧重点有所差异。美国工程图学教学内容相当广泛，涉及工程图学的各分支学科领域，强调工程图学与各学科的交叉，注重学科的前沿性、理论与实际的结合；我国的工程图学则偏重本学科自身的完整性与系统性，涉及其他的分支学科较少，理论性强，而实践性弱。美国的工程图学在体系结构上，相当于我国的教材与教参的综合，有助于学生的自学和方便教师备课和组织教学。工程图学课程的主要目标应该是培养学生的空间想象力，掌握投影理论，徒手表达工程设计思想的能力，用计算机等手段来进行创造性形体设计的能力。基于此，我国的工程图学宜对现有内容作适当的调整，如增加介绍相关学科的最新发展动态、先进的计算机 CAD 技术、国际标准的介绍、设计大作业等；减少图解理论即求交线、求截交线和相贯线、求距离角度等画法几何综合解题内容。这样才能节约时间，把学生从难点中解放出来，让学生把精力用于掌握计算机绘图，进行创新等方面。除了铸造的和机加工的外，还应有锻造的、焊接的、申请专利时用的等。此外，增加研究性、讨论性、实践性和开放性的内容；在形式上应该改变单一的叙述模式，做到实物照片、计算机先进的 CAD 技术截图、正误图样对比等多种形式，增加教学内容的信息量载荷。目前我国高校的工程图学教学实际效果较差，具体表现为在课程设计和毕业设计中绘制的图样存在很多问题，不符合中国的国家标准，这在一定程度上归

咎于工程图学内容的结构体系不合理。因为我国目前的工程图学过多地注重画法几何、相贯线和截交线的求法、换面法等图解内容，深度有余，而宽度不够，实用性不强。建构新教材结构体系，不仅方便教师的备课，把握各章节的重点，获取补充资料，也便于学生课后自学，拓宽工程图学的知识，提高创新意识。美国的工程图学结构体系，值得我国工程图学精品课程建设借鉴。

总之，教学内容建设是精品课程建设的核心。一门课程要称得上"精品"，应该具备科学性、先进性、时代性和创新性的特征。这些特征主要是通过课程的内容来反映的。因此，精品课程内容建设要和本学科和专业的教学改革与课程体系改革相结合，正确处理单门课程建设与系列课程建设的关系，创造性的运用和开发教材，根据课程教学的需要采用国内外优秀教材或高水平自编教材；广泛吸收先进的教学经验，博采众家之长；教学内容取舍得当，组织安排科学合理，能及时把教改教研成果和学科最新进展引入教学，及时反映本学科本领域的最新科技成果，并能和本领域国民经济发展需要相结合，克服教学与科研相分离的倾向，融教学与科研为一体，促进科研成果及时转化为教学内容，真正做到以科研促教学，以教学促科研，实现教学与科研的良性互动。高职高专精品课程建设要围绕高职高专人才培养目标来进行，以培养岗位能力为着眼点，以实用性为特征构建课程体系。高职教育的教学内容有一个突出要求：必须反映前沿的岗位技术，必须保证与生产实践的"零距离"。其内容体系要与现行的国家职业资格标准相融通，满足学历证书与职业资格证书的融通。

以"工程造价专业"课程为例。工程造价专业人才的核心专业技术能力，主要是工程投资风险分析和造价编制、控制、审核之能力。它必须在掌握公共基础理论和工程技术基础课程的基础上，通过"工程造价编制理论和案例学习、工程定额与造价编制运用训练、工程造价软件运用训练、毕业设计和毕业实习"等专业技术综合训练来进行培养。在专业课程教学改革中，对专业理论、专业操作技能、专业实践活动能力3方面内容进行科学整合，根据职业教育能力本位的要求和造价专业本身的特点，形成工程造价专业技术课程内容，称"1+2+1+1"模式。即：1门理论教学《工程造价编制与案例》；2项专业技能操作训练《工程造价手工编制实训》、《工程造价软件实训》；1个月毕业设计和1个学期毕业实习。所以，工程造价专业精品课程建设，就必须以专业核心课程来考虑精品课程建设。只有这样，才能使精品课程建设合乎专业实际，才能引领专业的发展与进步。

3. 教学方法和教学手段建设

伴随着职业教育教学方法论研究的日益深入，职业教育教学实践的重心也出现了两大变化：一是教学目标重心的迁移，即从理论知识的存储转向职业能力的培养，导致教学方法逐渐从"教"法向"学"法转移，实现基于"学"的"教"；二是教学活动重心的迁移，即从师生间的单向行为转向师生、生生间的双向行动，导致教学方法逐渐从"传授"法向"互动"法转移，实现基于"互动"的"传授"。高等职业教育是以就业为导向的教育，以培养学生职业岗位或行业技术需要的综合职业能力为主要目标，课程是以能力为本位的。这就需要改变学科本位较单一的课堂讲授形式，这不仅对师资与学校的设施以及行业企业提供的实训条件有较高的要求，而且对教学方法和教学手段的要求更高。精品课程的实施要以学生为主体来组织进行，应根据课程内容采用有利于职业能力培养的教学方法和手段，可采用现代职业教育教学法，借鉴国外职业教育较成功的项目教学法、引导课文教学法、行动导向教学法等，满足学生不同需要来组织实施课程。2006年的《精品课程评审标准》教学方法与手段为24分，第一次摆到了教学内容之上。此前一直是18分。评审标准提高的原因主要有两点：

一是增加了"教学理念与教学设计"，具体要求是"重视研究性学习、探究性学习、协作学习等现代教育理念在教学中的运用；能够根据课程内容和学生特征，对教学方法和教学评价进行设计。"

二是更加注重"信息技术的应用"，从 2004 年教育部出台的《国家精品课程教学录像上网技术标准》以来，精品课程建设大大增加了网络技术的比重。精品课程建设要切实加强课程信息化水平，要使用先进的教学方法和手段，教学模式先进，相关的教学大纲、教案、习题、实验指导、参考文献目录等要上网并免费开放，实现优质教学资源共享，推动高校建立基于网络的远程学习环境，逐步完善支持服务规范，为学生的个性化学习提供高质量的支持服务。精品课程建设要求教学现代化，包括教学理念和方法的现代化、教学内容和体系的现代化、教学资源的现代化等。

教学方法是教学改革的关键和切入点，也是精品课程建设的重要内容之一。要改变当前普遍存在的传统灌输式的教学方式，鼓励教师积极开展教学法研究与应用，结合专业特点和教学内容灵活运用多种先进的教学方法，采用启发式教学、讨论式教学、参与式教学等方法，加强师生互动交流，把原来"满堂灌"的过程改为在教师引导下师生共同探索的过程，引导学生"在学习中研究、在研究中学习"，注重对学生知识运用能力的培养与考察。这样，能充分调动学生积极性，体现学生是学习的主体，激发学生的学习兴趣、自主学习的要求，充分发掘学生积极探索与研究的潜力。

信息技术的发展使教学方法产生了革命性变化。许多用传统方法讲授起来枯燥无味、难以理解的知识，可以通过多媒体技术直观易懂地表现出来，使学生在充满趣味性和想象性的过程中学习和掌握。恰当使用现代教育技术手段，自制的高水平系列多媒体课件，能有效激发学生的学习兴趣，提高教学效果。同时，利用网络和多媒体技术既可以提高教学内容的科学性、先进性和趣味性，又可加强学生与教师的适时交流，使广大学生得到最优质的教学资源，还可以方便学生在不同时间、不同地点根据自己的需要进行自主化、个性化学习。不同学校的师生可以共享优秀的教学资源，可以及时地与教师交流和沟通。同时，教师之间可以互相借鉴，及时更新和互相提高。

总体上说，精品课程要恰当地处理传授知识和培养能力的关系，把讲授的重点由单纯讲知识转向同时讲授获得知识的方法和思维方法；强调理论教学与实践教学并重，重视在实践教学中培养学生的实践能力和创新能力。教学方式应该用"互动式"代替"填鸭式"，这是高职高专教育的显著特性。强调"互动性"，强化"实践教学环节"，强化"学生掌握课堂知识的检测环节"，这是高职高专课程与本科课程不同的关键所在。良好的创意需要通过一定的方法和手段来实现。要用新的教育思想指导教学方法的改革，根据课程特点灵活地实施教学，如强调"面向工程一线"，采用现场教学、案例教学、讨论式教学、讲授与训练结合，以激发学生的学习兴趣，挖掘学生内在的学习潜能。

4. 教材建设

精品课程教材应是系列化的优秀教材。精品课程主讲教师可以自行编写、制作相关教材，也可以选用国家级优秀教材和国外高水平原版教材。鼓励建设一体化设计、多种媒体有机结合的立体化教材。精品课程需要精品教材。教材建设是精品课程建设的组成部分和重要载体。教材质量与教学效果和课程目标的实现密切相关。教材是教师从事教学所用的材料，是教学改革成果的固化。除了选用国家级优秀教材外，教材建设是精品课程建设的一项重要内容。

2003 年教育部《精品课程评审标准》中"教学条件"（含教材、实践教学条件、网络教学环境）为 20 分，2004 年为 17 分，2006 年降到了 15 分。教学条件权重逐渐降低，不是说精品课程建设教学条件不重要，而是说明了精品课程建设教学条件的改善需要的是时间和资金。这一指标分值的下降，有利于引导高职高专院校在精品课程建设中加强软件建设，以内涵式发展为主。教材建设的主要任务是围绕课程目标，抓好主教材和实验、实训等教材的配套建设，主要由行业组织、学科专家和主讲教师自行编写和制作相关教材、教学参考资料。教材内容应符合教学内容和体系要求，适当引入本课程领域中的一些科技内容、新工艺和方法在本课程中应用，并留好"接口"，便于修改和重新组合内容。教材的形式应便于学生自主学习，启发学生思维，便于使用先进教学方法和手段，反映课程的特色。

以工程造价专业《工程造价编制与案例》课程建设为例，根据社会对工程造价行业人才的知识、能力及素质要求，教材建设必须围绕理论知识、操作技能和实践能力3个部分来编写教材。《工程造价编制与案例》将工程造价理论知识和工程案例整合其中。如将原《工程定额编制与运用》一书中大量定额编制的理论予以删除，整合成课程教材的一个章节的内容，全书力争理论上简明扼要，满足够用的要求；另外推行案例教学，在教材中增加具有思考性和启发性的工程案例内容，以帮助学生理解和运用理论知识，培养学生的思维能力和创新能力。同时，教材编写以最新颁布的国家和行业法规、标准、规范为标准，充分体现我国当前工程造价管理体制改革中的最新精神。为了突出职业教育注重实践性教学环节的特点，把手工编制工程造价和运用计算机软件编制工程造价两项专业技能操作，从教材中分解成两个训练项目，分别编制《工程造价手工编制实训》、《工程造价管理软件实训》指导书，按技能训练要求，在专用实训教室和专用实训机房分项目组织专门训练。

5. 实践教学基地建设

"谈论实践是一件不容易的事"[13]，高职教育的实践性教学体系是高等职业教育内涵的核心，决定了高等职业教育培养目标的实现，所以，建设实践教学基地是高等职业教育实践性教学的内在需求。实践性教学基本形式主要有课堂上的模拟练习、实验（试验）、技能训练、专业实习、综合实习等，涵盖基础实践、专业实践和社会实践3个层次的实践教学。

要实现实践教学形式由验证型向生产型转变，实践教学模式上的工程化，实践教学内容上的职业性和技术性，使高职教育实践教学真正由模拟型向实战型转变，实训基地建设就成为促进高职教育健康发展的一种必然。

精品课程配套实训基地建设是专业实践教学基地建设的一部分。在校内实践基地的建设中，要充分考虑到精品课程实训要求，模拟生产一线或就业岗位环境，把单个实验（训）室的建设，向综合性、创新型实践基地发展。在校外实践教学基地的建设中，要与土建行业联手，建立合作机制，把课程搬到企业中，建成能适应本专业培养目标，培养学生的技术应用能力和实践创新能力的实践教学基地。

6. 机制建设

精品课程是学校办学水平的重要标志，高职高专院校必须要有反映教育特色的精品课程。精品课程建设是学校课程建设的深入发展，课程的精品化是学校教学质量的保证。

因此，高职高专院校应从思想上真正重视起来，在课程遴选、政策导向、建设过程管理、课程评价、技术保证等方面建立起精品课程建设的有效保障机制，使精品课程建设在管理机制上畅通，措施上更得力，技术上有保障。在精品课程的建设中，学校应制定精品课程建设的规划，正确遴选课程，确保有效建设。建立科研与教学互通的管理渠道，把课程建设与科学研究结合起来，使课程建设管理落实，并在资金投入、人才引进、校内教师的使用中给予鼓励政策，要有新的用人机制保证精品课程建设。要建立健全精品课程评价体系，根据主观和客观因素存在的差异，根据教师素质、课程特点的不同，学校应设立合格课、达标课、优质课和精品课标准模式，有必要制定科学而符合教学规律的评价制度，并进行激励机制的构建，在此基础上建设一批精品课程。

1.4.4 土建类精品课程创建方式

1. 土建类精品课程创建步骤

精品课程建设是一项综合性的系统工程，涉及到师资、学生、教材、教学思想、教学管理、教学方式、教学内容、教学手段等方方面面，是牵一发而动全身的工程。因此，精品课程建设应该是以现代教育思想为先导，以提高师资队伍素质为前提，以建设相应层次的、具有较强针对性和适应性的优秀教材为核心，以教学内容现代化为基础，以现代信息技术手段为平台，以科学的管理体制为保障，以推进教学资源共享为原则，集教学理念、师资队伍、教学内容、教材建设、教育技术、教学方法和管理制度于一身的整体建设。在精品课程建设整体推进过程中，一般的创建步骤主要有：

（1）课程设置——核心是制定本课程建设目标。选择专业和课程，对专业和所设的课程进行研究、分析和设计，分析哪些是重点课程、前沿课程，并进行课程设置，即根据一定的教学目的和培养目标，开设的学科及其结构、顺序和课时分配。

（2）课程设计——核心是优化课程教学内容。在合适的专业中选择出必要的重点课程后，就需要进行课程设计，亦即编制课程计划、分科教学大纲和教材等一系列工作。

（3）课程标准制定，即进行培养目标、课程门类，各门类水准和基本内容的规定。

（4）课程实施，即达到预期课程目标的基本途径和过程。包括课程实践环节、实习基地建设、网上资源的完善以及教学内容与体系、教学方法与手段的改革与整合实践。

（5）课程评价，即依据实施情况，研究课程实施价值，判断课程在促进学生发展方面的作用和效果。旨在判定课程的设计和实施中完成教育目标的程度、检验课程编制的效果。

2. 土建类精品课程创建标准的基本要素

影响职业技术教育课程的主要因素有培养目标、区域经济的状况、科技进步、文化传统、哲学基础和心理学理论[14]，土建类精品课程创建必须基于广泛的改革实践。

（1）要有一支结构合理、业务水平高的教学梯队。教学质量的稳定与提高，有赖于一支精良的教学队伍。没有好的教学梯队，就不可能将历年积累下来行之有效的教学经验与教学成果巩固发展下去。因此，形成一支政治素质好、业务水平高、教学经验丰富、年龄结构、职称结构合理的教师队伍，是精品课程建设的重中之重，也是作为衡量、评估课程建设成果的主要尺度。

（2）要有一个革新的教学大纲。教学大纲不是章节内容的堆砌，而是本门课程教学的指导性文件；不只是讲授大纲，还应是指导学生自学的纲要。教学大纲除了对本课程的基本内容提出明确要求外，还应根据学科的发展加以更新，提出培养学生能力的措施，阐明本课程与有关课程间的联系，充分体现优化课内、强化课外、激发学生主动学习的精神，并提出相应措施和办法。

（3）要有一套新的教学方法。改变传统的单纯在课堂上进行灌输知识的教学方法，而实行启发式、案例式、讨论式的教学，教师在课堂上主要起到讲清思路、突出重点、引导开拓的作用，并强调要恰当地处理传授知识和培养能力的关系。在讲授过程中，要把讲授的重点由单纯讲知识转向同时讲授获得知识的方法和思维方法。

（4）要有一套先进适用的教材。要选择符合教学大纲要求、教材质量较高、经历年使用、实用性强，且适应土建行业要求的教材；根据实践课要求编写具有行业特色的教材；为学生的自主学习指定系列参考书和有效的文献；开发精品课程多媒体课件及该课程试题库的建设。

（5）要有一套科学的考核方法。考试对学生起着重要的引导作用，考试不仅是评价学生的知识和能力，而且还应推动学生的学习向最佳方向发展，同时也是对教学效果的信息反馈，可以促进教学工作的改善。考核的重点，要着重考核分析问题、解决问题的能力。考核的方式可以是闭卷、开卷、口试、考查或写小论文，通过全程考核激发学生学习的主动性和积极性，全面考核学生的能力和素质。

（6）要有一套现代化的教学手段。精品课程要应用现代化教学设备，除广泛使用幻灯、投影仪、电影、电视录像等电化教学手段外，特别鼓励教师充分利用网络技术，开发计算机辅助教学，使用计算机多媒体教学手段，以提高教学效率，增强直观教学和提高教学效果。

3. 精品课程创建模式

自 2003 年国家决定推行高等教育精品课程工程以来，各高等院校掀起一场精品课程创建热潮。但是，任何一项课程改革必须遵守课程内在的逻辑与规律，如果把精品课程仅仅作为一种流行时尚来追逐，而不顾课程内在的逻辑与规律，脱离客观的现实条件，则极有可能使精品课程蜕变为一种众声喧哗式的浮躁。精品课程的建设是一种理性行为，下面从两种构建模式来谈谈其创建方式：

（1）科学设计模式——就是对精品课程的诸多实现条件进行梳理，然后再与体现时代精神的课程理念相契合，在此基础上推出具有浓郁育人意义的精品课程。这是一种超越型的构建模式。它抛开一点一滴的积累而直奔目标，走的是一条"外延式"发展道路，表现为精品课程的构建动因是直接从外部施加的，所以它能在较短的时间内，超脱已有的课程思想与课程结构的束缚，创造条件，推出精品课程。以科学设计模式创建精品课程是一种颇具风险的模式，其风险主要来源于设计过程中由于种种主客观条件造成的很难避免的纰漏，但也正是这种风险性蕴涵着某种程度的成功与创造性。

科学设计模式主要是操作和整合学科资源、学习者和教师这些要素来构建精品课程。

首先是学科资源。在知识不断创新，网络又把知识空前激活的时代，任何一门学科的资源都在不断地走向丰富和繁荣。对课程内容落后和陈旧的不满与对知识前沿的激情关注应当是精品课程所具有的关键品性。如《力学》课程，传统力学课程多停留在理论研究方面，即只注意理论计算，没有注意工艺、材料、方案、构造以及施工等条件的设计。离开设计和施工，过于强调力学理论内容的论证与计算，重理论，轻应用，忽视培养学生利用力学知识解决实际问题的能力。整合学科资源，就是要将力学课程内容重新组合，将理论力学、材料力学、结构力学和基本内容贯通起来，加强学生计算能力与分析解决实际问题能力的内容，使课程在已知与未知、接受与创造、过去与未来、基础与前沿等之间保持一种恰当的张力。

其次是学习者。精品课程不是一种起点缀作用的装饰。它的全部真实的价值所在就是它的育人意义，表现为对学习者的素质关怀。土建类学生职业能力培养除了综合素质的培养外，在专业技能培养方面必须有一个广博的专业知识面，因为学生从事的专业并不是单一方向。如果课程设置过于单一，知识面过窄，一方面不利于学生就业，另一方面也不利于学生今后的持续发展。就土建类专业来说，学生除了必须具备制图测量、建筑构造、道路桥梁、力学、结构、施工、经济管理等多方面的基本专业知识外，还必须掌握专业主干方向的知识和技能。

第三是教师。精品课程必须由教授（或副教授）来领衔主讲，这是精品课程的实现条件。有没有优秀的师资队伍是评定精品课程建设成果的重要标准。高职院校精品课程师资队伍建设应紧紧围绕"双师型"队伍的建设展开，形成以"双师型"教师为主体的高中级职称教师占一定比例的，具有较强的教育教学能力，教学效果好的教学群体。高水平的主讲教师是精品课程建设的保证之一，要为主讲教师创造良好的工作和成长的环境，不断地提高教育水平。对参与课程建设的青年教师应严格要求，给他们压担子。在教学工作的同时参加科研或生产实践，开展各种教学研讨活动，让他们在提高教学质量中发挥作用，形成稳定的教学梯队。

（2）经验提炼模式——是基于经验的自然演进与课程的连续性来实现精品课程的创建。

经验提炼模式选择的是一条"内涵式"发展道路，反过来精品课程的形成则是学校内涵提升的一个重要表征。经验提炼模式是低风险的，结果也是易于控制的，因而也常常包含一定的保守性，真正意义上的突破较难发生。精品课程的经验提炼模式一般不会打破学校原有的课程结构体系，只是力图对它进行优化与提升。一是经验的甄别，主要是剔除糟粕，留下精华；二是经验的整合，主要是把甄别后的经验进行组合、协调；三是将整合后的经验融入到精品课程，对其建构产生决定性的影响。

经验提炼模式建构途径有：

课程融合——高职高专院校在长期的教学实践过程中，对相邻学科及其关系有了较为全面而深刻的认识，或者在教学实践中已经不自觉地把它们的内容进行了糅合，并取得了不错的教学效果，就有可能把相邻学科融合成一门新的课程。如上海城市管理职业技术学院的"建设工程招标投标"课程就是对相关学科知识融合的结果。

课程拓展——就是不断从知识体系中选取新的学科知识，并把它纳入到学科逻辑当中，使课程更加完整和富有，直至成为精品课程。

课程改编——主要是在原有课程内容结构的基础上，重构一种新的内容结构，修复其中的缺陷，以增强课程的时代适合性。

科学设计模式强调精品课程可以进行跨越式建构，经验提炼模式则强调学校精品课程是渐进式的演进。在具体的精品课程创建方式中，建议高职高专院校根据自身的实际情况进行选择，也可把两者整合起来，走一条"外延发展"与"内涵发展"相结合的道路。

在课程建设中，专业教学改革的核心是课程体系改革，其根本是精品课程建设。基于这一点，我们有针对性的对精品课程深层次的问题进行研究，对一些著名土建类高职高专院校进行精品课程建设考察，提出在课程模式优化方面重点抓好以下几个方面的工作。

第一，整合优化精品课程内容。以职业岗位能力要求为依据，结合市场变化，吸纳学科最新成果，体现学科未来发展方向，把课程内容分为3部分：一是基础理论学习；二是作品实例分析和现场观摩点评；三是结合具体项目进行创作、实做。

第二，构建和有效运作课程模式。围绕学生的职业能力开发课程，确定课程目标、标准和课程的组织实施与考核评估体系。

第三，实施精品课程运行载体多样化的探索，加强"课件"、"网络资源"、"课程标准"、"教学工作室"等建设。制作精美的教学课件，图文并茂，音像结合。开设课程网站，课程资料全部上网，师生网上交流，开发相关网上资源，加大信息量。制定《课程标准》，对课程的性质与价值、基本理念、教学目标、课程内容、知识与技能、课程实施过程与方法、教学重点与难点、教学评价、教材使用及参考资料都作具体表述，弥补《教学大纲》的不足。建设设备先进齐全，集产学研功能为一体的"教学工作室"，为教学提供真实环境。

第四，拓展课程实施新途径，开展校企合作，加强产学结合，使课程实践、课程设计创作需要的实际项目、师生职业资质考证和业务培训有了保证。

第五，辐射带动了相关课程的教学改革。精品课程教学改革，是专业整体改革的重要组成部分，对其他课程既有辐射效应，也受相关课程的影响和制约。因此，对与教学有紧密关系的前接课程，都根据专业的特点和需要，进行教学配套改革，促进教学质量的整体提高。

4. 土建类精品课程创建应注意的问题

（1）以教育思想观念转变为先导是建设精品课程的前提。

时代发展、科技进步、社会变革要求学校课程不断改革，而课程改革又会引起教学过程的一系列变革，关键在于教师的教育思想观念要跟上这种变革。在转变教育思想观念基础上，积极推进课程教学内容的整体优化，强调课程教学内容改革突出基础性、综合性、实践性、先进性特点，力求做到融传授知识、培养能力和提高素质为一体，融人文精神、科学素养和创新能力培养为一体；融教学、科研和生产为一体。

（2）建立科学合理的课程质量评估体系是精品课程建设的基础。

科学合理的课程质量评估体系，既是课程建设的目标导向，也是检查评估课程建设质量的主要依据。目前已基本形成了一流教师队伍、一流教学内容、一流教学方法、一流教材、一流教学管理的课程建设标准。这样既保证了课程建设质量的统一性和可比性，又兼顾了不同课程的特点和优势；既有效消除了评估过程中定性难以量化等不利因素，也较好地克服了评估中主观随意性弊端，切实保证了精品课程评价的公平、公正、客观。

（3）目标管理与过程管理结合是精品课程建设科学规范的有效保障。

开展精品课程建设是促进教学管理科学化、规范化的重要措施和有效手段，也是一项涉及面广的教学经验总结和交流活动，发挥着积极的导向作用，又具有综合性、创新性特点。主要做好4项工作：一是课程建设初期，课程负责人按照评估指标体系，结合自身实际明确提出建设思路、具体措施及经费预算等；二是在项目管理上，根据课程特点，将课程进行分类、分层管理，分别确立具体建设目标和实施进度，遵照课程教学规律对课程建设实行分类指导，特别注重培植课程特色、优势和传统积淀；三是开展中期检查，及时推广课程建设经验，起到示范推动作用；四是课程评估认定时，根据评估指标体系进行全面评估，重在评规范、评改革、评效果，充分发挥课程建设的导向作用。对于精品课程的遴选，可以采用课程建设项目申报立项制，以项目的形式，课程申报自评，学校初评推荐，在通过学校组织的公开答辩和专家论证后才能确立为精品课程建设项目。为保证精品课程立项的科学性，还应制定评估和验收制度，对申报的课程要求自评、初评和专家评估，结合学生教学效果评价，听取广大学生对课程的意见和教学效果的评价。

（4）建立有效的竞争激励机制是不断提高精品课程建设质量的关键。

开展精品课程建设的主要目的，是要扶持课程进行全面建设，建设一批品牌课程，不断提高教学质量，而且籍此建立一种推动课程建设广泛、深入、持久开展的运行机制。主要方法有：一是将课程建设成果视为教学和科研成果同等对待，将教师主持课程建设项目作为遴选教学带头人的条件之一；二是每两年遴选一批校级重点建设课程，由学校提供建设经费，在人力和物力上给予支持和保障；三是为鼓励先进、鞭策落后，凡被评为校级优质课程的，给予相应鼓励性奖励，并择优推荐省级和国家级精品课程；四是进展缓慢、责任不落实或经费使用不当的课程责令限期整改，甚至取消立项。

（5）加强课程改革研究是深化教学改革和推进精品课程建设的重要途径。

精品课程建设的意义并不限于课程建设本身，其意义主要表现在两个方面：一是积极推动和促进教学改革。高职高专院校必须以课程建设为纽带，强力推进教学研究与改革向纵深发展，强调教学研究与改革、实训基地建设以及现代教育技术手段建设要围绕精品课程建设来进行；二是促进学科建设与发展。实践表明，一门有特色的精品课程建设，一般都会带动相关课程群建设和发展。持续不断地开展精品课程建设，往往会催生出一批新的优势学科或学科群，有利于优化专业布局，从而也一定程度上促进学校办学水平的不断提升。建设精品课程要以科研与教学紧密结合为突破口，主要表现在：主讲教师应是经常从事科研活动的；内容应能反映新的科学技术成果；教学过程是贯穿着创新方法和科学思维的；应重视创新型实验和实习、实践。只有教学与科研相结合，建立在研究基础上的课程，才有可能成为精品课程。精品课程建设本身就是一项重要的研究课题与任务。好的教材和课程就是一部具有影响的学术作品，它能够影响一代人甚至几代人。科研不仅能够将最先进的研究成果充实进课程内容，将先进的教育思想融入课程体系，也能够将科研过程中的科学精神，如严谨求实和创新存疑的精神带入课程教学。

（6）注意精品课程建设的层次性，确保精品课程建设的有序性。

从精品课程的性质与类别上看，基础课受益面大，某些专业受益面小，但不管是面大面小，都有自己的课程体系。从水平层次上看，重点大学、一般大学、高职高专都有自己的课程体系与特色，所以应该存在不同层次的精品课程序列。精品课程是分层次、多样化的。因此，精品课程建设应不断积累，逐级推进。建议将精品课程分为3个层次进行建设，即院（系）精品课程、校级精品课程、校级示范精品课程。院（系）精品课程建设由院（系）课程建设领导小组负责，课程以基础课和专业基础课为主，建设时参照学校精品课程建设规划和优秀课程建设评估试行标准进行。校级精品课程要根据教育部和省市对精品课程建设的有关要求，在对各院（系）申报的精品课程进行评审的基础上产生。学校教学指导委员会教学改革与课程建设分委员会负责校级精品课程的建设和评审工作。校级示范精品课程是学校最高级别的课程。示范精品课程更强调注意使用先进的教学方法和手段。要合理运用现代信息技术等手段，使用网络进行教学与管理，与课程相关的教学大纲、授课教案、网络课件、习题、实验指导、参考文献目录等能够上网，并全程录制教学过程，能在学校的教学网站向全校师生开放，真正起到示范性作用。在校级示范精品课程建设基础上，再逐步申报市级、国家级精品课程建设。

1.5　土建类专业精品课程评估指标

为了确保精品课程建设质量，必须建立科学评估标准。在人才培养中，课程具有无可替代的重要性和基础性。课程是一种文化传递，它是人类智慧的结晶，是科学、技术、经济、文化发展历史的总结，又是现代发展前沿的反映。因此，课程是学生知识、能力、素质培养的重要载体。一所学校，不能认为只要能开出课，就是在办学。学校要根据自己的目标定位和发展方向来确定人才培养目标、制定人才培养计划、科学地设计培养计划中构建课程体系的原则，据此安排课程设置。学校课程的总体设置，主要课程的体系内容、教学方式方法等又集中体现了学校办学思想和人才培养模式的特征。在一所学校里，有计划、有目标地建设一批辐射性强、影响力大的精品课程，可以大范围地推进全校的课程建设，可以营造一种重视教学质量、重视课程建设、以人才培养为己任的良好氛围。

1.5.1　高职高专土建类专业精品课程评估指标制定的原则

（1）科学地反映精品课程的内涵。相对于一般课程来说，精品课程就是高水平且有特色的课程，体现了"职业性、技术的应用性和示范性"，高水平无特色或低水平有特色都不是精品课程。对于精品课程不能求全而陷入一般化，应该能够体现引导教育教学改革方向，引导教师教学创新，引导学生主动、创造性学习。

（2）鼓励创新，发挥特色。精品课程建设的规划是实施这项工作的指导书和施工蓝图。规划包括：有体现学校办学理念、整体目标对教学改革要求的指导思想；有研究本校课程和教学应具有的特色而制定的建设目标；有根据学校专业课程体系结构，而规划的总体布局；有为提供支持、服务、考核、激励而建立的科学、可行的管理办法等等。开展精品课程评选的目的，是促进学校建立和形成适合自己学校校情的课程建设制度和运行机制，防止"格式化"，鼓励创新，形成特色。

（3）评估指标要科学、简要、可操作。指标体系的科学性，就是突出重点，简要地体现出精品课程"高水平"的实质内容；对教学改革的深化有鲜明的导向；能够使课程的特色得以主动、充分的展示；使评价专家的水平和综合判断能力得到较好的发挥，一级指标、二级指标、主要观测点和评估标准既体现宏观又显现微观，使参加评选的课程和评价专家都便于操作。

1.5.2　评估指标制定的基本思路及主要内容

一门课程的水平如何，是否具有特色，其实际状况是客观存在的。评价是对客观状态的鉴别，找准反映课程水平的主要因素是关键。高职高专土建类精品课程评估指标把教学队伍、教学内容、教学方法与手段、教学条件、教学效果作为衡量课程水平的5个一级指标；特色及政策支持作为精品课程的必要条件。教学队伍是否具有一流水平是精品课程建设的关键。这个指标由课程负责人与主讲教师、教学队伍结构及整体素质、教学支撑与教学研究3个二级指标构成。教学内容是否具有一流水平是精品课程建设的核心。这个指标由课程内容、教学内容组织与安排、实践教学3个二级指标构成。在精品课程建设中如何改变传统教学方式，具有重要的现实意义。改变当前普遍存在的传统灌输式的教学方式，体现学生是学习的主体，激发学生的学习兴趣，充分发掘学生积极探索与研究的潜力对学生的能力增长、创新意识的培养是十分紧迫和现实的。这一指标由教学设计、教学方法和教学手段3个二级指标构成。教学条件是精品课程建设的保证。这一指标由教材及相关资料、实训教学条件和网络教学环境3个二级指标构成。教学效果是精品课程质量的直接反映，但是这种反映的收集必须是真实的、多渠道的、全面的、科学的以期得到公平合理的结果。要建立以学生评价为主的精品课程评价体系。其二级指标由同行及校内督导组评价、学生评教、录像资料评价构成。精品课程建设是一个"评估——建设——再评估——完善"的动态过程。对于立项的精品课程，在评估中实行同行专家评估与学生评估相结合，特别是发挥学生的主体作用，从学生的角度出发对教师的授课质量、课程设置、教学内容与教材选用等提出建议，为教学质量保障体系的建设增添了新的内容。具体各指标分值及评估标准列表如表1-4所列。

高职土建类专业精品课程评估指标　　　　　　　　　　　　　表1-4

一级指标	二级指标	主要观测点	评估标准	分值 (M_i)	评价等级 (K_i)				
					A	B	C	D	E
					1.0	0.8	0.6	0.4	0.2
教学队伍20分	1-1 课程负责人与主讲教师	1-1-A 基本要求；学术水平	课程负责人或主讲教师应是"双师型"教师，具有高级职称及建设部执业资格	3分					
		1-1-B 教学水平与教师风范	师德好，教学能力强，实践经验丰富，行业特色鲜明	5分					
	1-2 教学队伍结构及整体素质	1-2-A 专业结构、年龄结构、人员配置	教学团队中有合理的专业结构和年龄结构，并根据课程需要配备实训辅导教师	3分					
		1-2-B 中青年教师培养	教师团队形成以主讲教师为导师的中青年教师培养计划，梯度合理、发展有序，并取得实际效果	3分					

续表

一级指标	二级指标	主要观测点	评估标准	分值(M_i)	评价等级(K_i)				
					A	B	C	D	E
					1.0	0.8	0.6	0.4	0.2
教学队伍20分	1-3 教学支撑与教学研究	1-3-A 校内教研活动、校外行业专家支撑	教研活动有计划、教学改革有创意；有行业专家指导课程教学和发展，并取得明显的成效	3分					
		1-3-B 教改成果和教学成果	教师团队成员有与课程有关的省部级以上科研成果或相应奖项；公开发表了高质量的与课程有关的教改教研论文	3分					
教学内容23分	2-1 课程内容	2-1-A 理论课程内容设计	教学内容符合行业和学科的要求，课程体系完备、知识结构合理，与相关学科吻合或有合理交叉；及时把行业最新的发展成果引入教学；教学内容能反映与本课程有关的学科前沿知识，改革成效显著	5分					
		2-1-B 实验课程内容设计	课程内容的行业特色明显，操作性、技术性突出，能有效地培养学生的创新思维和动手协调能力	4分					
	2-2 教学内容组织与安排	教学内容组织和安排	理论联系实际，融知识传授、技能培养、素质教育于一体；课内课外结合、校内校外贯通；教书育人效果明显	5分					
	2-3 实践教学	2-3-A 实践教学内容	设计的各类实践活动能很好地满足对学生的技能培养要求；能很好地体现以能力为本的课程教学理念	5分					
		2-3-B 实践教学内容	实践教学在培养学生发现问题、分析问题和解决问题的能力方面有显著成效；在培养学生成为动手型、技能型人才方面有明显成效	4分					
教学方法与手段24分	3-1 教学设计	3-1-A 教学理念	重视实践性学习、创新性学习、协作性学习等现代教育理念在教学中的应用	4分					
		3-1-B 教学设计	能够根据课程内容和学生特征，结合行业发展要求对教学方法和教学评价进行设计	4分					

续表

一级指标	二级指标	主要观测点	评估标准	分值(M_i)	评价等级（K_i）				
					A	B	C	D	E
					1.0	0.8	0.6	0.4	0.2
教学方法与手段 24分	3－2 教学方法	3－2－A 教学方法与行业的结合	重视行业新技术在教学中的应用和教学方法的改革	6分					
		3－2－B 多种教学方法的使用及教学效果	能灵活运用多种恰当的教学方法，有效调动学生积极参与学习，促进学生积极思考；开展创新性学习，促进学生职业技能的发展	6分					
	3－3 教学手段	信息技术的应用	全方位、多角度地使用计算机网络技术和多媒体教育手段促进教学活动开展，增强学生现场真实感，并在激发学生学习兴趣和提高教学效果方面取得成效	4分					
教学条件 15分	4－1 教材及相关资料	4－1－A 教材建设	课程负责人或主讲教师主编课程教材公开出版或获奖	2分					
		4－1－B 教材选用	选用优秀教材（含国家优秀教材、部颁统编教材、国外高水平原版教材、公开出版的主编教材）；为学生的创新性学习、职业技能的学习和自主学习的开展提供了有效的文献资料或资料清单	2分					
		4－1－C 实训教材	实训教材配套齐全，满足教学需要	1分					
	4－2 实训教学条件	实训教学环境的先进性与开放性	实践教学条件能够满足教学要求；具有相应配套的校内实训室和校外固定的实训基地进行开放式教学；效果明显	4分					
	4－3 网络教学环境	4－3－A 网络资源建设、网络教学硬件环境资源	网络教学资源建设初具规模，并能经常更新；具有网络互动平台，运行机制良好并在教学中确实发挥了作用	4分					
		4－3－B 网络软件环境资源	具有配套的计算机实训软件，仿真性强	2分					
教学效果 18分	5－1 同行及校内督导组评价	校外专家及校内督导组评价和声誉	证明材料真实可信，评价优秀；有良好声誉	5分					

续表

一级指标	二级指标	主要观测点	评估标准	分值 (M_i)	评价等级 (K_i)				
					A	B	C	D	E
					1.0	0.8	0.6	0.4	0.2
教学效果18分	5-2 学生评教	5-2-A 学生评价意见	学生评价材料真实可靠，结果优良	5分					
		5-2-B 毕业学生信息反馈	用人单位评价材料真实，满意程度高	3分					
	5-3 录像资料评价	5-3-A 课堂实录	讲课有感染力，能吸引学生注意力	2分					
		5-3-B 与行业前沿和现状贴近程度	引用典型案例讲课，实践性、可操作性强，能启迪学生思考、联想及创新思维	3分					
特色及政策支持100分	课程特色 70分 （专家依据申报表中所报特色打分）		满足行业急需的课程设置的创新性；贴近行业发展的课程内容的前瞻性；传承行业沿革的课程设计的经典性	20分					
			课程教材的原创性、经典性和优异性	10分					
			课堂与现场实践互动、理论和生产实践结合	20分					
			采用网络教育平台进行全方位、全天候的师生互动	20分					
	所在学校支持鼓励精品课程建设的政策措施得力 30分		精品课程建设有计划落实	10分					
			精品课程建设有资金保证	10分					
			精品课程建设有形成氛围	10分					

《高职土建类专业精品课程评估指标》采取定量评价与定性评价相结合的方法，以提高评价结果的可靠性与可比性。定性评价以直观为主，要求尽可能客观公正；定量评价以分值为准，分值做到尽可能细化。评估方案分为综合评估与特色及政策支持两部分，采用百分制记分，其中综合评估占70%，特色及政策支持项占30%。虽然《高职土建类专业精品课程评估指标》与教育部编制的精品课程评估指标，在一、二级指标的设置方面高度类似，但在主要观测点和评估标准的内容中，充分考虑到土建行业的特点和高职教育的特色而进行了较大幅度的修改，并从以下3个方面来体现高职层次的特点和土建专业的特色。

1. 评估指标的设置体现了高职教育的要求

高职教育不同于本科教育。本科教育以学科建设为本位，强调课程体系完备、知识结构合理，与相关学科吻合或有合理交叉；而高职教育是以能力培养为重点，强调能很好地体现以能力为本的课程教学理念。为体现高职教育的要求，在评估指标的设置中着重突出了若干指标。

一是突出了课程负责人的"双师型"要求。高职教师不但要求具备扎实的理论功底，而且要求具有丰富的实践经验。作为高职专业课程负责人和主讲教师，应是"双师型"教师。在评估指标中的 1—1—A 指标中就明确课程负责人或主讲教师必须同时具有高级职称及建设行业的执业资格。

二是突出了课程内容的实训环节要求。高职教育旨在培养学生发现问题、分析问题和解决问题的能力，从而使其成为一个社会需要的动手型、技能型人才。要达到这一目标，在课程内容的设置中突出实践性教学内容是非常必要的。在评估指标中的 4—2 指标中就明确了实践教学条件能够满足教学要求；具有相应配套的校内实训室和校外固定的实训基地进行开放式教学，并效果明显。

三是突出了教学理念中的创新性要求。科技创新和可持续发展，决定了高职教育不能走本科教育压缩化和中专教育高等化的道路。同样，在评估指标的设置中应充分体现创新给课程的发展所带来的勃勃生机。在评估指标的 3—1—A 指标中就明确要求重视实践性学习、创新性学习、协作性学习等现代教育理念在教学中的应用。

2. 评估指标的设置体现了建设行业的特点

每个行业都有鲜明的特点。作为国家支柱产业的建设行业，无论在行业的主体、客体，还是在行业的内容方面，都有着和其他行业不同的特点。因此，高职土建类精品课程的评估除了要求体现教育教学改革的方向外，还应充分体现建设行业的特点，考虑建设行业的发展。作为引导教师努力创新的有效手段，精品课程的评估有着其不可替代的重要意义。通过精品课程的评估，可以引导教师正确处理好在课程教学中的各种关系。

一是在内容体系方面，要处理好经典与创新的关系。建设行业中的大部分课程都有着悠久的历史沿革，但随着科学技术的发展，众多建筑产品中又融入了现代化的元素。因此，在课程内容体系方面既要注重满足行业急需的课程设置的创新性，又要传承行业沿革的课程设计的经典性。

二是在教学方法与教学手段方面，要处理好传承传统教学手段和应用现代教育技术的关系。图板、丁字尺历来是建设行业课程的标志，然而，计算机技术又率先在计算机辅助设计（CAD）中得到运用。因此，在教学方法与教学手段方面既要大胆创新，采用网络教育平台进行全方位、全天候的师生互动，又要按照教学规律，编制各类教学文件。

三是在教学计划方面，要处理好理论教学和实践能力培养的关系。土建类专业和课程建设，离不开行业的支撑。因此，在教学计划上要贴近行业发展，课程内容要反映行业新技术、新动态，体现出课程内容的前瞻性。在教学理念上，突出能力本位的主导思想，做到能力为先，理论够用即可。在教学实践上，要重视通过实训教学培养学生的能力。

3. 评估指标的设置体现了土建专业的特色

高职土建类精品课程是指具有土建类教学特色和高职教育要求并体现一流教学水平的示范性课程。土建类高职精品课程建设，不但要体现现代教育思想，符合科学性、先进性教育教学的普遍规律，而且要凸现建设行业特别是土建类教育特色，并能灵活运用多种教学方法，有效调动学生积极性来参与学习，促进学生职业能力发展。在评估指标中体现土建专业的特点，可以从以下 3 个方面予以考虑。

一是重视行业新技术在课程中的体现。跨江大桥悬索梁，地铁施工逆作法，爬模技术建高楼，高速铁路磁悬浮，这些具有明显行业特色的先进技术，理应在土建专业的课程中得到体现。因此，在评估指标中的 3—2—A 指标中，明确要求重视行业新技术在教学中的应用和教学方法的改革。

二是注重典型性案例在教学中的应用。高职教育所体现的动手型和实践性特点就决定了典型案例在课程教学中的重要作用。在评估指标中的5—3—B指标中就明确规定了"引用典型案例讲课，实践性、可操作性强，能启迪学生思考、联想及创新思维"的硬指标，提出了课堂与现场实践互动、理论和生产实践结合的教学要求。

三是采用仿真软件再现施工现场情景。施工现场具有一定的危险和不可再造性，施工周期长，各阶段跨度大。要根据教学进程到施工现场进行实践教学具有相当难度。因此，采用先进的计算机仿真技术，再现施工现场情景，既降低教学成本和教学风险，又提高课程教学质量，丰富了课程实践教学手段。为鼓励教师在教学中运用计算机仿真软件进行教学，在评估指标中的4—3—B指标中就明确要求，土建类专业课程在评定精品课程中必须具有配套计算机实训软件，且仿真性强。

精品课程评估指标是土建类精品课程评定中的主要依据，其科学性、针对性、合理性如何，将直接关系到精品课程评定的实效性和公正性。根据各层次、各行业、各专业的特点设置精品课程的评估指标，对于加快精品课程建设、提高精品课程建设质量、促进教学质量全面提高，都具有重要的现实意义。

1.6　结束语

精品课程建设课题经过几年的探索，已取得明显的阶段性成果。高职高专土建类精品课程的实施，必将推动我国高职高专土建类专业人才培养模式的改革，不断优化课程体系，加快高职教育与行业联系的步伐，促进师资队伍建设，更新教学内容，改进教学方法，完善教学设施，促进教学管理现代化，使精品课程建设真正起到引领作用、示范作用和辐射作用。但我们也清醒地认识到，高职高专土建类精品课程建设是一项艰巨复杂的系统工程，在精品课程建设过程中要处理好以下4个关系：

一是处理好"点"与"面"的关系。

精品课程只是土建类专业系列课程中的某一门课程，它只是一个"点"。学校在关注精品课程建设的同时，也要关注专业整体的课程建设，也就是我们常说的"面"的建设。只有专业课程的整体教学水平上去了，人才培养的质量才能提高，精品课程建设的目的才能达到。因此，在精品课程的建设过程中，一定要正确处理单门精品课程建设与专业系列课程改革的关系，要准确定位精品课程在人才培养过程中的地位和作用。通过少数高水平的精品课程建设，充分发挥精品课程的示范和带动作用，带动专业系列课程整体教学水平的全面提高。

二是处理好评估过程中"柔"与"刚"的关系。

精品课程建设需要硬性指标，但精品课程建设决不是简单的课程达标。我们要消除那种"有了电子教材、教案、习题集以及课件、能够上网等能成为精品"的错误观点，树立精品课程建设是以人才培养为中心的观点。精品课程的建设既要有学术水平，更要有技术水平。教育性是第一位的，抛开课程"育人"的属性而过于刚性地进行精品课程建设，对人才的培养是不利的。

三是处理好自发与人为的关系。

精品课程是在长期的教育教学实践中形成的，不是哪个人自封的，也不是外部力量强加的。精品课程必须坚持长期的自我建设原则，不人为拔高，不人为干涉，要自然成熟。同时，学校要给予政策和经济等各方面的支持，加快其成长成熟的步伐。

四是处理好"质"与"量"的关系。

精品课程建设需要长期的积累和实践过程，不能急于求成。在"数量"和"质量"的关系上，重"质量"而不求"数量"，强制式、组合式、突击式地进行精品课程建设不可能达到

"精品"的目的，也不可能发挥"精品"的作用。因为，深厚的历史积淀是精品课程建设的内在力量，只有调动广大师生的积极性，在教学中牢固树立"精品"意识，体现精品课程的先进性、互动性、整体性和开放性，不断探索和及时总结，才能保证精品课程建设从"量"的积累达到"质"的提高，创建真正的"精品课程"。这样，才能真正实现精品课程资源共享、师生受益和推进高职教育现代化进程。

注释：

［1］张应强. 高等教育质量观与高等教育大众化进程［J］. 江苏高教，2001，（5）.

［2］叶春生. 观念·体制·发展——高等教育事业发展刍议［J］. 江苏高教，1994，（2）.

［3］顾建军. 试论职业教育课程改革的理念转变.［J］教育与职业，2006，（8）.

［4］高级工难觅——劳动力市场结构性矛盾该重视了［N］. 解放日报，2003，10，10（9）.

［5］楼一峰. 国际职教发展趋势与我国高职院校的改革［J］. 职教论坛，2002，（21）.

［6］杨德广. 高等教育的大众化、多样化和质量保证［J］. 高等教育研究，2001，（4）.

［7］肖仁政. 高职高专土建类专业人才培养规格和课程体系改革及建设的研究与实践［M］. 北京：中国建筑工业出版社，2004.47~48.

［8］参见：唐俊英. 从国家精品课程政策看高职院校精品课程建设. 教育与职业［J］.2006，（21）.

［9］米靖. 论现代职业教育的内涵［J］. 人大复印资料·职业技术教育，2005，（1）：6~10.

［10］中华人民共和国教育部高等教育司编. 高职高专教育改革与建设·2003~2004年高职高专教育文件资料汇编［C］. 北京：高等教育出版社，2004，524.

［11］董仁忠. 技术发展视野中的职业教育课程价值取向［J］职教论坛，2006，（2）.

［12］黄克孝主编. 职业和技术教育课程概论［M］. 上海：华东师范大学出版社，2001.153~154.

［13］皮埃尔·布迪尔. 实践感［M］. 南京：译林出版社，2003.124.

［14］张家祥、钱景舫主编. 职业技术教育学［M］. 上海：华东师范大学出版社，2005.128~129.

本课题已发表研究成果一览表

（2005~2007年）　　　　　　　　　　　　　　　　　　表1-5

序号	论文题目	刊 名	刊 号	年（卷）期	姓名	备注
1	紧扣高技术人才培养目标，抓教学内涵建设	《中国高等教育》	ISSN1002-4417 CN11-1200/G4	2007年第7期	陈锡宝	核心
2	关于实施区域内职教师资"无校籍管理"的探索	《教育与职业》	ISSN1004-3985 CN11-1004/G4	2007年3月（下）	陈锡宝 朱剑萍	核心
3	关于建立公共实训基地"社会师资库"的探讨	《探索与争鸣》	ISSN1004-2229 CN31-1208/C	2007年第12期	陈锡宝 朱剑萍	核心
4	论高职精品课程建设的价值导向	《上海城市管理职业技术学院学报》	ISSN1008-4959 CN 31-1916/Z	2006年第6期	陈锡宝	
5	"双轨"互动良性发展	《新时期人才培养理论与实践》	ISBN 978-7-81111-263-4/G.43	2007年	陈锡宝	

续表

序号	论文题目	刊　名	刊　号	年（卷）期	姓名	备注
6	创建高职精品课程体系的若干思考	《上海城市管理职业技术学院学报》	ISSN1008 – 4959 CN 31 – 1916/Z	2005 年第 4 期	陈锡宝 滕永健	
7	高职土建类精品课程师资队伍的突出问题和对策	《上海城市管理职业技术学院学报》	ISSN1008 – 4959 CN 31 – 1916/Z	2007 年增刊	李　静	
8	职业本位——高职课程建设与改革的灵魂	《新时期人才培养理论与实践》	ISBN 978 – 7 – 81111 – 263 – 4/G. 43	2007 年	李　静	
9	论高职土建类精品课程建设的支持体系	《上海城市管理职业技术学院学报》	ISSN1008 – 4959 CN 31 – 1916/Z	2007 年增刊	李　静	
10	高职教育"能力"与"个性"主题的阐释	《职教论坛》	ISSN1001 – 7518 CN36 – 1078/G4	2005 年 2 月号 （下）	李　静	核心
11	探索精品课程为引领的实践性教学	《上海城市管理职业技术学院学报》	ISSN1008 – 4959 CN 31 – 1916/Z	2006 年第 6 期	滕永健	
12	高职精品课程必须适应高技能紧缺人才培养的需要	《上海城市管理职业技术学院学报》	ISSN1008 – 4959 CN 31 – 1916/Z	2007 年增刊	蔡伟庆	
13	论高职院校精品课程的"特、优、新"	《上海城市管理职业技术学院学报》	ISSN1008 – 4959 CN 31 – 1916/Z	2005 年第 4 期	蔡伟庆 何　光	
14	关于高职精品课程"双师型"教学队伍建设的思考	《中国教育教学创新成果集》	ISBN 978 – 7 – 88833 – 387 – 7/G. 330	2007 年	朱剑萍	
15	高职教育实践性教学几种常见模式浅析	《新时期人才培养理论与实践》	ISBN 978 – 7 – 81111 – 263 – 4/G. 43	2007 年	朱剑萍	
16	浅谈建筑经济与管理专业教学改革的思路和实施方法	《新时期人才培养理论与实践》	ISBN 978 – 7 – 81111 – 263 – 4/G. 43	2007 年	张凌云	
17	高职高专市政工程技术专业课程体系构建	《新时期人才培养理论与实践》	ISBN 978 – 7 – 81111 – 263 – 4/G. 43	2007 年	刘　颖	
18	我国精品课程评审工作现状及存在的问题浅析	《教育发展研究》	ISSN1008 – 3855 CN31 – 1772/G. 4	2007 年 第 12 期 B	王　欣 陈锡宝	核心

第 2 篇　子课题研究成果

2.1 子课题之一：关于一流教学队伍建设的研究

2.1.1 高职土建类精品课程教学队伍面临新的挑战

高职院校精品课程一流教学队伍建设与高等职业教育特色和土建类专业特点密切相关。同样是高等学校的精品课程建设，高职院校与普通本科高校相比，存在着比较明显的差别或特色。

首先，从培养目标上来看。高职院校的目标是培养适应生产、建设、管理、服务第一线需要的应用型高等技术人才，以能力为本位；而普通高校培养目标是以知识本位为主的高级专门人才。从不同培养目标的实际需要出发，2003 年国家教育部在《关于启动高等学校教学质量与教学改革工程精品课程建设工作的通知》中，对精品课程建设实行了"分类指导"的原则。《通知》明确指出：本科院校按照"基础扎实、知识面宽、能力强、素质高、富有创新精神"的人才培养要求，在强调课程内容的专业性、系统性的同时，注重课程的实践性与适应性，体现现代教育以人为本的思想。高职高专院校要根据高等职业教育人才培养目标和办学特点，按照国家职业分类标准和职业资格认证制度要求，在贯彻理论必须够用为原则的基础上，注重课程职业性和使用性。这种根据培养目标的差异而对精品课程建设目标提出不同要求，无疑是十分科学的。

其次，从实践性教学在整个教学计划中的比重来看。普通高校虽然也强调实践能力的培养，但在实际教学中主要以实验、实习、社会实践等方式开展，实践性教学在整个教学计划中的比重因学科、专业的需要而安排，总体上以理论课教学为主，进行系统的课堂教学以夯实专业理论基础和拓宽知识面。而高职院校则按照国家职业分类标准和职业资格认证制度的要求，特别强调职业技术能力的培养和训练。实践性教学在整个教学计划中占有较大比重。尽管职业之间差异很大，不同专业对实践性教学的要求也不尽相同，但各类高职院校、各个专业的学生实习实训时间应至少保持在 40%。职业能力不是在课堂上可以教出来的，而是必须到实践中去学习，在生产现场或模拟生产现场进行训练，使学生在实际训练中学会技术、学会熟练操作，学会技术创新。学生只有掌握了娴熟的职业技能，毕业后才能到生产和管理的第一线顺利上岗，才能在今后的职业生涯中大有用武之地。以就业为导向，以能力为本位，重视和突出实训教学环节，这是高职院校人才培养的最大特色，同样也是高职精品课程建设的最大特色，在教学队伍建设中也应充分体现这一特色。

高职土建类专业具有技术性、实践性很强的特点。因此，在土建类精品课程教学队伍建设中要强调教师的专业性、技术性和实践性。土建类课程的教师要"专业对口"，精通本专业的理论知识，不是其他专业的教师可以随便代替或充数的，同时要有一定的技术水平或丰富的实践经验。近年来，我国高职教育在土建类精品课程教学队伍建设方面进行了积极的探索，出现了一批各具优势的精品课程教学队伍，特别是精品课程带头人和骨干教师。目前的精品课程教学队伍基本能满足一般的教学需要。但是，精品课程建设的道路仍很漫长，即使达到精品课程标准以后，仍然有一个继续建设和升级的任务。土建行业生产一线科技进步、技术更新也对人才培养提出了更新更高的要求。高职土建类精品课程教学队伍建设面临着新的巨大挑战，或者说目前在土建类精品课程教学队伍建设方面还存在较大问题。

土建类精品课程评价指标中的"教师队伍"有3个二级指标，即"课程负责人与主讲教师"、"教学队伍结构及整体素质"、"教学支撑与教学研究"。对照评估指标要求，结合土建类院校精品课程建设的实际，当前高职院校土建类精品课程在教学队伍方面存在的问题主要有4个"缺乏"：

一是缺乏高层次高水平的专业带头人或精品课程建设的领军人物。

这里指的高层次和高水平不是一般意义上的具有高级职称即可，而是指具有丰富教学经验和学术造诣，在教学改革实践中取得卓著成就并有一定社会影响和知名度的"名师"级的教授、专家充当课程负责人。从高职土建类精品课程的高度来说，这些名师还应有较高的工程技术水平和工程实践能力。

二是缺乏合理的教学团队梯度。

众所周知，大部分土建类高职院校是由中专、职工大学、成人高校和少数高专转型或合并组合而成。许多课程教师的学历水平、专业结构、年龄结构与精品课程建设要求存在较大差距，与高职院校人才培养工作水平评估标准也不甚吻合。许多高职院校教学团队中缺乏合理的专业结构、年龄结构和学缘结构。青年教师的聪明才智不易得到充分发挥。

三是缺乏实践经验丰富的"多能型"教师。

无论是转型、升格、合并组建的高职院校自有教师，还是刚刚招聘补充的大学毕业生，或者是从高校引进的教师，大都存在一个共同的特点，就是缺乏实践经验和行业背景，没有或少有行业相关的技能知识或执业资格，实践动手能力普遍较弱。相当部分的精品课程教学团队理论型教师偏多，而实践经验丰富的具有土建行业背景的"双师素质"或"多能型"教师较少。据北京高职教育教学质量检查组在北京地区14所高职办学点的调查统计表明，教师中平均只有29.75%的人获得了职业资格证书，下工厂实践过的仅占23.9%。高职教师普遍动手能力不强，缺乏实践经验。如果这种情况不能改变，将直接影响土建类精品课程建设的示范作用和引领作用。

四是缺乏必要的教学支撑和教学研究。

土建类精品课程建设应当服从于整体高职人才培养目标的要求，以符合社会需求的专业设置为前提，以全面深化教学改革为基础。课程设置与课程建设必须服从于总体目标。精品课程建设只有通过广泛深入的教学改革和教学研究，才能使广大教师对职业教育的性质、任务及其特征有较清楚的认识，普遍树立起职业教育的教学观、人才观、质量观，并自觉贯彻到专业建设、课程体系建设与教学内容建设当中去。整体教学改革引领课程建设的方向，课程建设又促进了整体教学改革的进一步深入。但是，在具体的土建类精品课程建设中，教学设备、实训基地等教学条件不能满足教学改革的需要。教学改革也往往缺乏新意，不善于结合土建行业发展实际。精品课程教学团队中与专业研究相关的高层次科研成果不多，公开发表与精品课程有关的高质量的教学改革和教学研究论文也较少。

要使土建类精品课程教学队伍建设从总体上适应高职院校的办学特点和人才培养目标，必须进一步深化改革，采取切实的措施来有效地应对这些新的挑战。

2.1.2　应对挑战策略之一：实施"名师工程"，构筑人才高地

1. 精品课程的一流教学队伍建设呼唤名师

一流教学队伍建设是精品课程的基础和核心。在一流的教学团队中，课程负责人具有举足轻重的责任和主导作用。课程负责人的教学水平和学术成就的高低，在很大程度上影响着精品课程总体水平。一般来说，精品课程的领军人物应是教授或相当水平的专家，具有一定的学术地位和专业领域的影响。精品课程建设是没有终点的，需要持续发展。要使精品课程在原来基础上更上一层楼，课程负责人和主讲教师应该把"名师"作为新一轮建设的努力目标。

"有了大师，才有大学"、"名师创名校，名校育名师"，早已成为教育界和社会上很有影响的座右铭。名师，是在教育界或社会上有较高知名度的教授、专家或成绩卓著的优秀教师，具有丰富的教学经验和较高的学术地位。而大师，更是名师中少数闻名遐迩的佼佼者，在教育领域或科研方面有开创性的成果或达到世界级的影响，在学术界或专业领域有很大的名气。

精品课程是一所学校教学水平的代表，也是学校展示形象的窗口。在社会主义市场经济条件下，人才市场的竞争将越来越激烈。精品课程建设特别是以名师为核心的教学队伍建设，在很大程度上影响着学校的知名度和核心竞争力。

精品课程建设呼唤名师，高职学院的发展呼唤名师，我们的时代也在呼唤名师。因此，如何在精品课程建设中实施"名师工程"，从而进一步构筑优秀教师的人才高地，就成为精品课程建设乃至职业院校改革和发展的重要问题。

2. 探索创新名师培养机制

名师不可能在一夜之间培养出来，也不是在较短的时间内可以轻而易举造就的。名师的培养和成长有自己的规律。在实施"名师工程"中，应该对名师的成长规律有所认识。

要认识名师的成长规律，首先要了解名师的一般优点。这也可以说是培养名师的目标所在。虽然名师的专业领域很多，名师的个性特点和治学风格也各有千秋，但大体说来，作为名师，大体有以下几个特征：

一是有高尚的师德和崇高的精神境界，是为人师表的典范。

二是有较高的教育理论水平，有丰富的教学经验，在教学改革中成就卓著。

三是在科研或学术领域有一定的建树，或在应用研究和科技开发中有创新性的成果。

四是在教育界、学术界或社会上有较高的知名度。

名师的成长也大体有规律可寻，主要是靠教师本人长期的主观努力和勤奋自强，同时名师的造就也要有一定的客观条件和成长环境。

根据名师的主要特征和成长规律，学院在实施"名师工程"中，要为培养名师搭建平台，尊重教师的创造精神，为名师特别是青年名师的成长创造良好的条件和环境。

（1）学院要制定"名师标准"，在现有的优秀教师和骨干教师中遴选有发展前途的"名师候选人"，加以公示和重点培养。当然，这些名额不是一成不变的，应该能上能下，根据情况可以增加或淘汰，关键是宁缺勿滥。

（2）鼓励"名师候选人"参加高层次的学术团体和科研活动，支持他们参加一些专业领域内的国家级或国际间的高层学术会议，在高层次的交流中拓展学术空间，提升学术品位。

（3）在工作安排上注意发挥"名师候选人"的专业特长和个性优点，安排合适的职务或职位，作为名师成长的载体。

（4）在经费使用方面向精品课程和名师有一定幅度的倾斜。

（5）通过建立"名师论坛"、"名师工作室"等途径，发挥名师和"名师候选人"的示范作用，并培养其知名度。

名师的造就，不仅需要学校创造培养条件和成长环境，更需要个人的努力奋斗，而且这种主观因素在成长过程中具有决定性的作用。因此，在"名师工程"中，要注重调动教师的积极性和创造性。广大教师特别是中青年教师要焕发积极性和上进心，刻苦钻研，锐意创新，努力成为一代名师。

目前的名师大都是年资较高、德高望重的专家、教授，似乎凡名师必是老者。这种观念是很有问题的。我们要摒弃论资排辈的陈旧观念，更应该培养年富力强的中青年教授和专家。实践证明，许多诺贝尔奖获得者就是三、四十岁的青年专家。因此，培养名师的重点，应主要放在中青年优秀教师身上。

对于高职院校来说，名师还包括从企业聘请来的工程技术人员和能工巧匠。他们来自企业，有丰富实践经验和高超的专业技术。在他们之中，同样蕴藏着宝贵的名师资源，可以成为精品课程建设和提高教学质量的主力军。

3. 借用校外名师提高教学质量

"名师工程"是一项艰巨的系统工程，需要长期的努力培养和被培养者自身的艰苦奋斗，具有相当大的难度和不确定性。因此，"名师工程"不仅指高职院校培养自己的名师，更要注重引进名师。这样可以节约大量的培养时间和培养成本，而且能够起到立竿见影的效果。

在市场经济条件下，名师作为一种宝贵的人才资源，要引进也是有相当大难度的。除了制定优惠政策加大引进力度之外，通过各种途径、各种方式借用、外聘社会上现有的名师资源，或与社会上的名师合作进行应用研究和技术开发，对提高教学质量和人才培养水平是一条最好的捷径。

例如，上海城市管理职业技术学院邀请了几位两院院士为学院的顾问，在学院每年举办的"城市管理世纪论坛"作学术报告，对提高教师的业务水平大有裨益，在社会上产生了很大的反响。学院聘请了同济大学等名牌大学的著名教授到学院开设讲座，扩大了教师和学生的专业视野和知识面，受到师生的普遍欢迎。学院还聘请了几位从名牌大学退休的教授作为学院的客座教授，或作为教学督导组成员参与学院的教学管理。

4. 支持本校名师为社会服务

名师的流动和社会共享，正在成为一种正确的趋势和潮流。名师效应要放大，名师辐射功能要加强，要充分发挥名师的指导作用。在精品课程建设中，不但需要培养名师，引进名师，还要支持本校名师走出校门，在社会上发挥更大的作用。

有的教师在完成本校教学和科研任务的同时，应邀到其他学校开设讲座或承担一些教学任务。这种情况，在计划经济条件下是不允许的，往往被冠以"不务正业"、"捞外快"等负面评价而遭到非议。其实，教师对外开放是值得提倡的。我们要抛弃教师"单位人"的观念，允许他们成为"社会人"，为社会多作贡献。总体上来说，教师承担一点校外教学任务，对提高教学水平和教师知名度都是有利无弊的。当然，对他们也应有科学的管理和必要的约束。

除了教学之外，不少教师深入企业调查研究，或与企业合作进行应用研究和技术开发，则更应给予大力支持。如上海市精品课程"建设工程招标投标"的课程负责人蔡伟庆教授，在完成教学和科研任务的同时，参与了上海市建设行业制定职业标准、指导专业技术等实际工作，还与多家大企业合作，成功开发了一批土建类专业领域的管理软件，受到协作单位和用户的普遍好评。学院的另一门市级精品课程"城市管理监察执法实务"的主要骨干教师王震国副教授多次主持并完成市级研究课题，还利用业余时间到社会上开展调查研究，每年都为城市建设主管部门领导提供专题报告，作为上海城市建设和管理方面的决策参考，得到有关政府部门的好评。2007年，他参加了中国与东盟各国共同发起召开的城市管理学术会议，还代表上海市在会上作了精彩发言，得到许多著名城市市长和与会专家的高度评价。这些教授在为自己增加荣誉的同时，也迅速地扩大了学院的知名度。

2.1.3　应对挑战策略之二：加强青年教师队伍建设

青年教师是学校的未来，是精品课程教学梯队创新的生力军。虽然他们大都处于事业的起步阶段，但可塑性和接收新知识的能力强，更多地担负着学校未来改革和发展的重担。因此，加强青年教师队伍建设已经成为高职院校精品课程教学队伍建设的重要目标。

由于土建类专业具有鲜明的行业特色，其精品课程要长期保持"精品"的水平，更需要一个结构合理的专业教师团队的长期努力。青年教师作为精品课程建设的后续力量，他们的培养对提高精品课程教学队伍素质、优化教学队伍结构具有十分重要的意义。要以青年教师培养为中心，大力提高师资水平，调整师资结构，建设学术梯队，避免精品课程教学队伍结构出现"青黄不接"的现象。

目前，许多高职院校都十分重视青年教师的培养工作，也取得了比较明显的成效，但仍然存在着不少问题。一是缺乏有效的青年教师培养模式。目前多数院校出台了一系列相关的制度措施来加强青年教师的培养，但在培养模式上仍比较单一，缺乏操作性强、行之有效的培养方案，主要做法仍然沿袭学校教学部门内部"传、带、帮"、企业或社会"培训班"的做法，培训效果不够理想。二是培训渠道有限，培训形式不够灵活。青年教师培养主要采取到普通高等院校接受脱产教育、到培训基地在职进修、进企业业余锻炼等培训形式。在实施过程中，一方面由于高职教师教学任务相对繁重，教师脱产进修难以按计划落实；另一方面师资培训基地主要采用班级制组织形式，以课堂讲授方法为主，对提高青年教师的综合技能帮助不是很大。同时，青年教师到相关建筑企业参与生产过程的管理和设计，企业由于多种原因而积极性不高。青年教师接触工程的机会普遍较少，培养效果不够理想。此外，有些院校对青年教师使用过多，而对他们的思想政治和职业道德方面培养显得不够。

按教育部高职高专院校人才培养工作水平评估指标的要求，在师资队伍结构中，青年教师（40 岁以下）研究生学历或硕士及以上学位的优秀标准（不含在读）要达 35%，合格标准（含在读）要达 15%。为此，相当部分的高职院校把主要的精力和财力放到了提高师资队伍的学历结构上。在引进人才时，往往优先考虑的是博士、硕士，而忽略了对"双师型"人才的培养和引进。有的院校对已引进的博士和硕士，只强调了取得教师资格证书的要求，而没有提出明确的获取"双师"要求，由此形成高学历和"双师型"两者尚未互相融合。

在精品课程教学队伍建设中，加强青年教师队伍建设，应重视以下几个方面的工作：

1. 科学规划培养目标和培养方案

（1）确立科学的青年教师培养目标，以育人求立人

立人的关键在于育人，育得好才会立得稳。学校在青年教师培养过程中，要教育青年教师热爱教育工作，热爱学生，明确高职院校的培养目标和教师的光荣职责。要通过为青年教师创造"立人"的条件，明确"立人"的目标，开展各种"育人"活动。就每个青年教师个体的培养来说，要有明确的培养目标，并确定在目标指导下的科学培养规划和具体的培养方案。例如，对青年教师的培养可以分前期、中期、后期培养，每一段时间都要明确学校培养要求，建立个人目标，形成比较详细的整体培养计划。通过"目标管理"谋求育人的成效。

（2）细化阶段性培养重点

学校要根据青年教师的智力和能力结构，设计出合理的培养方案。青年教师从毕业到发展成为一名骨干或优秀教师，大体经过 3 个阶段。每个阶段都应有培训重点：①入门期（教龄 0~3 年）是基础性培养阶段，培养工作从"应知应会"着手，使青年教师掌握教育教学的常规要求、基本教学技能，接触比较基本的工程专业实践知识。②成才期（教龄 4~5 年）是

成就性培养阶段。重点培养青年教师在成熟的基础上向获得成就方向发展，在这个阶段可以培养更多的教学能力、科研能力以及工程实践能力。③发展期（教龄 6～8 年）是发展性培养阶段。院系和精品课程负责人要按照每个青年教师个性发展的趋势，进行分类培养。

青年教师的培养方向可以具体分成 4 种类型：一是培养有先进的教育观念、扎实的教育理论和良好教学风格的学术型教师，使这部分青年教师向课程负责人、名师方向发展；二是培养有较强的实践技能、科学的管理方法、渊博知识的技能型管理人才，作为实践教学队伍的后备军；三是培养有超前的教育理念、全面的教育理论、较强科研能力的研究型教师；四是培养根据各学科特点进行高层次自我发展的其他优秀教学队伍成员。

2. 积极拓展青年教师培养工作的激励机制

心理学研究表明，人们的活动积极性的源泉是需要。激发青年教师的需要、诱导青年教师追求的满足，是激励青年教师积极性的基本途径。一般来说，教师的各种需要可以归纳为 5 个方面，即生活需要、学习需要、自尊需要、政治需要和成就需要。首先，要关心和了解青年教师的愿望和要求，教育他们处理好精神需要与物质需要的关系；其次，要以满足物质需要来发展精神需要，又通过发展精神需要来调节物质需要；第三，积极引导青年教师不断提高思想觉悟和需要层次水平，并通过有效的工作来充分发展教师的成就需要。良好的发展个性和专业成长平台对青年教师的成长更为重要，多管齐下为青年教师提高业务水平和实践技能创造条件。例如，开展各种具有青年教师特点的竞赛活动，组织"青年教师技能大赛"、"评优课"、"建筑 CAD 绘图比赛"、"计算机操作比赛"、"优秀教育教学论文评比"等，为他们创造公平竞争的成长环境，使他们各显其能。通过这些活动，既有效地提高了青年教师的素质，又有利于优秀青年教师脱颖而出。

3. 多途径提升青年教师的综合素质

（1）努力提高青年教师的学历、学位层次。对刚毕业的新进教师，前 2 年要求主要进行教学和工程实践工作，从第 3 年开始要求学位进修。对获得学位的青年教师，在工作安排及工资待遇上给予适当倾斜。

（2）加强岗前培训及继续教育。学校对新进的青年教师，应采取"先上岗，后上课"的制度，要求他们先到校内外实训基地相应的生产岗位取得一定的实践经验，并参加学校组织的各类岗前培训班进行教学理论和教育技术的培训，使之掌握基本的教学技能。通过定期选送青年教师参加中短期专业培训班，来提高专业水平。

（3）加强青年教师英语、计算机、普通话等基本技能和建筑科技最新知识的培训。通过采取"送出去，请进来"的方法，选派青年教师参加各类培训班。要求青年教师参加现代教育技术的培训，并通过计算机等级考试，以适应多媒体教学、网络教学等现代化教育手段的应用；组织青年教师参加普通话培训，并要求通过等级考试，达到高校教师所要求具备的标准；要求参加《高等教育》、《现代教育心理学》等教育理论课程的学习，并通过相关的考试，获得教师证才能上岗。

（4）鼓励和支持青年教师参加各种学术团体、学术会议和学术活动，了解最新信息，拓宽学术视野。要支持青年教师参加与专业或工作有关的科学研究，鼓励他们积极申报科研课题，并拨出专款资助青年教师的开展研究，鼓励他们多出成果。

针对高职院校土建类课程实践性强的教学要求，还可以采用"送"、"下"、"带"、"引"、"考"等多种方式，切实提高青年教师的专业实践能力。

"送"：实行"学缘优化计划"，选拔部分"理论型"青年教师，送到相关企业或职业师资培训基地进行深造。对从企业引进的实践应用能力强而理论相对薄弱的青年教师，则应鼓励他们到重点大学土建类专业深造和攻读学位。

"下"：对于没有土建类相关专业实践经验的青年教师，尽可能多地安排他们到生产、建设、管理、服务第一线实习，提高他们的实际知识和能力。还可利用寒暑假安排青年教师到建筑企业、工地现场进行专业实践。青年教师既能了解自己所从事专业目前的现状和发展趋势，而且还不影响正常教学。

"带"：以老带新，以强带弱。学院要制订青年教师导师制的规定，对新进的大学生必须先"拜师"，经过两年的指导，达到规定的水平。也可将青年教师直接让企业有经验的工程师进行带教，让青年教师迅速成长。

"引"：指从企业生产一线引进具有实践经验的青年管理人员、技术人员担任专业课教学工作，尤其是辅导设计、指导实习、实验室建设等实践教学方面的课程让这些引进的青年教师担当重任。

"考"：鼓励青年教师参加与从事土建类专业相关的行业执业资格考试，如监理工程师、建造师、造价师等，并取得相应证书。对于实践技能较强又取得高校教师系列讲师以上职称的青年教师，只要符合条件，要在政策上鼓励他们申报工程系列技术职称。这样，有利于提高青年教师的专业素质和优化教学队伍结构。

培养青年教师还要注重培养方式的革新，如对青年教师实行"双导师"制度。高职院校可以设立导师工作站。导师分别由企业有实践经验的工程师和学校的教授、副教授担任。每位导师指导与自己专业或者研究方向相同或相近的青年教师2到3人。每个青年教师配备一名企业导师和学校导师，实行"双导师"制度。导师每届任期3年，其工作列入考核。导师工作站的任务以学校的成功素质教育理念为指导，面向教育教学实际，面向学科发展前沿和专业建设，面向社会开展教学研究和科学研究活动，立足于提高站内青年教师的教学能力和科研能力，并统筹安排3年的工作规划和学期培养计划，并承担相应的教学研究任务。

校内导师主要负责青年教师教学和科研方面综合素质的培养，要求把教学指导、课题研究、论文辅导、教材编写、专著出版等项工作融合在一起，注重培养青年教师在教学和科研方面的综合素质。在此基础上，校内导师可以根据自己的优势，突出其中的一两项，凸显培养特色。企业导师主要承担青年教师工程实践能力的培养，要求他们定期对所指导青年教师进行工程知识的传授，定期安排所指导青年教师到工程现场实践。每学期结束前，导师要提交如实填写的工作手册，被指导的青年教师提交学习、成长总结。学校对导师的工作提供相应的报酬，对成绩突出的导师进行表彰和奖励。

导师工作站实行人员流动制。导师根据每位青年教师现状设定培养目标。青年教师达到既定目标，导师即完成了培养任务，可以批准青年教师出站。导师工作站对其教学和科研水平进行评估，写出评定意见，作为其今后职称评定、职务晋升的依据。达到培养目标的青年教师出站后，由学校从其他青年教师中选补新的进站者接受培养。在3年时间内，如果达不到出站规定的青年教师，则应继续留站培养。

2.1.4　应对挑战策略之三：建设一支"多能型"的教学队伍

高职院校要走开放式办学之路，加强与社会紧密结合，大力开展产学研合作。在精品课程建设中，要转变传统的教师管理理念，以能力为本位充分调动广大教师的积极性和创造性，鼓励教师面向社会，走进社会，服务社会，着力建立一支"多能型"的教学队伍。

1. "多能型"教学队伍目标内涵

精品课程"多能型"的教学队伍应该是具有较高职业能力和专业知识相结合，尤其必须具有多方面的复合能力。

一是具有为不同智力条件、文化基础的学习者提供教育培训的能力。

精品课程具有示范、演示、指导等多项职责。由于实行网上共享，课程所面对的人员呈现多样化，不仅包括高职学生，还有其他类型学校学生、教师、建筑企业技术人员，甚至还要适应农村劳动力转移和企业下岗失业人员培训需求，要求精品课程教学队伍具有一定的适应性。教师应具有适应多样化、多层次教学要求的能力。

二是具有适应精品课程持续开发要求的能力。

一门精品课程要保持其"精品"的特质，必须始终与行业技术发展水平保持高度一致，土建类精品课程很强的专业属性更是如此。随着建筑科技的不断发展，许多新材料、新技术、新工艺在建筑业得到广泛应用，如钢结构的加工制作，随着科技的进步和新软件的开发应用，所有的加工构件已经由原来的手工画图放样、按比例控制尺寸发展为通过软件来设计图纸和构件的尺寸；又如建筑施工中脚手架搭建工作，原来仅依靠施工工人经验来控制受力和结构，现在已经有了专门的设计规范。这些内容要及时在教学中得以体现，必然对教学内容、教学手段的及时更新提出更高要求。要求高职教学队伍不仅有进行课程课件持续开发、教学手段及时更新的能力，还要具备新知识吸收和终身学习的能力。

三是教学团队应具有教育科研、实训教学、新技术开发和应用等方面的能力，能够在多变的工作环境中独立解决不断出现的新问题。

"多能型"的教师不仅能承担高职院校学生的实践教学任务，还要熟悉企业运作，特别是熟悉企业的生产运作，能够进行基本的职业技术指导；不仅应具有相当丰富的实践教学经验、能提供许多尖端技能的培训，还应适合从事技能要求较高的实际技术工作；不仅需要熟知国内先进技术应用情况，也应了解国际最新技术发展状况。目前，我国高职土建专业精品课程教学队伍的整体素质与上述要求还有一定差距，一支"多能型"的精品课程教学团队尚未真正形成。从书本到书本、从理论到理论，是培养不出合格的高级应用性人才的。这已被高职实践所广泛证实。土建类精品课程教学队伍建设，要特别强调以教师的实践技术能力为基础来统领理论课教学，强调通过教师的社会实践，使理论内容"鲜活"、形式"动感"，教书与育人合一。

由于高职土建类专业是培养适应生产、建设、管理、服务第一线需要的高等技术应用型专门人才，要求教师不但具有讲义或教材的编写能力、指导学生进行工种实训、模拟实训和顶岗实训的教学能力，还要具有工程实践能力（包括解决工程组织问题的能力、解决工程管理问题的能力、解决工程技术问题的能力、解决工程经济问题的能力）。如房屋建筑专业，专业教师必须具备的指导学生完成从施工准备、图纸会审、定位放线、原材料检验、申请配合比、技术交底、隐蔽记录、竣工验收、档案管理与移交等一系列实践技能训练的能力。

因此，土建类专业"多能型"教学队伍建设不应只满足于教师获得多少教师资格证书和国家注册咨询工程师、一级注册结构工程师、注册造价工程师、注册监理工程师、注册房地产估价师等其中的一项或多项执业资格，而更应注重教师能力的内涵发展。培养一大批高学历、高职称和综合能力强的"多能型"教师，是高职土建类精品课程教学队伍建设的首要目标。

2. "多能型"教学队伍的培养途径

"多能型"不是对"双师型"的否定，而是一种提高和发展。传统的教学能力，主要表现为传道、授业、解惑，而现代的教学能力则是一种综合能力的体现。特别是土建类精品课程教学队伍建设，要求教师具有教学创新能力、教学研究能力、工程实践能力、信息驾驭能力等多方面的能力。教学模式的改革，使教学过程开放化，更加强调教师之间、师生之间的合作，以及与社会的交往与合作，需要教师具有更强的社交能力。另外，还要具有终身学习和自我完善的能力素质来保持自身对学校的价值和持续的可雇佣性，使其在今后的职业生涯中立于不败之地。

目前，高职土建类精品课程教师的业务水平和工程实践能力虽然已经有了较大提高，但教师的业务水平和工程实践能力总体上仍然不能适应精品课程建设和人才培养要求的需要。主要体现在两个层面：

从教学队伍整体结构来看，实践教师和具有较高综合能力的教师仍然比较缺乏。各高职院校虽然都很重视"双师型"教师队伍建设，但由于对"双师型"教师内涵的界定比较模糊，缺乏操作性强、行之有效的评价标准和培养方案，许多教师接触实践的机会较少，不能满足实践教学的需要。

从个体层面上来讲，教师来源仍然比较单一，大部分来自院校。由于学校很多东西都是虚拟的、模拟的，教师缺少到重点工程施工现场学习实践的机会，实践教学能力距离精品课程对教学队伍方面的要求还具有一定差距，直接影响实践教学效果。如：在指导学生做设计时，由于建筑空间的要求，柱子和梁的尺寸往往受到一定的限制，而为了满足结构受力的要求，需要配置较多的钢筋，结果钢筋间距小于混凝土石子的最大粒径，混凝土浇筑不下去，会导致无法按照图纸施工。这些问题对于一个缺少工程现场经验的教师来说，是很难意识到和看出来的。因此，教师实践能力要提高，与工程相结合是一个非常重要的途径。这样才能积累实际工作经验，更新知识层次，提高实践教学能力。

在精品课程教学改革实践中，建立一支"多能型"教师队伍可以利用各种途径和渠道：

（1）支持教师到基层企业挂职锻炼，提高工程技术能力。

一支适应精品课程建设需要的教学队伍培训、继续教育形式，不仅仅是双证书、双学历，更多的应是实践与科研等多方面结合的模式。不仅仅靠国家、省级的师资培训基地来培养，通过委派或提倡教师去国际国内一流的土建类企业培训或挂职，还可以去民营企业或中小企业兼职，承担技术指导或技术管理工作。时间可以根据教师、学校和企业实际需要而灵活确定。只有如此，教师才知道市场所需、行业所需，也有利于促进教学改革。

（2）通过产学研结合机制提高教师科研能力与专业技能。

高职院校作为培养"进行技术传播和技术应用"的高素质劳动者的摇篮，应当把教学与生产实际，与新技术的转化、应用、推广紧密地结合起来。通过产学研的结合，使精品课程建设更紧密地贴近生产和科技的发展，为经济和社会的发展作贡献。开放的职业教育发展模式有赖于"产学研"结合的职业教育运行机制的形成。产学研结合的职业教育发展模式，可以最大限度地为教师提供专业实践的场地、设备，培养教师的科技开发能力和创新能力，提高教师的实践技能。目前，许多高职院校的产学研结合机制还很不健全，高职教师与企业或科研院所的合作多是零星的个人行为。这方面德国的经验值得借鉴，德国高专与企业之间进行的技术转让是由 STEINBEI 经济促进基金会来运作的。这就省去了高专教师因信息、渠道不畅而带来的麻烦和浪费精力。有了 STEINBEIS 经济促进基金会，高专的教授们再不是"个体户"和"游击队"，所有的技术转让和咨询活动都是有组织、有目的开展的。这从机制上为德国高专与企业的紧密合作提供了保障。因此，政府教育主管部门或行业主管部门，可以作为企业、科研院所和高职院校联系的纽带或搭建一个网络信息平台，促进高职院校和产业部门的交流与合作。

（3）促进专职教师与兼职教师之间的交流。

在保证正常教学的前提下，学校要鼓励精品课程教学队伍中的部分教师做一些与专业相关的兼职工作。在真实的职业环境中，教师的专业实践能力能得到最大限度的提高，对迅速成长为"多能型"教师具有很大的促进作用。兼职经历往往能使教师对与专业对应的社会职业需求有深切的感悟，从而促进专业课程建设和教学改革，提高教学质量。因此，只要学校严把教师考核关，教师根据自身条件合理安排好时间和精力，就会收到多方受益的效果。高职院校中来自企事业的兼职教师，多数都具有丰富的实践经验和熟练的操作技能，熟悉生产领域内应用的最新技术和设备。专职教师能从兼职教师的实践教学获取经验和资讯，对提高自身的专业水平大有裨益。调查显示，目前大多数高职教师和来自企事业的兼职教师缺乏交流或交流很少，造成一种无形的损失。高职院校应该多创造专职教师和兼职教师交流的机会，如在设置新专业、筹建专业实验室、组织教研活动等方面，积极邀请兼职教师参与，认真听取他们的建议；安排专职教师和兼职教师结成对子，互通有无，取长补短；在教师节或其他节日举行庆祝活动时，邀请兼职教师参加，增进专兼职教师之间的感情交流。

（4）委派专业教师参加企业生产实践。

高职院校要把教师参加企业实践形成制度化，有计划、有组织地实施。首先，对不同专业或同专业不同项目的实践，应有明确的实践计划，包括实践内容、目标、对象、时间等；其次，教师的业务实践应有详细的过程管理。实践进入不同阶段，要提交工作报告，应对教师顶岗实践的效果进行评价，考评结果存入教师的业务档案，与教师的评职晋级挂钩。教师到企业实践或挂职锻炼必须有时间上的保障，要确保专业教师有足够的时间进行企业实践。学校定期组织教师实践经验交流会、岗位技能大赛等活动，对优秀教师给予表彰和奖励。

精品课程教学队伍建设包含了课程负责人与主讲教师的学术水平、教学水平与教师风范；教学队伍知识结构、年龄结构、人员配置与中青年教师培养；教研活动、教改成果和教学成果。其中，看似"硬件"的内容是客观存在的，在建设精品课程的过程中相对容易抓到。但是对于"教学水平，教师风范，教学经验，教学特色"等这些内涵的"软件"内容，却难于总结和发掘。正是这些"软件"的内容，才是教学队伍建设的核心。

在高职院校土建类精品课程建设中，应特别注意对教师工程技术能力的培养，不仅让教师在取得教学岗位资格证书的同时再考取一个职业资格证书，还必须要求教师真正懂技术，会操作，具有较丰富的实际工作经验。如主讲建筑施工课程的教师必须懂得建筑施工业务的流程，要到建筑施工企业进行必要的实践，并及时更新课本知识与实际操作方法。主讲物业维修课程的教师，要清楚物业维修实际操作的过程，随着相关制度的变更，应及时调整授课内容。在很多专业包括建筑经济类、工程监理类、工程设计类等，都有必要吸收一部分既有理论知识又有相应实践经验和专业技能的人员加入教师队伍。这样，可以逐步形成一支结构合理、教学水平高超、教学效果良好的教师队伍，实现精品课程教学的核心建设，为精品课程作为教学模式的推广奠定基础。

2.1.5 应对挑战策略之四：加强资源共享，建立"社会师资库"

高职院校土建类精品课程建设需要构建一支综合素质高、教学能力强的教学队伍，仅靠一个学校的力量在短期内很难达到目标。因此，应采取资源共享的方式，建立"社会师资库"，利用社会力量和兄弟院校资源共建教学队伍。

建立一支稳定的、高素质的校外兼职教师队伍，对于改善师资结构，加强实践教学环节，提高教学质量起到举足轻重的作用。聘请企事业单位那些掌握与所设专业相关先进技术和实际操作能力的专业技术人员为兼职教师，利用他们丰富的实践经验，培养高职学院学生的动手能力，弥补校内教师的不足。所以，建立一支高水平的、稳定的校外兼职教师队伍是精品课程建设的重要条件之一，做到"不求所有、但求所用"，充分利用社会资源，不断提高教学质量。

1. 加强教学队伍共享共建的措施

（1）加强管理，提高精品课程教学队伍"社会师资库"实用价值。

目前各级各类精品课程网站已经设立师资库，但由于缺少系统管理和相关激励措施，使得已建立的"社会师资库"大都流于形式，难以发挥其应有的作用。因此，建议由地区教育主管部门牵头，在精品课程网站设立教学队伍"师资库"的基础上成立区域性的"社会师资库"管理中心。管理中心下设信息收集和整理部门、资源库管理部门和综合管理部门。

（2）建立"社会师资库"管理制度。

"社会师资库"管理中心制定精品课程教学队伍"社会师资库"日常管理制度和工作职责；制定教学队伍"社会师资库"中长期发展规划和近期工作目标；制定不同学校之间精品课程主讲教师的互聘制度，为兼职教师互聘办理相关聘用手续；制定师资准入条件和退出条件；对申请入库教师进行资格审核，并通过制定入库教师工作考核机制，明确教师工作职责，监督入库教师的职责履行情况；制定资源库师资奖惩机制，对"社会师资库"中表现优异的教师进行奖励，对不能履行现职的教师要求整改或进行淘汰。

（3）利用信息平台，拓宽精品课程教学队伍的源头。

"社会师资库"管理中心通过开辟不同专业精品课程的信息专栏，为学校、企业行业及时发布教师待聘信息和需求信息提供平台；负责学校、企业行业和社会团体之间的联络、沟通和协调工作，为校—校、校—企和社会团体间教学队伍互聘、共享提供桥梁和沟通渠道；设专人负责学校、企业行业和社会团体师资信息的采集、更新、专业分类工作，并对各专栏教师个人信息与成长档案及时进行更新；开辟网上论坛，按论坛主题建立分专业子论坛，为教师提供网上咨询、交流的平台。

（4）提高精品课程教学队伍的整体素质。

为有效提高精品课程教学队伍的整体素质，可根据本地区精品课程教师队伍建设需求，有针对性地组织教师进行岗位培训和在职进修；根据地区职业教育发展需要，制定教师个人发展规划和地区师资长期发展规划。每年对各校教师基本情况和进修意愿进行统计，合理安排参加进修或培训教师的教学工作，保障教师进修工作的有效落实。采取有效措施，保障教师的培训学习效果，如建立学习共同体，构建学习型的教师组织，举办区域教师研修班、组织同专业的教师定期开展学科教学研究，加强不同学校之间以及新老教师之间的交流探讨，促进教师群体共同发展。

（5）加强校企合作方面的平台建设。

一是创造条件，提升在职教师实践教学能力。由"社会师资库"管理中心牵头，相关行业企业和高职院校参加，成立"校企合作委员会"，构建校企合作平台，为在校教师到企业培训提供条件；制定相关倾斜政策，设立专项教师培训基金，鼓励教师参加各种进修、技能培训、合作研究、下企业锻炼，以便教师尽快提高实践经验。

二是完善兼职教师引进和聘任制度。实行由管理中心、学校、行业企业共同进行的兼职教师"三元"管理模式；建立"兼职教师人才库"，要求各级教育、劳动和保障部门推荐和选拔企事业单位、行业组织以及社会上热心职教事业、具有教育教学能力和丰富实践经验的在职或退休工程技术人员、高技能人才，联合建立职业教育兼职教师人才储备库，实现资源共享；制定兼职教师聘用制度，规范学校兼职教师的聘用工作。"社会师资库"管理中心每年向区域内企业提供各学校兼职教师需求信息，根据综合情况决定是否聘用，并要求兼职教师与"师资中心"签订聘用合同，与职业院校签订教学合同。

2. "社会师资库"预期达到的效果

（1）稳定师资队伍，满足教学要求。

精品课程建设的长期性，要求其教学队伍必须保持相对稳定。这样才能维护正常的教学秩序，保证教学质量，满足精品课程建设需要。实行地区精品课程师资队伍资源共享，由"社会师资库"管理中心对地区内师资有计划的调控和管理，既可改变教师在一所学校几十年不动的现象，使教师资源形成"活水"，又可减少教师校际间的无序流动现象，增强教师流动的规范性和可控性，达到稳定教学秩序的目的。另一方面，又有助于保持教学队伍专业结构、年龄结构的相对合理，还可改善兼职教师管理混乱、学校聘任企业兼职教师困难的现状，有利于兼职教师与学校之间形成长期稳定的合作关系。

（2）缓解师资专业发展需求与精品课程专业师资相对不足的矛盾。

我国职教师资中专业教师数量总体不足，专业师资在校际间分配也不均衡。相对普通高校而言，一般的职业院校规模偏小，各专业的教师数量相对较少。在同类职业院校中，一些条件较好的学校专业教师相对充足，而一些办学条件较差的学校专业教师缺乏现象比较严重，不利于教师之间教学探讨和科研活动的开展。由于受到师资力量的限制，不少院校或多或少在教学安排和师资培训之间存在矛盾。当教师培训和学校教学产生矛盾时，学校当然要首先满足教学需要，从而造成教师培训进修和专业发展得不到保障。实行地区精品课程师资队伍资源共享，实现区域内同类专业师资共享，能够缓解薄弱学校师资不足现状，保障教师在职进修能够得到落实。

（3）激发教师工作的积极性，促进教学队伍整体素质的提升。

实行地区精品课程师资队伍资源共享，在一定程度上把教师推向社会，能够增加他们的危机感和竞争压力，调动他们工作的积极性和进修学习的主动性，能够广泛地实现教师之间公平竞争。同时也为不同学校专业教师相互交流创造机会，有助于教师更新知识结构，丰富教学经验，增强业务能力。通过对教师培训进修的统一管理，对培训内容和培训方式的统一安排，既能避免学校由于师资、课程以及资金等问题影响培训计划的落实，又能提高培训进修的时效性。

（4）搭建校企合作平台，缓解高职院校对兼职教师的需求与人才引进机制的矛盾。

从生产、管理和服务第一线引进有丰富实践经验、有一定教学能力且有相应学历的工程技术人员和管理人员充实教师队伍，有利于教师队伍专业结构的优化，发挥师资队伍的整体功能。由于我国现行的企事业单位人事制度的限制，使大部分职业院校在聘任企业兼职教师时受到种种障碍。"社会师资库"管理中心利用政府职能部门的优势，发挥桥梁、纽带的作用，加强与企业、学校的联系沟通，改变目前我国企业和学校在人才培养方面相对割裂的局面：一是为校企合作搭建平台，使他们在专业设置、课程设置、师资培训、学生实习方面开展密切合作；二是在兼职教师的引进方面，利用师资中心的优势，聘请企业具有丰富实践经验和一定教学能力的专家、工程技术人员充实到兼职教师队伍中，缓解职业院校兼职教师需求不足的问题，满足学校接收先进技术和最新信息、保持与社会紧密联系的需要。

2.1.6 应对挑战策略之五：营造一流教学队伍的成长环境

高职院校要应对面临的挑战，在精品课程建设中必须建立一支既有比较全面的专业理论知识，又有较强的岗位实践经验的教学队伍。通过建立完善的制度，营造有利于一流教学队伍的成长环境，做到"感情留人，事业留人，制度留人，管理留人"。

1. 建立健全配套的政策体系

（1）从明确精品课程一流教学队伍建设的目标出发，有针对性地制定人才政策体系，这是提高精品课程教学队伍整体素质的基本保证。这些政策包括：教师培养的实施方案、薪酬福利待遇、职称评定与科研资助，以及出国进修、攻读学位、科学的考核标准等方面，并且都应作详细的规定，进而从政策导向和内部机制上增强学校对教师的吸引力，确保高学历、高能力、高素质的教师能留得下、稳得住。

（2）政策的制定要围绕专业建设进行。例如，要根据高职土建类专业的发展情况，建立不同的人才集聚机制，整合学科梯队，提高人员的使用效益，科学规划教师的工作，帮助他们做好职业生涯的设计，以保证土建类学科教学队伍合理的师资结构。要注重培养专业带头人、课程负责人和优秀教师后备军。

（3）制定政策要充分考虑青年优秀骨干教师的特殊性。本着"政策优惠、条件优先、重点扶持、跟踪培养"的原则，关注优秀青年教师和科研骨干的成长，把他们放在关键岗位，或通过专门设置岗位提高他们的待遇。创造条件，让新一代青年学科带头人在国内外的学术交流中扩大知名度，确立学术地位，使他们在凝聚人和团结人方面也起到领头羊的作用。

2. 建立有效的激励机制

（1）建立完善、科学、合理的薪酬分配机制。公平理论认为，职工对报酬关注的一般并不是绝对值的大小，而是报酬分配的合理性，以及自己是否受到公平对待。在缺乏公平感的情况下，教师就会产生不满情绪，采取减少付出、放弃工作等消极行为。因此，在教师的薪酬待遇上，要体现出教师的岗位职责、工作绩效、实际贡献，同时要进一步完善教师津贴制度，制定向教学骨干和专业带头人倾斜的政策，对在教学、管理、科研等方面做出显著成绩和突出贡献的人员，可以给与比较优厚的津贴或奖金。

（2）建立教师专业化培训的激励与约束机制。教师的专业化水平直接影响教学效果，包括工程实践在内的专业化水平的提高一般通过培训来实现。很多发达国家为使职教师资培养培训的正规化，都制定相应的在职培训制度，采用激励机制，通过优先晋级、加薪等措施鼓励教师进修。针对我国高职土建类精品课程教学队伍存在的问题，建议采取以下措施：一是规定教师在一定资历的基础上必须达到一个代表专业化水平的职级，这个职级由本人所接受的培训时数和获得的学分数衡量；二是对接受培训的教师，按照其职级的高低付给不同等级的培训费；三是制定淘汰机制。对完不成一定数量和质量的培训任务的在职教师进行处罚，包括批评、罚金、降级等，甚至面临淘汰。

（3）建立"参与激励"机制。发达国家的实践表明，学校教师在参与组织和决策、发挥自主性权力的过程中，积极性会更高，对组织更忠诚，对工作更满意。我国高职院校专业教师很少有机会参与学校管理，对教学工作难以产生成就感和满足感，工作积极性容易受到挫伤。建立"教代会"等类似组织是医治这一问题的良方益药。学校通过建立完善的教职工代表大会制度，鼓励教职工参与学校管理，能够把教师的个人利益和学校发展的长远利益紧密结合起来，培养教师的归属感和认同感，为教师提供能够较好地实现自我价值的机会，从而达到激励教师工作热情和增强责任感的目的。

3. 培育合作精神，营造和谐的学术氛围

在高职院校培养目标一致的前提下，精品课程教学团队对个人事业的成就具有十分重要的作用。其价值主要体现在改善团队成员的沟通与合作、相互激励、提高工作效率等方面。一流的教学团队，其教师不仅应具有良好的教育背景和学术水平，更重要的是具有良好的职业道德和团队精神，具备促进团队发展的综合素质。因为无私奉献的精神、良好的道德品质和协作精神是一个教学团队健康发展的重要因素。培育和谐的合作环境，首先要求教师树立正确的世界观和价值观，确立"以人为本"的观念，发挥政策导向的作用，在工作考核、能力培养等方面保持公平、公正、公开性，以最大限度地激发广大教师的主动性和创造性。

自由的学术氛围是激发工作热情的重要因素。教师的劳动具有高度的创造性。这种创造性的劳动需要较大的自由度和发展空间。教师的劳动又是极富个性化的，有自己独特的教学风格和学术见解。这就要求学院管理者在制定政策时，重视营造轻松、自由的学术氛围，制定的政策不能成为教学改革和学术发展的障碍。对于青年教师来说，营造良好的学术环境更为重要。学院可以通过建立青年学术组织，举办青年论坛，开展学术争鸣等途径来活跃学术气氛，进行青年教师专项学术科技基金资助，还可以给予青年教师多方面的人文关怀，保证青年教师成长良好内部环境的形成。

（朱剑萍　执笔）

2.2　子课题之二：关于一流教学内容与教材研究

2.2.1　"一流教学内容"和"一流教材"的内涵

精品课程建设是一项系统工程，其目标是要把课程建设成具有一流教师队伍、一流教学内容、一流教学方法、一流教材、一流教学管理等特点的示范性课程。"五个一流"提出了精品课程建设的明确目标，揭示了精品课程建设的基本宗旨与丰富内涵。

首先，它是一个相对的概念，是在众多高水平课程中优势比较全面、特色比较明显的课程。精品课程建设作为学科发展的重要体现和专业建设的重要依托，一直是教学改革的前沿阵地。特别是20世纪90年代中期以来，我国高等教育推出了一系列有关课程建设的重大举措，课程建设受到了各类高校的高度重视。因此，目前推出的一批精品课程，是多年课程建设优秀成果的全面总结。从另一方面讲，精品课程分别代表国家、省、校三级层次的水平，某一层次的精品课程都是相对意义上的高水平。

其次，它是一个发展的概念。在不同的时期和阶段，课程建设有不同的标准和要求，体现不同的特色。精品课程评判标准必须科学地、完整地反映精品课程的基本特征。随着认识的逐渐加深和对课程要求的不断变化，其标准也会随之发展变化。任何一门精品课程都不可能是一次性完成的。它是一个不断吸收新成果、适应新形势的动态发展过程。

第三，它是一个多样化的概念，即精品课程目标定位的多样化，创建模式的多样化和评价标准的多样化。多样化是独具特色和教学创新的必然要求。统一标准和模式不仅不会产生高水平且多样化的精品课程，同时也与多样化人才培养要求不相符合。国家精品课程评价标准把教学队伍、教学内容、教学条件、教学方法与手段、教学效果作为衡量课程水平的5个指标。特色作为精品课程的必要条件。其中精品课程内涵建设包括课程体系、教学内容、教学模式、教学方法与手段、评价体系的建立等，这些构成了精品课程建设的核心。

高等学校课程是按照一定的教育目的所建构的某一门学习科目及其教育、教学活动系统或教学的共同体。课程是一个定义多样性的概念。我国学者将其归纳为3种解释，一是"学科"说，广义是指学生在教师指导下各种活动的总称，狭义指一门学科；二是"过程"说，认为课程是一定学科有目的、有计划的教学过程，不仅包括教学内容、教学时数和顺序安排，还包括规定学生必须具有的知识、能力和品行的阶段性发展要求；三是"教学内容"说，即将列入教学计划的各门学科和它们在教学计划中的地位、开设顺序等总称为课程。结合我国高职教育的研究状况，"职业教育课程"可以采用"为实现教育目标而选择的教学内容及其组合形式，包括专业教学计划，及其学科教学大纲、教材，以及所规定的全部教学要求的总和"。笔者认为这个概念较为合适。

高职院校的课程包括几个基本要素。首先，课程是有目的的。高职教育的培养目标是：培养适应生产、建设、管理、服务第一线需要的，德、智、体、美全面发展的高等技术应用性专门人才。其次，它是一个有组织的体系，不是杂乱无章的。从纵向来看，课程的结构可以分3个层次来理解：第一层是教学计划，它包括培养目标、教学年限、教学领域、教学学科或教学活动的设置、教学进度、课时安排、考试考核及教学说明等；第二层是学科的教学大纲即课程的教学要求，包括课程的教学目的、教学内容、课时分配、教学方法及教学手段说明等；第三层是教材，即学科的具体教学内容。从职业院校的性质上看，职业教育实施的是专门教育，即根据职业门类划分，将课程组合成不同的专业化领域。在我国，将这些不同的组合称为"专业"。因此，职业课程是与专业设置对应的，课程结构即专业结构，可以说"专业"是课程的一种组织形式。职业教育课程与普通教育课程相比，有其职业定向性和受一定经济社会条件下的产业结构和技术要求、职业和就业结构制约的特性。理解了课程的内涵，就能更好地理解精品课程"一流教学内容"和"一流教材"的内涵。

"一流教学内容"是指在教学内容上，体现现代教育理念和时代要求，深入开展教育理论研究，结合课程的历史沿革和特征，以知识整合为课程体系建设的核心，重在课程的精品内涵建设，始终保持课程内涵的科学性、先进性和系统性，及时反映和吸收本学科领域的最新研究成果，积极整合优秀教学成果和科学研究成果，体现新时期社会、政治、经济、科技发展对人才培养提出的新要求。在课程体系建设方面，要充分体现"加强基础、注重应用、增强素质、培养能力"的教育原则，对理论课程实施以知识点为模块，联系基础、拓展应用的构建模式。实验课程应科学合理地设置自主设计性实验和综合设计性实验。注重实践课程环节的设计，应该包括科学研究活动、科技发明活动和社会实践活动等创新型实践教学体系。教学内容是否具有一流水平是精品课程建设的核心，教学内容的更新，基础、经典理论与现代、前沿发展的关系处理得当，能为学生不断开拓具备终身学习的能力打下基础。寓知识传授、能力培养、素质教育于课程教学之中，对学生有潜移默化的作用。精品课程的教学内容要先进，要及时反映本学科领域的最新科技成果。同时，广泛吸收先进的教学经验，积极整合优秀教改成果，体现新时期社会、政治、经济、科技的发展对人才培养提出的新要求。教学内容是专业设置的具体表现，专业设置与行业是相对的，行业中的众多岗位与专业中的众多教学内容又是绝对的关系。当生产技术发生变化时，新技术在生产过程中的应用、设备更新等等，都决定了教学内容要相应发生变化。从这个道理上讲，高职教育教学内容应具有较高的灵活性和统一性、动态性与先进性、直接性与适用性、系列性与整体性的相统一的特点，吸收容纳生产领域中的新技术及新的工艺流程，本着专职、专项、专门技术去研究和纳入教学内容之中，体现高职教育的办学特点。

"一流的教材"是精品课程的重要内容和主要标准。教材是高等学校教育教学的一项基本建设内容，是衡量一所高校办学水平的重要标志之一。精品课程是承载学校教材建设乃至教学内容、办学定位等内涵的一个重要载体。"一流的教材"，就是以科技创新为源泉，以新的教材体系为基础，结合教学实际，修订教学大纲，开发建设以纸质教材为基础，以网络课程建设和学科专业网站建设为依托的集纸质教材、电子教材、网络课件、网络课程、实验教程、习题集、试题库、电子教案、系列参考书和辅助教材等构成的一流水平的立体化教材。教材与教学资源建设是精品课程建设的重要组成部分，它既是课程培养目标和基本要求的具体体现，也反映了教师的教学理念。精品课程教材应是系列化的优秀教材。精品课程主讲教师可以自行编写、制作相关教材，也可以选用国家级优秀教材和国外高水平原版教材，鼓励建设一体化设计、多种媒体有机结合的立体化教材。

2.2.2　高职土建类精品课程教学内容改革与创新

1. 高职土建类精品课程教学内容改革趋势

回顾近年来高职教学改革实践，教育部职成教司司长、教育部职教中心研究所所长黄尧认为，教学改革在以下 4 个方面取得重大突破。

一是在教学指导思想上，强调要以全面素质教育为基础，以能力为本位，突出学生实践能力和职业技能培养，提出从学科本位向能力本位转变、从传统的升学导向向以就业为导向转变。

二是在培养目标上，高职高专院校的培养目标是："培养面向生产、经营、服务、管理第一线的应用型、技能型人才。"

三是在教学管理制度和运行机制上，提出学分制、选修制、分阶段跨地区完成学业、全日制和部分时间制并举等制度，提出了校企合作、工学结合、定向培养、合作培养的办学模式。

四是在专业设置、课程开发和教材建设上，强调根据经济建设、社会发展和经济结构调整需要，设置、开发课程，编写教材。把知识传授和能力培养紧密结合起来，明确提出既要克服忽视文化基础教育的倾向，又要防止加大文化基础教育比重、削弱职业技能训练、片面追求升学的倾向。

纵观高职土建类精品课程建设，其教学内容主要存在以下 5 个方面的问题：①普遍缺乏高职特色，教学内容或是照搬中专、大专的内容，或是本科教学内容的压缩型。②课程体系有随意性，忽略了高职教育的培养目标和本校的特色。③实践性教学内容相对不足，导致毕业生在就业过程中缺乏竞争力。他们在实践动手能力上不如以前的中专毕业生，而理论知识与本科生也相差甚远。④教学内容没有将土建行业特点融入到课程体系，不利于为学生创造进一步发展的空间。⑤专业性较强，专业理论知识偏多，不利于学生个性和能力的发展。

通过对高职土建类精品课程教学内容所存在的问题分析，建议精品课程教学内容的改革需要考虑如下几个因素：

（1）选取教学内容要围绕高职教育的培养目标。我们应针对"培养面向生产、经营、服务、管理第一线的应用型、技能型人才"的目标，认真分析相关岗位群的实际需要来选取教学内容。岗位需要什么内容，我们就设置什么内容。教学内容的设置应充分体现以学生就业为导向的指导思想。

（2）选取教学内容要抓住培养能力和综合素质的主线。人才的两大标志是能力和素质。能力的大小、素质的高低直接反映了人才的价值，也决定了毕业生在人才市场上的竞争力。毕业生的高素质和高能力是高职院校生存和发展的生命线，在课程体系的设置和教学内容的取舍时要给予充分的考虑。

（3）选取教学内容要注意行业、地区的实际和本校的办学特色。我国的高职高专院校多数是由行业和地方重点中专或有特色的学校改造的。他们长期为本行业或地方的发展和经济建设服务，已深深地打上了行业或地方烙印。不同行业、不同地区对人才的规格、素质和能力有不同的要求，故高职院校要办出自己的特色。学校要为毕业生开辟广阔的就业空间，在教学内容的设计上要周密考虑。

（4）认识信息时代对人才需求的特性。21 世纪是信息技术飞速发展的时代，也是知识经济时代。这个时代对人才素质的要求比较高。具有多种技能、能胜任几项工作的人，在激烈的竞争中占有绝对优势。这就要求高职院校培养的人才应具有多样性与复合性。反映在教学内容的安排上，要强调新颖，要及时将新的科研成果、学科最新的发展动态以及新技术、新工艺引入教学内容之中，让学生多学习一些新知识，多教给学生一些新技能。

（5）在教学中要采用精讲多练的教学模式。实现培养目标的落脚点是构建完善的教学体系，选取合适的教学内容。在安排教学内容时应本着"必需，够用"的原则，压缩理论教学课时，增加实训课时，多安排现场教学、直观教学，达到精讲多练的目的。

（6）选取教学内容要注重学生的个性发展。信息时代需要个性化人才，需要创新型人才，市场机制也有利于创造性人才发展。人的创新能力离不开教育环境的熏陶。我国目前的各层次教育大都存在着"同化"的教育倾向，往往侧重于教师的主导作用，而忽视了学生的主体作用。作为高职教育在设计教学内容时应当改变这种状况，充分发挥教师的主导作用和学生的主体作用，引导学生自主学习，逐步培养他们的综合能力和创造能力。充分考虑学生的个性发展来安排教学内容，是高职院校的办学精神、教育理念、培养目标的具体体现，是高职院校的魅力所在，也是高职院校求生存、求发展的客观需求。

综合当前土建类精品课程教学内容改革存在的主要问题和必须考虑的因素，土建类精品课程教学改革的发展趋势主要表现在以下几个方面：

（1）职业化趋势：为了适应劳动力市场需求的变化，一方面高等教育呈现课程的职业化趋势；一方面发展"职业化"高等学校，创办各种形式的高等职业技术教育。20世纪下半叶，世界上一些国家和地区的经济快速发展，高等职业技术教育起了十分重要的作用。从事这类教育的学校与传统大学不同，其任务是通过对学生传授必要的理论知识，进行专业的实际训练，使学生具有独立从事职业活动的能力。其设置的课程职业化特点鲜明：一是课程和教学内容的应用性、实践性和职业针对性特点突出；二是当地产业经济特点及行业的技术发展对课程的影响明显，课程设置和教学内容及时反映科技成果在生产经营中的应用。高等学校职业化的课程应是朝着有利于培养学生广泛的职业适应力的方向发展，要努力避免局限于狭隘的职业知识和职业技能倾向。

（2）综合化趋势：专业设置和课程结构的综合化是当今世界高等教育改革的普遍趋势。

首先，当代科学发展的基本特征是在学科高度分化的基础上向综合化发展。交叉学科、边缘学科、横向学科的综合面越来越广，高等教育课程需要不同学科之间的交叉和整合。

其次，自然学科与社会学科、人文学科之间互相渗透。不但学科知识之间互相渗透，科学方法也互相移植。社会科学研究大量采用自然科学研究中的定量研究方法，甚至许多自然科学的概念也被移植到社会科学中来；自然科学研究也受社会科学的影响，出现了一些"模糊的"然而却更符合自然现象客观实际的理论和方法。科学社会化、社会科学化，现代社会发展的许多问题，都需要多种科学去协同研究解决，如经济问题、环境问题、能源问题、工程问题等，如果仅靠某种狭窄的专业知识和研究方法是难以胜任的。因此，在高职教育中出现了"科学——技术——社会"或以社会生活、生产过程的某个问题为中心组成的综合课程、复合课程和系列课程。

再次，在未来社会中，职业的转变是经常的。这就需要人们掌握专业面较宽的综合性科技知识，以适应社会发展和职业变化的需要。

高等教育课程结构的综合化主要包括两方面内容：一方面是基础科学与工程、技术科学相结合，即基础知识和专业知识相结合，提高基本文化素养和改善理论思维方式，培养创造性学习能力。另一方面，人文科学、社会科学与自然科学相渗透，突出课程的职业性和应用性。

高等教育要从狭窄的专业教育转向注重综合素质培养的专业教育，在教育指导思想上把人文精神和科学精神结合起来，在课程安排上把通识教育与专业教育结合起来，在对学生的指导上把关心学生个性发展和培养学生的社会责任感结合起来。

在我国，中学生过早的文理分科、长期的"应试教育"以及大学阶段学习的急功近利、实用主义倾向，都会导致大学生人文素养的欠缺。要教育学生学会做人，树立正确对待自己、对待别人、对待社会、国家、民族以至人类、自然的态度，要能够正确处理好各种关系。过去的高等教育，较多地注重知识的传授，注重能力的培养。新世纪高等教育应把正确做人作为核心的人才培养内容。

（3）实践化趋势：高等学校要适应社会、政治、经济和科学技术的发展，就必须改变以往与社会经济发展相脱离的状况。体现在课程设置上，一方面应根据社会的发展需要设置相关的课程；另一方面要增加实践性强的课程，提高教学过程的实践性，以培养具有较强实践能力的人才。

实践化主要是加强技能课，增加多种实习形式，提出社会实践要求等。实践化趋势在高等职业技术教育教学过程中体现得更为突出，要求教学过程必须面向岗位职业的需要。针对岗位职业的实际，在做中学，在学中做，边做边学，真正做到使教学面向生产实践。例如，法国短期技术学院在教学安排上，实践教学活动占总学时的50%左右，实行严格实践技能的考核，规定实践技能达不到要求的予以淘汰。德国高等专科学校（FH）和英国多科性技术学院都实行"三明治"教学计划。课堂教学与实习训练交替进行。先在学校学习，将要毕业时再去实习的这种传统的、封闭式的教学程序已无法适应时代的要求了。新的科技革命要求学校、企业、社会联成一体，学生随时有动手的机会。美国MIT和一些大企业达成协议，每年都安排学生去那里工作一段时间参与管理，在实践中学习，让学生在实践中学会如何解决组织生产中出现的新问题，在实践中培养管理能力、交流能力、首创精神和合作态度。开放的教学过程使学生有机会了解社会，在实践中向社会学习，在学习中增强才干。

目前，实践导向的职业教育课程具体的模式有很多。目前国内外较为典型的有：核心阶梯课程模式、能力本位课程模式、模块式技能组合课程模式（MES）、群集式模块课程模式等。如永州职院，在生态养殖专业教学改革中，根据实践导向课程开发的原则和步骤，借鉴"核心阶梯课程模式"和"能力本位课程模式"，创建的"顶岗实践，产教结合"的教学模式就是典型的实践导向课程模式。按"四个结合"，即教学和产业结合、学校和企业结合、顶岗劳动和学习结合、产学研结合进行教学改革。课程设置和教学内容打破原"学科型"的教学体系，重新构建以技术应用能力和基本素质能力培养为主线的模块化课程体系。对原课程进行重组和整合，减少原学科体系中重复的理论教学内容。加强实践教学的比重，强调职业岗位群意识，在能力培养上强调综合素质、技术应用能力和岗位群适应能力三者的结合。

（4）开放化趋势：高等教育要从封闭的教学过程转向开放的教学过程。高等学校最活跃的因素是学生，但目前高校所面对的最大挑战之一，是由于延续持久的陈旧教学模式使学生产生的消极态度。青年人最宝贵的因素是开放的头脑、好奇的态度和探索的欲望，但是，学校的教学长期以来把学生与社会割裂开来，把学习与探索割裂开来。大学生在学校里处处生活在一个整体的被动环境之中，逐渐形成了消极的态度。因此，各国高等学校都在积极探索如何实现从封闭的教学过程向开放的教学过程转化。要使学生发扬主动精神，成为积极的学习者，必须把学生看作教学过程中的主体。教师应更多地使用积极的开放的教学方法，要求学生对自己的学习负起更大的责任来。例如，鼓励学生参加科研，参加实习，在实践中学习；组织小组讨论和课堂发言、辩论，进行模拟教学；在教师指导下独立学习等等。学校不可能给每一位学生设计出一条顺利通向成功的道路。一个人要想取得突出的成就，就要以坚韧不拔的毅力去克服常人难以克服的困难。课程建设的开放化又一体现是课程改革和建设应该听取社会用人部门的意见，制定人才培养计划要听取企业界专家的意见，聘请企业的技术和管理专家作为兼职教师给学生授课。

当今时代的一个重要特征就是发展变化迅速，而高等学校在这迅速变化的社会中，往往对新的需求反应迟钝，表现出一种内在的惰性。今天，我们如果走进一家企业或一家购物市场，就会发现经营环境和经营观念与几十年前相比已发生了本质的变化。但是，当我们走进高等学校一间典型的教室，就很难体味到时代的信息。高等学校从创造知识的角度看，是领导着社会变化的潮流，但如果从培养人才的角度来看，则滞后于社会变化对人才的要求。这种滞后在一定程度上是人才培养的规律所决定的。但是高等学校关门办学，对社会变化闭耳塞听，行动迟缓，从而加大了这种滞后程度。高等学校的惰性，一是学校传统管理模式所致，高校的管理是以教师为中心的，任何变化都要得到教师的首肯和支持，一切重大问题都要通过教师的民主协商来解决，这就使得高校应对市场变化的行动极为迟缓。二是现代高校以教师为中心，更多地强调教师的需要和兴趣，整个学校工作围绕教师运转，而高校教师都有一种共同的倾向，他们更多地关注自己的学科和自己的科研项目，而对学生，他们往往只关心如何完整系统地传授自己学科的知识，对于社会在人才要求方面的变化往往不敏感，对学生整体素质的提高不能给予充分的重视。这就在很大程度上导致学校失去变革的动力。学校管理需要尊重知识、尊重教授，但单纯的教授治校也是不行的，还要靠教授和教育管理专家共同治理学校。高等学校的领导和教师都要树立面向社会、开门办学的观念。

（5）信息化趋势：由于信息科学的发展及信息技术对传统产业的改造，包括计算机网络技术、多媒体技术、虚拟现实技术在内的现代信息技术已经极大地更新了教学内容，传统的课堂教学格局开始被打破。

信息化的课程有以下特点：利用信息技术迅速更新教学内容。计算机的高储存能力非常符合知识的增值特性，网络技术的发展又使得学习者能及时地掌握科技前沿的新动态。信息技术极大地改变了人类的思维方式和知识获取的途径。世界各国紧紧抓住这一机遇，重新调整人才的培养规格和培养模式，使学生掌握捕捉、组织和处理信息的能力和以整体、系统观念处理复杂问题的方法。信息技术使教学内容和人才培养更符合现实需要。虚拟现实技术充分调动人的各种感觉，在一种极其逼真的环境中学习掌握现实生活和工作所必需的知识和能力。学校还可以按照用人单位的需要，通过一种逐渐接近工作环境的教育，实现人才培养和使用的过渡，从而使高等教育的教学内容更具有现实针对性。

教育部启动了"高职高专新世纪网络课程建设工程"，一批学校已开展了几十门网络课程的建设工作，体现了信息化教学的发展趋势。精品课程资源共享特征，也决定了精品课程建设必然要朝着信息化方向发展。

2. 创新：高职土建类精品课程教学内容的核心

教学内容建设是精品课程建设的核心。一门课程要称得上"精品"，应该具备科学性、先进性、时代性和创新性的特征。这些特征主要是通过课程的内容来反映的。因此，建设精品课程的核心是课程内容建设问题。精品课程内容建设要和本学科和专业的教学改革与课程体系改革相结合，正确处理好单门课程建设与系列课程建设的关系，创造性的运用和开发教材，根据课程教学的需要采用国内外优秀教材或高水平自编教材，广泛吸收先进的教学经验，博采众家之长，教学内容取舍得当，组织安排科学合理，能及时把教改教研成果和学科最新进展引入教学，及时反映本学科本领域的最新科技成果，并能和本领域国民经济发展需要相结合，克服教学与科研相分离的倾向，融教学与科研为一体，促进科研成果及时转化为教学内容，真正做到以科研促教学，以教学促科研，实现教学与科研的良性互动。

理论的综合与适度、实践的整合与强化，是教学内容建设的重要目标。专业教学体系是人才培养目标的具体化，很大程度上又是通过课程设置和教学内容来具体表现的。因此课程体系的设置、教学内容的选择有赖于不同学校的培养目标。高职教育人才培养的重要特征是职业针对性强、技能应用性强。在教学中，要以培养学生的职业技能为主，并不过分强调专业的学术性、系统性、完整性和理论性。这是高职教育人才培养与本科教育人才培养的根本区别，也只有充分认识这一区别，才能使高职教育形成有别于本科教育而又可以使之与本科教育并驾齐驱的人才培养体系。作为人才培养的具体环节，高职专业教学的课程也应体现这一特点。所以对于高职院校的精品课程建设，在课程内容上应处理好理论内容与实践内容之间的关系，以"必需、够用、适度"为原则，合理综合、适度简化理论知识。以职业技能为依据，精心设计课程实验和实践环节，处理好理论内容和实践内容之间的关系。

课程结构和教学内容体系的构建是高职教学改革的重点，直接关系到应用人才的培养。

要按照"实际、实用、实践"的原则改革专业的教学内容、课程体系及教学方法。要摆脱学科教育的束缚，强调理论和实践的紧密结合，积极探索技术应用性人才的培养规律。这就不仅要求在制定教学计划时，更主要的是在设置课程体系时，要打破学科界限，突出专业，注重应用，强化实践。专业教学要注重针对性和应用性。同时，还要注意追踪现代科技信息，传授新思想、新技术、新工艺，培养学生的创新能力和全面素质。

课程建设需要考虑自身的系统性、内部结构的调整和内容的组织形式。高职院校的课程体系是以培养岗位能力为着眼点，依据专业人才培养规格所制订的综合能力表，构建成新的课程模块体系，按照层层分解的子能力要素选择相应的教学内容，然后再按课程规律把相关内容进行有机衔接。在课程内容体系结构中，不追求学科的完整性，内容的取舍遵循教学规律，知识结构有序可循，知识的综合具有有机性和相融性。教学内容与培养目标相呼应，根据课程目标选择和组合知识，确定基本内容。应明确课程中主要内容应达到的教学目标和结果，教师不引导学生过多地探究"为什么"，而是使他们懂得"怎么做"。对学生的要求是能够正确运用技术路径进行操作。以建筑类专业《工程测量》精品课程建设为例：①教学内容应该涉及到本学科领域的最新动向。把新仪器、新方法以及计算机的应用等内容注入到日常教学中。例如在讲经纬仪的导线测量以及正反座标计算时，可以同时简单介绍一下全站仪是如何做这项工作的；在做测量内业时，可以给大家介绍几种常用的数据处理、绘图软件，甚至可以帮助学生编写一些小的实用程序。由于大学生往往很关注仪器、方法、软件设计、计算机绘图等方面的新知识，教师的博学及其丰富的教学内容会使学生对测量课产生浓厚的兴趣，延伸了课堂教学，教学效果显著。②教学内容应紧密与建筑类专业知识相结合。实践证明，为确保上课的顺利进行和教学质量，教师必须在上课前根据课程标准的要求和本门课程的特点，结合学生的具体情况选择最合适的教学内容。这门课的教学针对的是建筑类专业的学生，而当前由于学生就业压力的增大造成他们非常关注所学知识与自己未来工作是否能接轨，是否能保障自己在毕业后的工作中有效的应用测量手段。这就要求教师要学习建筑类专业的知识，关注该领域不断发展给测量工作提出的新问题，同时要走出校门，了解整个建筑过程中的测量内容及实地工作方法，组织成各类案例。这样，就能使教学内容紧密与学生的知识渴求相联系，满足他们的求知欲，激发他们的学习热情。

高职教育的课程体系具有很强的"实用性"特征，在教学内容中高度重视实验、实习等实践性教学环节，实践性教学内容占有相当的比例。因此，在精品课程建设中，要坚持基本理论与实践并重的原则，改革实验教学，加强工程实践性训练，既反对忽视基本理论对实践的重要作用，又要防止把能力的培养误认为就是专业技能的培养，处理好基本理论和实践教学的关系，建立完整的实践教学环节。在精品课程建设中，首先要结合具体课程的特点，把握好主要内容和体系结构建设的主线，改革不适应专门人才培养的体系和结构，使教学内容与行业经济及技术的发展水平相适应。

3. 高职土建类精品课程教学内容要素分析

任何事物都是由其独有的要素构成的，精品课程也是如此。谈到一门课程，总要涉及到6个方面的要素。

一是课程的教学目的。学校的根本任务是培养人才，每一门课程也有其特定的教学目的。如"建筑工程测量"课程，其课程目的就是在课程建设中注重对学生技能的培养，强调测量知识在建筑工程中的实际运用技能，通过实践教学将所学测量知识上升为应用能力。具体技能结构为：掌握测量仪器的基本操作技能，从事测量基本工作、小地区控制测量及计算点位坐标的技能，具有地形图识读和应用的技能，运用现代测量仪器进行民用建筑物的定位、放线和高程传递的技能。"建筑力学"教学的目标是通过学习本课程，培养学生具有一般结构受力分析的基本能力；熟练掌握静力学的基本知识，特别是平面一般力系的平衡条件及其应用；掌握材料力学的基本知识，主要是基本杆件的强度、刚度、稳定性计算；掌握一部分结构力学的基本知识，主要是多跨静定梁、斜梁、静定平面刚架、静定平面屋架的内力分析。

二是课程的教学理念。它是课程的灵魂，决定着课程具体的知识安排，也决定着学校采用的教学模式和教师的教学方法，甚至决定着学校对教师的选择和要求。

三是课程的知识体系。知识体系是课程的核心。不同的知识体系要求采用不同的教学模式和教学资源，同时对教师的知识结构和教学方法也会提出不同的要求。

四是课程的教学模式，主要包括教学的方式方法等。不同的教学模式要求不同的教学资源和教师。

五是课程的教学资源，包括教材、课件、网络资源、试验及试验资源，以及其他辅助教学设施等。

六是任课教师。教材和教学资源要靠教师开发，教学活动最终要靠教师实施，故教师是将各种课程要素联系起来的中枢。由此，精品课程建设应该围绕这 6 个方面来进行。

早在 1993 年，中共中央、国务院印发的《中国教育改革和发展纲要》就指出要进一步转变教育思想，改革教学内容和教学方法，克服学校教育不同程度存在的脱离经济建设和社会发展需要的现象。要按照现代科学技术文化发展的新成果和社会主义现代化建设的实际需要，更新教学内容，调整课程结构。加强基本知识、基础理论、基本技能的培养和训练，重视培养学生分析问题和解决问题的能力，注意发现和培养有特长的学生。高等教育要进一步改变专业设置偏窄的状况，拓宽专业业务范围，加强实践环节的教学和训练，发展同社会实际工作部门的合作培养，促进教学、科研、生产三结合，端正教育思想，转变教育观念，更新教育模式，采取多种形式培养学生的创新意识、创新能力、创业精神和实践能力，促进学生德智体美等方面全面发展。

教育部面向 21 世纪高等教育宣言：观念与行动（草案）教学改革——内容与手段部分特别指出，我国高等教育课程改革的主要内容是教学内容体系和教学方法、手段的改革。课程需要改革以超越对学科知识的简单的认知性掌握，课程必须包含获得在多元文化条件下批判性和创造性分析的技能，独立思考、集体工作的技能。为了适应人类持续发展的需要，高等教育必须修订课程设置，必要时应采用和制定新的课程计划。知识爆炸大大增加了高校开设的课程。知识经济时代的一个特点是不同学科的相互渗透。人们普遍认为必须加强课程内容的跨学科性、多学科性和提高教学方法的效果。教学改革的措施都应体现这些新的变化。

4. 精品课程教学内容优化路径

教学内容是教学目标的体现，是学生认识的客体。课堂教学内容的优化，应当全面完整地反映教学大纲的基本要求，同时还要考虑课时的限制，贯彻少而精的教学原则。教师在取舍教学内容时，应该站在更高的层次上，把握学科整体内容与各章节内容的内在联系，抓住课程的核心。在此基础上，进行合理的组织，从大量的教学资料中提出最重要和最基本的部分。在教学内容的传授时，要因势利导，因材施教，启发和引导学生去发现最本质的内容，训练学生掌握最佳的学习方法。课堂上设置的每一项训练，要使学生能够得到最大的启发，从而逐渐形成他们触类旁通去解决同一类型其他问题的技能。教学内容优化的另一个方面还体现在教学过程中，教师要注意恰当把握教学内容的难度、坡度，既要较好地贯彻教学大纲的基本内容，同时要考虑到大多数学生的智力水平和接受能力，设定教学的层次，宁可少而精，不可多而泛。有的老师恨不得把肚子里的"墨水"全部倒给学生，实际上往往适得其反。

教学内容、培养方式是人才培养的主体部分。其中，课程与教学内容是培养目标的具体化，是人才培养模式改革的主要落脚点。课程和教学内容体系的改革是高职教学改革的重点和难点。以职业需求为导向，以应用性和实践性为特征更新教学内容，优化课程结构，构建理论教学、实践教学和素质教育交融的三大体系。高职教育的课程体系结构是以培养职业能力为主旨来构建的。

为了适应职业（群）的需求，高职教育确定课程与教学内容体系的方法，一般采用"职业分析——教学设计"连贯法。即根据职业活动系统，进行职业分析，然后根据教育规律和学生认知规律，以应用性与实践性为特征进行教学设计，从而使课程与教学内容体系具有高职教学自身的系统性。这种系统性与普通高等教育的教学系统性不同，因为后者是按照学科知识的"衍生"来设置课程的。

高职教育更新教学内容强调"理论技术"和"智能技术"应用的需要。许多试点专业坚持了"理论教学以应用为目的"、"专业教学加强针对性和实用性"的指导思想。如重庆电子职业技术学院等院校提出了"贯穿一条主线，培养两大能力，构建三个体系，形成四大模块"的人才培养模式；北京联合大学等多所高职院校的试点专业都构建了理论教学、实践教学和素质教育三大体系；宁波职业技术学院是实施中宣部、团中央倡导的素质拓展计划的试点学校，其三大体系的建设计划更为突出，也更为有效。

优化既是一种思想，又是人们解决问题时常用的一种策略。所谓优化，指的是在某些无法改变的条件制约下，通过对方案的选择或对可变性条件的改变，使事物最大限度地满足人们的意愿。所谓教学内容的优化，就是指在课堂教学实践中，精心选择、组织教学内容，通过对教学内容的强化，选择或改变教学内容的表现形式，使学生以最少的时间和精力完成学习任务，从而完成对学生的培养和教育的任务。

在高职教学中，更要注重教学内容的优化。精品课程教学内容优化的具体路径有：

（1）精心选择和组织课堂教学内容

1）深入分析教材内容，判断它是否能全面地完成该课程对学生的培养、教育的任务，如果发现问题，应及时加以解决。同时，要使教材内容现实化，即以反映科学、技术和社会、文化发展的最新例子、事实、插图等来充实教材内容；要考虑学生日常的生活、学习环境和自然环境的特点，了解学生熟悉的与该科内容有关的案例，尽可能将教学与生活相联系。

2）从选择出来的教学内容中找出最重要、最基本、最本质的内容，把注意力集中在这些内容上。一是从教材中找出基本规律、原理、概念。二是把内容划分为逻辑上完整的几个部分，在每个部分中找出最关键的成分和特点。把每部分的材料细分为说明事实的材料和参考性的材料，再总结课程的基本思想。三是搞好学科之间的内容协调，消除教材的重复现象。四是保证内容的分量符合学生学习该内容所规定的时间，为不同学业水平的学生选择有区别的教学内容。

（2）强化教学内容

在课堂教学中，教师对教学内容要从以下几方面予以强化：

1）在传递教学内容时，应尽可能突出其内容的小概率性。

2）以传递的教学内容为基础，适当地虚拟内容，使学生先感到有趣或困惑，引起注意后再进行讲解。

3）强调教学内容的重要性。在教育过程中，强调教育内容的重要性，对提高课堂教学效果十分有利。

（3）贯彻教学直观性原则

针对某一具体的教学内容，其表现形式有多种，教师应想方设法寻求或创造性地设计易于让学生接受的表现形式。教学的直观性原则，从广义来说，要求人的所有感觉器官（视觉、听觉、触觉等）都参与学习。认知心理学对记忆率的研究发现：学习同样的材料，如果单用听觉学习，3小时后能记忆获知的70％，3天后降为10％；单用视觉，3小时后记忆中留存72％，3天后降为20％；如果视觉和听觉同时使用，则3小时后保存记忆85％，3天后仍存留记忆65％。因此，教师在实践中应尽可能利用现代多媒体技术、实验活动、教具、学具、模型，使教学内容具有生动活泼的表现形式，使教学活动情理交融，有张有弛，学生动脑、动眼、动耳、动口、动手，多种感官共同参与，更准确生动地感知，从而深层次地理解和掌握教学内容。

（4）注重应用

有人认为应用是低级的，理论是高级的。其实，人类有两种知识：理论知识和应用知识。应用知识也有初级、中级、高级之分。高职精品课程教学要以应用为主，将"提出问题——解决问题——归纳总结"的学习模式贯穿于高职教学的各个阶段，培养学生动手解决实际问题的能力。

2.2.3 当前土建类高职精品课程教材建设存在的问题及解决方案

随着我国国民经济的快速发展，经济增长方式的转变，经济结构的调整和高等教育大众化的需求，为高职教育的发展提供了广阔的空间。经济增长方式的转变，要求社会提供大量生产第一线高素质的劳动者；经济结构的调整对第一线的生产者和管理者，提出了更高的技术和技能要求；高等教育大众化的需求，要求设计教育的类型和结构必须适应经济发展的需要，为社会培养出多层次、多类型和多规格的社会建设人才。为了适应这种要求，高职的课程设置与教材建设，尤其是精品课程的教材建设，必须满足高职教育的需要。那么当前高职土建类精品课程设置与教材建设存在哪些问题呢？笔者认为主要是：课程设置和教材建设与社会需求脱节；理论与实践教学内容体系不能按职业岗位和技术领域的要求设置课程和组织教学等。当前部分高职的专业结构与社会的产业结构、行业结构不相符合，专业人才培养模式与实际职业岗位、技术领域要求有较大距离，因此造成课程设置和教材建设与社会需求产生某种程度的脱节。现在，很多高职院校还是按学科型体系组织教学，因此课程与教材建设也沿用了这种体系的需求。

1. 当前土建类高职精品课程教材建设存在的主要问题

（1）缺少符合高职特色的"对口"教材

目前土建类高职精品课程使用的教材，其来源一是借用本科同类教材，由任课教师删减、增补而成；二是应用中专教材或是在其基础上增添内容；三是由部分院校教师联合编写；四是由个别专业的一些教师自行编写。这些教材仅仅注重内容上的增减变化，过分强调知识的系统性，基础理论分量过重，应用技能比例偏轻，没有从根本上反映出高职教材的特征与要求。据上海市教委调查，当前符合高职特点的教材奇缺，专门的高职教材不到20％。

（2）缺乏科学理论的支持，教材内容存在不足

由于缺少对土建行业的调查研究和深入了解，缺乏对职业岗位（群）所需的专业知识和专项能力的科学分析，缺少科学的课程理论的支持，编写的高职土建类精品课程教材难免出现体系不明、内容交叉或重复、脱离实际、针对性不强等问题。以土木专业为例，教材编写就要符合土木工程行业发展特点。现代土木工程的特点有：①土木工程功能化，即土木工程日益同它的使用功能或生产工艺紧密结合；②城市建设立体化，即大批兴建高层建筑、地下工程、城市高架公路、立交桥等；③交通运输高速化，即大规模修建高速公路、电气化铁路、长距离海底隧道；④工程设施大型化，即为满足能源、交通、环保及大众公共活动的需要，许多大型的土木工程建成并投入使用；⑤工程材料的轻质化、高强化、多功能化；⑥施工过程的工业化、装配化；⑦设计理论的精确化、设计工作自动化；⑧信息和智能化技术全面引

入土木工程。

（3）教材内容陈旧，不适应知识经济和现代高新技术发展需要

传统教材的编写往往周期较长，新知识、新技术、新内容、新工艺、新案例、新材料不能及时反映到教材中来。这既与高职专业设置紧密联系生产、建设、服务、管理一线的实际要求不相适应，也与土建类精品课程建设的实际不符。目前仍有一些专业的课程结构及相应的教材内容存在着明显的学科中心的痕迹，难以摆脱基础课、专业基础课和专业课三段分类模式。专业课和专业实践训练偏后，低年级所学的课程中基本不采用有关专业实例来说明问题，使学生对专业目标不了解，专业意识淡薄。学习基础课或技术基础课目的性不强，导致理论脱离实际，知行脱节，前学后忘，而且缺乏情感因素的有力促进，使学生的学习积极性难以调动。

（4）教学新形式、新技术、新方法研究运用不够

高职院校在改编或自编专业课程教材时，大都比较注重实践操作的讲解指导。但从总体上看，由于教材编写还没有突破传统学科课程的羁绊，尚未形成特有的内容结构体系，没有充分运用现代教育技术和新的教学形式、教学方法、教学模式，没有真正转到以学生为主体、以能力为本位、以教师为主导的轨道上来。

（5）与专业教材配套的实践教材严重不足

现用教材无论是权威性推荐教材还是自编教材，都是供教师上课讲授使用的。由于实践教学在高职教学中分量极重，其教材建设在高职教育中也应占有非常重要的地位。高职院校实践教学一般占总教学时数的三分之一到二分之一，虽有少量教材附有思考题，也只能供学生巩固课堂教学中学过的知识，缺乏实践训练。而且实践教学在各地差异较大，教学规范性不强，内容繁杂，缺乏较为统一的标准。各院校目前对通用的实践教学教材建设普遍不够重视，已成为制约高职人才培养的薄弱环节。实践课程教材应提供某些在理论教学中未讲授而在实践中必须掌握的知识。基本技能课程要具体介绍工具、量具、仪器仪表的使用方法，操作规程及安全知识等。课程设计指导教材在介绍设计步骤和具体方法的同时应注意启发学生的创新思维，积极应用 CAD 技术，力求设计结果多样化。所采用的图例必须是标准新、结构先进，并具有实用价值。

（6）同类教材建设缺乏统一标准

1999 年，教育部组织专家制定了《高职高专教育基础课程教学基本要求》和《高职高专教育专业人才培养目标及规格》，组建了"教育部高职高专规划教材"编写队伍，计划出版500 种教材。出版后的教材覆盖高职高专教育的基础课程和主干专业课程，而其他专业课程及辅助课程还没有涉及到。另外，当同一门课程由多个教师教授时，其重点、难点的把握，课时的分配，教学计划内容的编制与执行，差别甚为明显。因此，围绕各种具体专业，制定统一的、全面的、规范性的教材建设标准迫在眉睫。专业有分类，同一专业也有不同的专业方向，且同一专业在不同地区的要求也有不同，教学内容各有差异，因此教材内容要有一定的覆盖面。按照课程模块化组合构筑体系的思路，对教材内容按章节进行模块划分，处理好模块之间的内容衔接，使不同专业或同一专业不同方向在选择和使用教材时，按实际需要出发，对各章节内容有所侧重，有所精简，根据教学大纲要求进行取舍。

（7）教材建设仍"以教师为主、以学校为主、以理论为主、以纸质材料为主"

目前实训教材编写力度不够，教材建设仍然是以学校的选择为依据、以方便教师授课为标准、以理论知识为主体、以单一纸质材料为教学内容的承载方式，没有从根本上体现以应用性职业岗位需求为中心，以素质教育、创新教育为基础，以学生能力培养为本位的教育观念。

（8）教材内容与职业资格证书制度缺乏衔接

"双证制"是高职教育的特色所在。它的实施要求学生不仅要获得学历证书，而且要取得相应的专业技术技能等级证书。即要求学生在具有必备的基础理论和专业知识的基础上，重点掌握从事本专业领域实际工作的高新技术和基本技能。但目前高职教材的编写与劳动部门颁发的职业资格证书或技能鉴定标准缺乏有效衔接。

2. 解决当前土建类高职精品课程教材建设的方案——思路及原则

（1）土建类精品课程教材编写要符合高职教材发展趋势

教材犹如一剧之本，是实现教育思想和教学要求的重要保证，是教学改革中一项重要的基本建设。教材作为知识的载体，是人才培养过程中传授知识、训练技能和发展智力的重要工具之一，同时也是学校教学、科研水平的重要反映。同时，教材内容的革新是课程建设的重要组成部分。职业教育教材建设的理论研究主要有以下几个方面：①教材质量的评价；②根据社会经济对职业教育人才的需求，调整各学科教材内容的衔接，解决教材配套的系列问题；③根据职业教育学生的特点和具体学科特点，结合教学理论，采取相应的教学方法；④职业教材选用机制问题；⑤引进国外职业教育教材问题。

职业教育教材建设的实践研究主要包括：①教材质量的评价方法、手段与标准；②职业教材尤其是实践教材的编写与岗位的联系问题；③职业教材保证全体学生的全面发展与因材施教、发展个性相结合的问题。从我国高职教材建设的研究现状来看，这方面研究才刚刚开始，对影响高职教材建设的一些重大因素尚缺乏深入研究。

土建类精品课程教材发展呈现立体化、系列化、多样化、市场化、信息化和职业化的发展趋势。

所谓立体化教材，就是立足于现代教育理念和现代信息网络技术平台，以传统纸质教材为基础，统合多媒体、多形态、多层次的教学资源和包括多种教学服务内容的结构配套的教学出版物的集合。立体化教材就是要为学校提供一种教学资源的整体解决方案，最大限度地满足教学需要，满足教育市场需求，形成教学能力，促进教学改革。立体化教材的内容广泛，表现形式多样。它的内容主要包括主教材、教师参考书、学习指导书、试题库等；表现形式有纸质教科书、音像制品与电子、网络出版物等。其中，纸质教科书和音像制品大家比较熟悉，电子和网络出版物则是较新的概念。电子和网络出版物是随着计算机技术、网络通信技术、多媒体技术、数据库技术和教育技术的飞速发展而产生出来的，以软盘、光盘或网络服务器的硬盘为载体，或以网络为传输手段的新型出版物。产品可以分为电子教案、电子图书、CAI课件、试题库、网络课程和教学资源库等6类。立体化教材由主教材、教师参考书、学习指导和试题库等组成，具体由教师辅导、电子教案、助教课件、素材库、文字教材、助学课件、网络课程、试题库、工具软件、教学支撑环境等部分有机构成。其不同于传统教材之处，在于它综合运用多种媒体并发挥其优势，形成媒体间的互动，强调多种媒体的一体化教学设计，注重激发学生的学习兴趣。它能够根据不同学科、不同应用对象、不同的应用环境来设计教学要求，并采用先进的教育思想，构建新型教学模式，以学生的学习为本，调动各方面积极性，有利于学生素质教育和创新能力的培养。它不仅是高科技时代教学手段现代化的标志，更重要的是实现教学信息化、网络化，整合教育教学资源、优化教育要素配置的途径，是一种新型的整体教学解决方案，必将打破过去单一的纸质教材那种过分重视知识传授而忽视能力培养的弊端，为创新人才和高技能人才的培养创造良好的条件。

所谓系列化，即土建类精品课程教材应按照不同的培养目标、培养方案及课程要求，有计划地组织编写各自的系列教材，以方便同一方案各门课程教材间的衔接与沟通，形成有机整体，避免不必要的重复。

多样化有 3 层含义：一是内容多样化；二是种类多样化；三是形式多样化。

所谓市场化，即高职土建类精品课程要适应经济结构调整、技术进步和劳动力市场变化，发展面向新兴产业和现代服务业的有特色的专业。教材建设必须面向市场，使教材的编写、出版、发行、使用处于市场竞争机制中。通过优胜劣汰，使优秀的具有高职教育特色的教材脱颖而出。

现代教育技术发展为教材信息化建设奠定了坚实的基础。所谓信息化，一方面计算机辅助教学课件（包括多媒体课件）、音像教材、电子教科书、参考书、图书馆、教育数据库等信息，以及技术含量极高的教材的发展和应用，将使高职教育打破传统的时空限制，突破院校的围墙，超越国界、地域的樊篱，使网络虚拟大学、多媒体大学、远程教育成为现实。另一方面，高职院校要根据高职教育需要，认真组织教师和软件制作人员设计、开发不同类型的电视教材、CAI 教材和网上教材等教学软件，逐步形成与精品课程配套的教材，方便师生使用，提高教学效果。

因为教学场所正从学校延伸到实训室、图书馆、科技馆、博物馆、科研所、社区、工厂、田间、医院等，同时教师队伍也从专职扩展到兼职，所以在教材的使用和开发上，教材编写不但要针对一定的岗位（群），还应从学生整个职业生涯考虑，适应更换工种、扩大就业面、增强未来适应性的需要，体现教材的科学性、职业性和实用性。

（2）高职土建类精品课程教材建设的基本思路

1）做好规划、明确管理、建立机制是高职教材建设的前提

一是加强领导，建立高职教材建设体系。

高职教材开发建设是一项系统工程。精品课程教材建设是重中之重，需要加强领导，统筹规划，有组织、有计划地开展。为了抓好教材建设工作。学校应成立专门的教材工作领导机构，负责教材的立项、评审、验收及教材管理文件的讨论、审核。在实际操作中，可借鉴一些高校的做法，在学校教学工作委员会下成立教材工作小组。建立起由教材领导小组领导、教务处具体负责、各系部或二级学院参与的高职教材建设体系。在教材选用管理上，明确学院教务处、各系部、教研室三级职责。在教材采购供应管理上，实行社会化，吸纳具有经营性质的书店或教材代办站进校，对学校负责教材采购供应，对教师和学生提供购书服务。

二是制定教材建设的规章制度，明确管理建设思路。

根据高职教育发展形势和教材市场的变化，学校应建立健全《教材管理规定》、《自编教材讲义管理办法》、《教材选用管理办法》、《教材采购供应管理办法》等规章制度。在配合国家级规划教材、精品教材的立项评审中，学校应本着立精品、建精品的原则，制定相应的教材建设规划和管理办法。在教材评审和立项中应坚持 6 条原则：

① 立项项目要与专业建设相结合，围绕学院专业建设重点及布局，以点带面，带动专业整体建设；

② 立项项目要与教师课堂教学实践相结合，立项成果要最终落实到学生的学习效果上，体现有教、有学、有改、有用；

③ 以学生为本，重点围绕教学内容、教学方法、教学效果，在互动式教学、案例教学和实践教学上重点投入，要出成果；

④ 校企结合，"双师"素质教师和年轻教师是建设的主体，所有项目要有企业、行业专家参与；

⑤ 为了确保项目建设质量，实现资源有效利用，两年内已担任校级以上教学研究项目负责人的教师不再批准立项；

⑥ 教材评审坚持客观公正、宁缺毋滥、确保质量的原则，杜绝"职称教材"的出现。

三是建立教材建设机制，保障工作长效开展，保障工作有计划有落实。

对于新教材的编写和老教材的修订，应采取项目管理的方式。每个项目建设时间一般为两年，建立完善教材编写修订的立项机制、评审机制、验收出版机制、激励机制和评价机制。每个项目的产生应按照系部或二级学院申报、学院教材领导小组初评、外请专家终评产生。教材编写修订完成后，要经过院内试用（至少一学期）修改、学院教材领导小组和外请专家验收后，由教务处联系出版。为了鼓励教师根据课程教学改革编写精品教材，学校应拿出专项经费，用于资助教材编写和优秀教材的奖励。

2）推进教学改革是高职教材建设的基础

教材建设是教学内容和教学方法改革的前提，是教学改革的成果，也是提高专业建设质量和推进教学改革的突破点之一。

第一，教材建设与专业建设相联系。

高职院校要在教育和人才两个市场立足，必须有自己的特色。其中打造专业优势和特色，开发以职业能力培养为主线的课程体系是非常重要的。在高职院校经费普遍紧张的情况下，教材建设重点和经费投入必须放在体现学院办学特色的重点专业上，以及对人才职业能力培养起到关键作用的专业课程上。在课程体系建设中，教材立项重点在于体现高职特点的专业技术课、技能课和实习实训课程上，以精品课程的教材建设来带动高职特色的教材建设。

第二，教材建设的核心是改革教材内容。

在教材内容上，要处理好理论与实践的关系。基础理论课和专业基础课内容以"必需、够用"为度，其广度和深度取决于职业岗位的需求。专业课教学内容主要是成熟的技术和管理规范，适当阐述技术原理和依据。能力培养点和技能训练点要明确，适当兼顾教材内容的稳定性与超前性。以介绍成熟稳定的、在实践中广泛应用的技术、国家标准、工程或管理原理为主。同时介绍新技术、新设备、新理论，并适当介绍科技发展和管理发展的趋势，使学生能够适应未来技术进步的需要。教材编写要体现实用、新颖、鲜活、可读。高职教材的编写要突破传统的从概念到做法的框架，借鉴国外一些教材的写作风格，在写法上强调应用性。以问题、任务或案例为切入点，明确每一章节内容的技能点和技能训练目标，在具体事件的分析解决策略中展开基本知识和原理，同时增加现实性案例、具体项目和训练题目。

第三，教材建设的思路是立体化、系列化教材。

立体化教材是立足于高等职业教育教学改革实践和现代教育技术发展，以传统纸质教材为基础，以课程为中心，统合多媒体、多形态、多层次的教学资源和多种教学服务结构配套的教学出版物的集合，是纸质教材、音像媒体、网络课件、CAI 课件、教学素材库、电子教案、试题库及考试系统和多媒体软件的统称。系列化教材是指各专业应按照不同的培养目标、培养方案及课程要求，有计划地组织编写各自的系列教材，以方便同一方案各门课程教材间的衔接与沟通，形成有机整体，避免不必要的重复。

3）开发实践性教材是高职教材建设的重点

能力培养是高职教学的主线。建立与理论教学体系相辅相成的完整的实践教学体系是高职教学目标的基本要求。实践性教材是目前高职教材的薄弱点。实践性教材不是简单的等同于学生实习实训指导书，主要包括实习实训目的及内容、技术要点及标准、操作规程及步骤、职业岗位道德、考核等。特别是它的内容更注意与专业理论课衔接和照应，把握两者之间的内在联系，突出各自的侧重点。它比实习指导书更丰富、更具体，是实习实训的蓝本，又是教师实施指导的依据。

4）校企合作、"双师"参与是高职教材建设的保证

高水平的教材应是由高水平的教师编写出来的，应反映最新、实用的教学内容。高职教

材要想挣脱本科压缩型和学科型的束缚，体现实用性、先进性，反映现时生产、管理过程中的实际水平，使学生学过之后即能上岗操作，光靠教师是很难完成的。这需要教师与生产一线的技术专家紧密协作。每本教材特别是实践性教材必须是校企合作、"双师"参与的成果。主编教师在教材编写过程中应做到"四必须"，即：① 必须到企业调研，搜集资料；② 必须邀请企业专家，共同研讨教材编写思路，审定教材编写大纲；③ 教材写作过程中，遇到技术问题必须与企业专家探讨解决；④ 教材编写定稿，必须请企业专家审定、听取意见。

5）把好教材选用关是高职教材建设的重要内容

教材建设工作应该包括教材选用和教材编写出版两个主要内容。教材编写出版数量是评价教学质量和教材建设成效的硬指标，教材选用质量则是软指标。从顺序上讲，教材选用应在教材编写之前。如果有适合高职教学要求和特点的优秀教材而不用，却去为所谓的"自编数量"或"出版数量"编教材，实在是一种资源的浪费。目前高等学校普遍重视教材出版，轻视教材选用。但实际上，教学实施所用的大部分教材还是选用的。当前高职教材品种繁多，质量参差不齐，如果忽视或放松教材选用，将严重阻碍教学改革深入和教学质量提高。根据高职高专人才培养水平评估优秀标准要求，学校选用近3年出版的优秀高职高专教材面要不低于60%，其实就是引导学校把教材选用工作重视起来。所以，学校应建立严格的教材选用审批办法。同时，还要对教学中使用的教材及时进行跟踪评价。对于学生不认可的、不适用的教材在下一轮教学中应禁止选用。应通过严把教材选用关和建立教材使用评价办法，来有效保证优质教材进课堂。

（3）土建类精品课程教材编写应遵循的原则

职教教材的编写要顺应时代变化，要根据市场对职业学校的要求，注重专业实践教学环节，强化实践技能训练。同时，应该充分考虑学生的实际学习能力，在内容上以"实用、够用"为原则，选择岗位需求的，去除高、精、尖和抽象的理论，尽可能使用简洁直观的插图，安排简单易行的实验，以发挥学生的表象思维能力，多掌握实践技能。对于学生来说，进入职业学校最主要的目的是毕业后能掌握一门技术，为今后就业打好基础。因此，教材的编写一定要体现以学生为本的特点，突出实用性。

第一，优化整合课程内容，突出工学结合特色。教材要深化改革，必须适应各专业的培养目标、业务规格（包括知识结构和能力结构）和教学大纲的基本要求。技术基础课和专业课的教材编写要独具匠心，有别于其他教育教材，充分展示创新思想，专业针对性要强，要突出应用技术。

第二，以培养能力为主。高职的重要特色是强化人才的能力培养。如机械类专业，其培养的毕业生一般不进行整机设计，不涉及高度抽象的理论概念，工作时注重定性分析，而非定量计算，理论水平比学术型、工程型技术人员的要求低。知识与能力结构中含有较高的技术和智能含量，会设计工艺装备，编制实施工艺规程，进行机械设备的安装、调试与维修、车间管理等。其工作以应用理论为基础、实践技术为主体。由此可见，高职教育的总体培养目标不同于普通高等教育和中等职业教育，且具体专业和同一专业的不同专业方向都有其特定的培养目标。因此，教材应根据高职培养目标要求来建立新的理论教学体系和实践教学体系，以及学生所应具备的相关能力培养体系，构建职业能力训练模块，加强学生的基本实践能力与操作技能、专业技术应用能力与专业技能、综合实践能力与综合技能的培养。

教材内容的确定必须依据专业培养目标。高等技术应用型专门人才不是去搞科研的，也不是只会简单操作，而是既能直接从事生产又能解决设备及工艺当中技术问题的技师型人才，是将科研成果转化为产品的人才。因此，在教材内容上必须紧紧把握两个基本点：一是各门基础理论课内容以"必需和够用"为度，其广度和深度取决于学习专业课的需要，不可追求学科自身内容系统完整。二是专业课教学内容主要是成熟的技术和管理规范。突出实践性教学内容，适当阐述技术原理和依据。

除此之外，还要适当兼顾教材内容的稳定性与超前性。以介绍成熟稳定的、在实践中广泛应用的技术和国家标准为主，同时介绍新技术、新设备，并适当介绍科技发展的趋势，使学生能够适应未来技术进步的需要，坚决防止脱离实际和知识陈旧。

为突出高职特色，优化整合课程内容，土建类精品课程教材的编写或修订应本着"厚基础、重能力、求创新"的总体思路，遵循以下几个原则：

1）科学的思想性。以科学精神为指导，运用辩证唯物主义观点来阐述自然科学、技术科学和社会科学的基本规律，使学生受到正确世界观和方法论的教育。教材中文理交叉和专业内容复合要做到有机结合，相互渗透，符合内在逻辑规律，有利于学生综合素质培养。如《建筑力学（上、下册）》是"新世纪高职高专土建类系列教材"之一，就是依据教育部制定的高职高专土建类专业力学课程教学基本要求编写的。教材着力体现当前高职高专教学改革新特点，突出针对性、适用性和实用性。编写时精选传统内容，力求讲清概念和公式，简化或略去理论推导，重视宏观分析，注重工程应用，叙述深入浅出，文字简洁，通俗易懂，图文配合紧密。

2）专业的针对性。高职教材要突出高职教育特点，编写专业系列教材要紧密结合实现专业人才培养目标。编写者应明确本教材在整个专业人才培养中的地位和作用。从内容选材、教学方法、学习方法、实验和实训配套等方面突出高职教育的特点。高职教材要突出应用能力培养的特点，增加并充实应用实例的内容，要对职业岗位所需知识和能力结构进行恰当的设计安排。在知识的实用性、综合性上多下功夫，加强操作与实训，把学生应用能力培养融汇于教材之中。如《建筑 CAD》是建筑制图与 AutoCAD 相结合的融合性课程。教材基于行动导向教学范式职教理论指导下开发，符合高职教育以就业为导向，以能力为本位的教学定位。课程在结构体系上强调建筑制图的主体性和 AutoCAD 软件的工具性，体现了建筑制图的方法和步骤与 AutoCAD 命令的融合性。课程注意 AutoCAD 命令的取舍，根据建筑制图的需要选择命令，把 AutoCAD 命令融于建筑制图过程中，让学生在自己动手的实践中，学好绘图知识，掌握绘图技能。课程符合高职高专学生的认知规律，注重理论联系实际，强调学生实践能力的培养。

3）技术的先进性。由于技术的迅猛发展，使社会职业岗位的内涵和外延都处于不断的变动与提升之中，这些岗位都具有较高的技术含量。一个人一辈子固定在一个工作岗位上，或固定在一种职业的时代将逐步消失。我国自改革开放以来，就业者正由"单位人"逐渐走向"社会人"。岗位的流动、职业的变动，要求就业者不断学习新知识，掌握新技术。这必须在教材里得到充分反映。为此，教材编写应跟随时代新技术的发展，将新工艺、新方法、新规范、新标准编入教材，使学生毕业后具备直接从事生产第一线技术工作和管理工作的能力。高职教材建设也应通过产学结合来体现其先进性特征。高校教师了解各自教学规律，编写教材符合规范要求，而第一线工程技术人员熟知工程技术的新规范、新技术、新工艺、新标准，掌握大量工程技术实例，把两者结合起来，既反映工程技术的要求，也有利于教材编写。参加教材编写的人员必须具有一定的工程实践背景，有一定的文字能力。要聘请生产第一线的工程技术专家及多年从事专业教育并卓有成效的教授共同组成教材编写组。为了突出高职教育的特色，贯穿技术应用能力培养这一条主线，明确规定每本专业教材均要安排一名来自工程技术一级的专家参编或担任主审，使教材内容更贴近工程实际，保证理论联系实际在教材中得以充分体现。

4）理论的适度性。在满足本学科知识的连贯性与专业课的需要前提下，精简理论的推导，删除过时的内容。基础理论的教学，应以必需、够用为度。有些内容对学生向专业高层次发展很重要，可作扼要概述，也可以归为自学部分。这样就为学生根据所在岗位工作实际补充专业知识和进一步学习提供了便利，增强了可持续发展的能力。如同济大学高等技术学院"土木工程施工与管理"专业教材改革与建设从专业设置入手，明确培养目标，构建新的课程体系，整合新的教学内容，确立系列教材建设项目。该专业由原来的"工民建"改为"建筑施工技术"方向，再到宽口径的"土木施工技术"后，立即对课程体系作了重大调整，并在此基础上制定了筹建实训项目和编写系列教材的计划和分段实施的建设目标。其改革重组的目的是要适应社会主义市场经济体制。因此有关施工技术方面的课程就以大土木施工为框架，除设置建筑施工技术课程外，还增设了道路施工技术、桥梁施工技术和地下施工技术，并将这4门专业课的共同施工工艺与技术的内容集中在土木工程施工工艺课程内。

5）系统的优化性。系统优化应以培养能力为主。为突出能力培养，高职的专业教材要围绕技术应用能力这条主线来设计学生的知识、能力、素质结构。教材应根据高职培养目标要求来建立新的理论教学体系和实践教学体系，以及学生所应具备的相关能力培养体系，构建职业能力训练模块，加强学生的基本实践能力与操作技能、专业技术应用能力与专业技能、综合实践能力与综合技能的培养。教材还要符合学生的认识和学习规律，注意循序渐进，便于自学。如"21世纪高职高专规划教材"《建筑材料》，就是依据高职高专的教学规律和教学特点，本着以适应社会实际需要为宗旨，以理论知识适度、强调技术应用和实际动手能力为目标来编写教材的基本内容，力求教材内容实用、精练、突出重点，注重与建设工程现行施工规范、建材标准紧密结合。教材由建筑材料的基本性质、气硬性胶凝材料、水泥、混凝土、建筑砂浆、墙体材料和屋面材料、建筑钢材、防水材料、建筑装饰材料、绝热及吸声材料、建筑材料试验等组成。

6）配套的立体性。教材要注重高职教育的配套建设。当前，新技术、网络等促进了教学设备的改进，必然促进教材的变更。因此，在教材的配套建设方面，在配齐教师参考用书、学习辅导书、练习册、实验教材的基础上，还要探索如何研制配套的电子教案、音像、多媒体课件、电子或网络教材，从而构建教材的立体化，改变高职教材单一的状况。

（陈锡宝　执笔）

2.3　子课题之三：关于一流教学方法改革研究

2.3.1　教学方法改革应遵循职业教育特殊规律和把握当代教改理念

高职院校应当按照职业教育特殊规律来办学。职业教育是一项复杂的社会实践活动，它涉及社会的诸多方面和不同层面，是一个复杂的大系统。只有从总体上去探索和掌握职业教育发展的诸多规律，并正确地认识这些规律相互作用而形成的规律体系，才能从整体上和本质上对职业教育有一个科学的认识，才能因势利导，科学地指导我们的职业教育实践，包括精品课程建设以及一流教学方法改革。

职业教育的规律性主要体现在3个层面上：第一，在社会发展层面上，职业教育与经济社会发展辩证关系中体现出的规律性。经济社会发展的需要决定了职业教育的产生和发展，社会政治、文化等因素也影响着职业教育。同时，职业教育也反作用于社会，它可以促进经济社会的发展。经济社会与职业教育这种决定与被决定、作用与反作用的辩证关系，贯穿于职业教育发展的始终，决定和影响着职业教育发展过程中的其他关系，可以说是职业教育发展的基本规律。第二，在社会教育整体格局层面上，职业教育与普通教育辩证关系中体现出的规律性。在职业教育与普通教育的关系中，既有共生共赢、相互促进的一面，又有相生相克、相互矛盾的一面。这一辩证关系贯穿职业教育发展的始终，对职业教育发展有着重要影响。我们必须实事求是地处理好这个关系。这是职业教育发展的一条重要规律。第三，在职业教育自身发展的层面上，职业教育的教育教学特有的规律性。即以职业能力培养为核心、以产学结合为基本途径的规律，这应该是职业教育的教育教学根本规律。上述 3 个层面的规律不是孤立存在的，它们相互联系、相互作用构成了职业教育规律体系的基本架构。

在土建类精品课程建设中，还要把握职业教育教学改革的当代理念。职业教育教学改革当代理念主要表现在 6 个方面：

一是以就业为目标的教学导向。职业教育要适应市场经济、职业岗位的需求，满足社会对专门人才的需要，必须确立以就业为导向、以能力为本位的教学理念。"以就业为目标"教学导向是建筑在"以能力为本位"理念基础上。传统教学理念是以学科为中心——强调职业知识和动手能力的完整性，现代教学理念是以能力为中心——强调操作技能的实践性。以就业为目标的教学理念赋予"能力"新的内涵，即知识的理解能力、实践操作技能和解决问题的工作能力，强调能力的全面性。在以就业为目标的教学理念指导下，教学在改革中发生了 3 大变化与扩展：

——教学场所：从学校扩展到工厂；

——教学者：从教师扩展到师傅；

——教学方式：从个体学习扩展到团队合作。

二是以理解为主体的教学范式。史密斯指出，教学是使学生运用理论知识和大众文化去理解他们自己在社会上、在这个世界上的自我形成过程。后现代教学理念则以学生理解、醒悟和经验积累为教学的中心任务，所以强调反思性教学。其核心是学生通过将信息与自己特有的过去经验、现实环境及其间的互动联系起来而达成真正的理解。解决问题的关键是理解，在理解的基础上提高学生解决问题能力。缩短学生学习与就业岗位的距离常常运用虚拟、目标、情景、案例等各种教学手段，由此提高职业教育的针对性和实效性。通过教师的组织和学生的演练，在仿真提炼、愉悦宽松的场景中达成教学目标。目标教学范式对人的认识目标按逻辑思维发展水平的高低顺序分为识记、理解、应用、分析、综合、评估 6 个层次。教师依据教学要求制定教学目标并分层次地进行教学，形成一种对教学实践具有直接指导意义的教学方法。

三是交往与互动的教学过程。传统教学理念认为，教学过程主要是教师教的过程。现代教学理念认为，教学过程是教师主导与学生主体相统一的活动过程。后现代教学理念认为，教学过程主要是学生主动学习和建构的过程，也是指教学主体之间以精神客体为中介所构成的交往活动。这里的教学主体，不仅指教师，也指学生，不仅包括师生个体，也包括师生群体。教学中介主要指促进学生认知发展、精神丰富、人格完善的精神文化和科学技术知识。教学交往理念打破了传统教学那种把教学仅仅视为一种特殊认识过程的狭窄视野，进而把教学看成是一种交往活动，一种沟通与合作现象。如前联邦德国职业培训现代教学法——行为导向法，就是以交往与互动的理念指导实施的教学过程。行为导向法以一定的教学目标为前提，为达到教学目标而采取科学、合理、有效的教学方法和学习方法。行为导向法将学习过程描述为两种交往与互动建构的类型：一是个体与环境的互动环境；二是个体与自身的互动环境。从个体与环境的互动环境看，学生是环境的主体。

四是一体化整合的教学方法。后现代教学理念认为，教学的主要任务不是特定信息的传输，而是意义的创生。因此，教学过程应由"传授——接受"转变为"阐释——理解——建构"，教师和学生在阐释、理解教学文本时对其意义进行建构。随着社会的发展，职业教育课程体系作了重大改革——整合课程，删减一些传统的以传授为主的课程，增加一些以体验为主的新知识和新技能，以适应企业岗位技能的新要求，由此引发教学方法的变异与革新。一体化教学成为一体化整合理念指导下职教教学方法的主流，其表现为两种形式：一是理论实践一体化教学方法，是由师生双方共同在实训中心（或专业教室）进行边教、边学、边做来完成某一教学任务。这种理论实践一体化教学方法，改变了传统的理论教学和实践教学相分离的做法，突出了教学内容和教学方法的应用性、综合性、实践性和先进性。二是教学、实践、服务一体化教学方法，使教学更贴近实际、贴近生产、贴近市场，提高学生的职业能力，并实现以产促教、以教兴产。一体化整合的教学方法尊重学生的人格，发挥学生的主体性，关注学生的生命世界和个体差异；主张学生依据自己的经验在教学活动中创新和发展教学内容；一体化整合的教学方法依据学生的经验和现实生活设计课程与教学，注重培养学生综合实践能力和社会责任感，发展学生解决问题的能力。

五是以学生为中心的教学行为。后现代教学理念认为教师和学生是对话的交互主体，倡导教师和学生发展平等的对话关系。在对话过程中，教师时而作为一个教育者，时而作为一个与学生一样聆听教诲的求知者。学生也可以作为教育者。他们共同对求知过程负责。

"以学生为中心"的教育理念是由职业教育的宗旨决定的。反映在教育观念上，提倡个性充分自由地表现和发展，鼓励学生表现出与众不同的个性，重视心智的发展在于知识的获取；发展学生的理性精神，鼓励学生独立思考，大胆质疑；反对学生把知识看作是无需证明就理所当然地加以接受的教条。以学生为中心的教育，实质上就是要求教育者从学生的角度出发思考问题，充分考虑学生的兴趣、爱好、需要等，在教学过程中以学生的活动为主，教师只起一个帮助者的作用。今天的"学习者中心"是在新的社会发展和技术条件下，以整个社会为着眼点来看待教育，体现的是教育发展方向。

以学生为中心，更强调学生团队活动与群体组合。合作是最有效的互动方式，合作型交往，学生在认知、情感、个性诸方面将得到全面发展。小组合作学习则是一种合作型互动，是课堂教学中生生互动的最有效最直接的形式。通过以学生为中心的教学交往，对于培养学生合作精神和人际交往能力具有十分重要的作用。学生在与别人的合作与交往中，学会合作、学会交往、学会理解、学会尊重。

六是学分评价系统的教学体制。教学体制的核心内容是教学评价，不同理念有不同教学评价方式与体系。后现代教学理念对教学评价提出了独特的见解，认为世界是多元的，每个学习者都是独一无二的个体，教学不能用绝对统一的尺度去衡量学生的学习水平。同时，在教学过程中不能把学习者视为单纯的知识接受者，而更应看作是知识的探索者和发现者。因此，教学评价不仅要注重学生学习知识的结果，更要注重学生分析问题、解决问题和探索真理的活动过程。现代教学注重目标取向评价。这种评价取向将教学计划或教学效果与预定的教学目标联系起来，根据教学结果的达标程度来判断教学价值——具体表现在期中考试与期末考试。过程取向评价重视过程本身的价值，主体取向评价则强调评价主体对自己行为的"反省意识与能力"。价值多元、尊重差异为其主要特征。

2.3.2　现代教学方法概念及特点

纵观近年来职业教育教学方法研究历程，研究的深度、广度和西方现代职业教育还存在一定的差距，对若干理论问题都没有进行科学的界定和分门别类的研究，完善的理论体系尚未形成。主要表现在以下几个方面：

一是对西方现代职业教育教学方法的研究，缺乏完善的理论体系，人云亦云。在多篇研究文献中，在同一层次上阐述同一个问题，并不罕见。例如，关于行为导向教学方法的研究，很多文章介绍其内涵和几种典型的教学方法，论述的深浅程度基本一致，缺乏新意。

二是对现阶段我国职业教育中普遍运用的典型教学方法研究力度不够。如单纯对一种教学方法进行研究，缺乏系统的归类、比较、分析。虽然强调了职业教育教学方法的多样性，但忽视了综合性和互补性。

三是某些基本概念认识模糊，甚至出现歧义。例如关于教学模式和教学方法、教学方式、教学手段等概念认识不清，在一些研究文献中可见将教学模式混同为教学方法的现象。

教学方法是教学改革的关键和切入点，也是精品课程建设的重要内容之一。在教学改革中，应改变当前普遍存在的传统的灌输式教学方式，鼓励教师积极开展教学方法研究与应用，结合专业特点和教学内容灵活运用多种先进的教学方法，采用启发式教学、讨论式教学、参与式教学等方法，加强师生互动交流，把原来满堂灌的过程改为在教师引导下师生共同探索的过程。要引导学生"在学习中研究、在研究中学习"，注重对学生知识运用能力的培养与考察。这样能充分调动学生积极性，体现学生是学习的主体，激发学生的学习兴趣、自主学习的要求，充分发掘学生积极探索与研究的潜力。

信息技术的迅速发展使教学方法产生了革命性变化。许多用传统方法讲授起来枯燥无味、难以理解的知识，可以通过多媒体技术直观易懂地表现出来，使人们在充满趣味性和想象力的过程中学习和掌握。恰当使用现代教育技术手段，自制的高水平系列多媒体课件，能有效激发学生的学习兴趣，提高教学效果。同时，利用网络和多媒体技术既可以提高教学内容的科学性、先进性和趣味性，又可加强学生与教师的适时交流，使广大学生得到最优质的教学资源，提高教育教学质量。此外，还可以有利于学生在不同时间、不同地点根据自己的需要进行自主化、个性化学习。这样，不同学校的广大师生可以共享最优秀的教学资源，可以及时地与教师交流和沟通。教师之间可以互相借鉴，及时更新和互相提高。由于我国职业教育受普通教育影响，主要采用传递——接受的教学模式，教师的职能是"传道、授业、解惑"，而其他类型的教学模式都是辅助的，教师是主角，学生是配角，颠倒了现代教育理念中的师生关系。现代职业教育教学方法的内核是强调学生的中心地位，教师的作用是指挥、引导、协调。高等职业教育套用普通高等教育的教学模式，在教学方法改革方面很难出现突破性进展。教学模式不改变，新的教学方法必然难以实施。

教学方法是影响高职学院学生学习积极性的主要原因。教学方法决不是孤立存在的，它与教学的其他环节构成了相辅相成的整体，相互制约，相互影响。所以教学方法是一个系统工程，教学方法体系的建立不单是教学论自身的问题，而是需要牵动教育教学的整体。巴拉洛夫编著的《教育学》提出："教学方法是教师和学生为完成教学任务而进行理论和实践认识活动的途径。"李秉德主编的《教学论》中提出："教学方法，是在教学过程中，教师和学生为实现教学目的，完成教学任务而采取的教与学相互作用的活动方式的总称。"姜大源在《职业教育的教学方法论》一文中谈到："所谓教学方法，是建立在逻辑自治的规则系统基础之上的教师传授学习内容以及学生实现学习目标的学习组织措施。"同时，他还指出：伴随着职业教育教学方法论研究的日益深入，职业教育教学实践的重心出现了两大变化：一是教学目标重心的迁移，即从理论知识的存储转向职业能力的培养，导致教学方法逐渐从"教"法向"学"法转移，实现基于"学"的"教"；二是教学活动重心的迁移，即从师生间的单向行为转向师生、生生间的双向行动，导致教学方法逐渐从"传授"法向"互动"法转移，实现基于"互动"的"传授"。与之相应，职业教育教学方法的范畴也扩展至教学方法和协调方法两大领域。由商继宗主编的《教学方法——现代化的研究》一书，通过比较分析国内外观点，认为教学方法概念的完善表述，应该反映出教学方法与教学目的、教学内容的内在本质联系，以及师生双方相互联系和相互作用的关系。此外，还应考虑"方法"这一概念的规定性。该书对教学方法定义为：所谓教学方法是指教师和学生在教学过程中，为达到一定的教学目的，根据特定的教学内容，共同进行一系列活动的方法、方式、步骤、手段和技术的总和。什么是现代教学方法？商继宗认为，现代教学方法是以使学生更快地掌握知识，特别是更好地发展能力（尤其是创新能力），以及提高思想品德为基本目的，以贯穿现代启发精神为基本原则，根据特定的教学内容，在教学过程中，师生共同进行一系列活动的方法、方式、步骤、手段和技术的总和。

现代教学方法是与传统教学方法相对而言。国外把现代教学方法归纳为4点：一是为了表达现代教学目的而采用的师生之间活动的形式；二是传递现代教学内容的手段；三是教师引导学生学习的途径；四是现代教学工作方式的总和。

通过对现代国内外比较著名的、影响比较大的一些教学方法分析，一般认为现代教学方法具有以下5个特点：①以发展学生的智能为出发点。②以调动学生学习的积极性和充分发挥教师主导作用相结合为基本特征。③注重对学生学习方法的研究。④重视学生的情绪生活。⑤对传统教学方法适当保留并加以改造。

商继宗认为，现代教学方法大致有5个方面的基本特征：

（1）目标追求的综合性。目标追求的综合性是指现代教学方法不仅重视知识的传授，重视教学过程中认知目标的实现，而且重视情感的激发、技能的训练和培养，重视认知目标和非认知目标的综合追求。

（2）活动方式的多边性。活动方式的多边性是指现代教学方法运作过程中师生活动的方式是多方位的。不仅有教师向学生传授知识的活动，有生师、生生、师师之间的活动交流，还有师生和其他教学因素之间的活动交流。

（3）互动交流的情感性。互动交流的情感性是指现代教学方法更加注重运用过程中师生互动交流的情感因素，并使这种情感因素成为推动教学进程，沟通互动交流，影响教学效果的重要方面。

（4）运作过程的探究性。运作过程的探究性是指现代教学方法不仅重视让学生从教师的传授中获取知识，培养技能，而且更注重在教学方法运作过程中让学生在教师的引导下通过自身的探讨和研究创造性地获取、掌握知识，同时发展自己的能力，从而把学习和掌握人类已有知识的过程变为探究人类已有知识，发展学生能力的过程。

（5）选择、使用的科技性。选择、使用的科技性是指现代教学方法在选择使用的具体方式和手段上更多地表现出现代科技成果在教学上的运用，包括理念形态的科技成果和物化形态的科技成果在教学上的运用。

以上所列的现代教学方法将在不同程度上影响精品课程建设和教学方法改革。我们要重视借鉴国内外先进的教学理念和教学方法，把先进的教学方法与高职人才培养目标结合起来，把精品课程教学内容和教学方法改革不断引向深入。

2.3.3 土建类精品课程几种常用的教学方法分析

1. 行动引导型教学法

行动引导型教学法，又有实践导向型教学法、行动导向型教学法、活动导向型教学法、行动引导型教学法等提法，代表了一种先进的职业教学理念，是学生同时用脑、心、手进行学习的一种教学方法。这种教学方法是以活动为导向、以能力为本位的教学。其目标是培养学生的关键能力，让学生在活动中培养兴趣，积极主动地学习，在教学中让学生学会学习。因而行动引导型教学法要求学生在学习中不只用脑，而是脑、心、手共同参与学习。通过行为的引导使学生在教学活动中提高学习兴趣，培养创新思维，形成关键能力。

行动引导型教学法具有以下8个方面的特点：

（1）师生互动。行动引导型教学法与传统教学法的本质区别是教学不再是一种单纯的老师讲、学生听的教学模式，而是师生互动型的教学模式。在教学活动中教师的作用发生了根本的变化，即从传统的主角、教学的组织领导者变为活动的引导者、学习的辅导者和主持人。学生作为学习的主体充分发挥了学习的主动性和积极性，变"要我学"为"我要学"。

（2）脑、心、手共同参与学习。行动引导型教学法不再是传统意义上的知识传授，老师将教学所要求的书本知识灌注给学生，把学生头脑当作是盛装知识的容器。行为引导型教学法是让学生的所有感觉器官都参与学习。它不只用脑，而是用脑、心、手共同来参与学习，把学生的头脑当作一把需要被点燃的火把，使之不断地燃起思维的火花。

（3）以学生为中心。行动引导型教学法采取以学生为中心的教学组织形式，倡导"以学生为本"。教师根据学生的兴趣、爱好和特长进行启发式教学。教学与活动结合起来，让学生在活动中自主学习。通过各种活动引导学生将书本知识与实践活动相结合，以加深对所学知识的理解和运用。同时，在活动中培养学生的个性，使学生的创新意识和创新能力得到充分的发挥。

（4）体现因材施教。行动引导型教学法还指教师对不同类型的学生进行因材施教。在教学过程中充分尊重学生的个性，培养学生的自信心和自尊心。在教学中一般不允许批评学生，要充分肯定学生的每一点成绩，鼓励学生不断地在练习中取得成功，促进健全人格的塑造和发展。

（5）教学呈现开放性。行动引导型教学法不再是传统意义上的封闭式的课程教学，而是采用非学科式的、以能力为基础的职业活动模式。它是按照职业活动的要求，以学习领域的形式把与活动所需要的相关知识结合在一起进行学习的开放型教学。学生也不再是孤立的学习个体，而是以团队的形式进行探究性学习。学习中老师为学生创造良好的教学情景，让学生自己寻找资料，研究教学内容，并在团队活动中互相协作，共同完成学习任务。

（6）重视能力培养。在教学过程中，结合各种具体教学方法的使用，培养学生自主学习和学会学习的能力。在活动中培养学生的情感，培养学生的交往、沟通、协作和相互帮助的能力。同时要求在教学过程中，让学生按照展示技术的要求充分展示自己的学习成果，并对学生的展示技术和教学内容进行鼓励性评价，培养学生的自信心和成功感，增强学生的语言表达力，全面提高学生的社会能力、个性能力和学生的综合素质。

（7）领域学习原则。领域学习原则就是根据行为活动的要求，在教学中把与行为活动相关的知识都结合在一起，作为一个学习领域进行教学的原则。即根据某一活动领域的要求，把各传统学科中的相关内容（包括专业基础、专业理论、专业课和实习课）都结合在一起组成一个个学习领域或教学模块让学生进行整体学习。这样，不但能提高学习效率，更重要的是让学生在教学中加速了知识内化为能力的过程。

（8）学生全部参加教学过程。行动引导型教学采用目标学习法，重视学习过程中的质量控制和评估。它的整个教学过程包括获取信息、制订工作计划、做出决定、实施工作计划、控制质量、评定工作成绩等环节。所有这些教学环节，学生都应该全部参加。

由于行动引导型教学法是对传统教学方法的一场革命性变革，因此采用新的教学方法必然会遇到困难和阻力。

首先是教师的不适应。主要表现在3个方面：一是教师受心理定势的影响而不适应。原先教师都是在事先备课的情况下进入教室的，现在则不然，教师很难估计到学生在学习过程中会提出什么样的问题，因而心理总有些不踏实；二是受知识面的影响而不适应。原先高职教师大多是本科毕业，本专业的所有课程都学过，但到了职业学校之后，往往从事一门或多门具体的课程教学。随着时间的推移，有的知识就渐渐地淡忘了，有的知识过时了。现在，学生提出的问题涉及多个领域，有的还是教师未学到的领域。有些教师总是有些担心也是不奇怪的；三是受实践知识太少、实践能力较弱的影响而不适应。不少教师都是从学校门到学校门，缺少在企业工作的实践经验，原先对理论知识的传授尚还可以，但现在学生提及的问题多半都面向实际，对于缺少实践经验的老师来说，确实很难回答。但是，教师的不适应问题是可以解决的，通过强化教师参加工程实践活动，有针对性地补充新知识、新技术，再加上教师自身的勤奋努力，不久就可适应新的教学方法。

其次是教材的不适应。现有的教材主要是为教师的教而设计的，而不是为学生的学而设计的，因而它适合于知识传授型的教学方法，而不适合行为导向型的教学方法。现有的大多数教材，不仅使教师的教有问题，学生的学也同样存在着问题。所以，在精品课程建设中，教材建设就成为一个十分重要的问题。

行动引导型教学法是由教学目标、教学内容、教学方法、教学媒体、质量控制等方面组成的优化教学系统。因此，要学习行动引导型教学法也就存在着一个循序渐进的过程，在实施过程中需要一部分一部分地进行学习和研究，逐步地领会、消化和推广。

行动引导型教学法是让学生在活动中，用行为来引导学生、启发学生的学习兴趣，让学生在团队中自主地进行学习，培养学生的关键能力。在这种教学理念的指导下，老师首先要转变角色，要以主持人或引导人的身份引导学生学习，教师要使用轻松愉快的、充满民主的教学风格组织教学。老师要对学生倾注感情，也要把自己的脑、心、手展示给学生。老师要运用好主持人的工作原则，在教学中控制教学的过程，而不要控制教学内容；要不断地鼓励学生，使他们对学习充满信心并有能力去完成学习任务，从而培养学生独立工作的能力。

在实施行动引导型教学法时，老师要让学生在活动中学习，并要按照职业活动的要求组织好教学内容，把与活动有关的知识、技能组合在一起让学生进行主动性的学习。教学要按学习领域的要求编制好教学计划，明确教学要求，并安排好教学程序。上课前，要充分做好教学准备，要事先确定通过哪些主题来实现教学目标。教学中要更多地使用多媒体教学设备，使整个教学过程直观易懂而又轻松高效。

在实施行动引导型教学法时，老师要为学生组织和编制好小组，建立以学生为中心的教学组织，让学生以团队的形式进行学习，培养学生的交往、交流和协作等社会能力。要充分发挥学生的主体作用，让学生自己去收集资料和信息，自主地进行学习。通过学生自己动手来掌握知识，在自主学习过程中学会学习。在教学过程中，应不断地让学生学会使用展示技术来展示自己的学习成果。

2. 体验式学习

体验，既是一种活动，也是活动的结果。作为一种活动，即主体亲历某件事并进行反思；作为活动的结果，即主体从其亲历和反思中获得认识和情感。"启发人的不是答案，而是问题本身"，"吸引人的不是结论，而是过程本身"。体验式学习强调个体经验对学习的意义，不是简单的主张要在实践中获得新知识和新能力，而是更关注对经验的总结和反思，强调在掌握技能和知识的过程中不仅能知道、能行动，而且要求能从深刻的反思中获得经验的提升，使学习者通过反思与体验式过程获得成长性的发展。所以，可以将体验式学习看作"在做中学"与"在思考中学"的密切结合。

体验式学习的原则有：从"重教轻学"到"以学为主"，树立以学生为中心的教学主体观；从重传授知识到帮助学生实现自主建构，重塑以互动与协作为特征的教学过程观；从重理论考核到突出实践技能的训练，形成以培养学生职业技能为核心的教学目标观；从重校园内部的学习计划执行到推行对外产学合作，创建多种资源优化组合的教学资源观。

体验式学习的价值是指作为客体的体验式学习与作为主体的社会和学生主体发展之间的

关系。体验式学习的价值可以从其对学生主体发展的价值和对社会发展的价值这两个大的层面上体现出来。体验式学习对学生主体发展的价值主要表现为：对学习者主体精神的解放，通过改变学生的学习方式，实际上也就是在重塑学生的主体精神，实现学习者的学习目的。体验式学习既是一种把学习者的认知、情感和行为各方面整合起来的学习方式，也是一个促进学习者自我实现、自我完善的过程，培养学习者终身学习的能力。体验式学习强调学习者的自主学习，学习者通过在活动中自主地进行发现和体验，获得新的知识和技能。这一切都是终身学习能力的构成要素。

体验式学习的社会价值主要表现为：体验式学习方式强调个体，强调实践，强调学习者的反思，注重理性与感性的统一。通过学习者与现实世界的沟通和联系，培养了学习者的社会责任感，积累职业经验，丰富人生阅历。不但促进学生自身的发展，也促进了社会的发展，实现了人的发展和社会发展的统一。

以就业为导向，走产学研合作道路是高职教育发展的新趋势和新要求，通过不断创新与改革，实施体验式学习将会大大推进就业以及产学研合作。一方面，体验式学习有利于实现"产学研"的有机结合，有利于实现"教学做"的相互融合，努力达到"三个零距离"，即专业设置与社会经济零距离的配合、教学内容与职业需求零距离的贴近、实践教学与职业岗位零距离的接触，凸现职业教育的特色，培养社会需求的新一代"银领"大学生。另一方面，高职学生依据专业培养计划，围绕技能培训的要求，按照体验式学习的特点来设计并实施专业教学计划，必将有效提高毕业生的就业技能，收到"短、平、快"的教学效果，使高职学生的就业技能得到明显提高，使他们毕业时能顺利就业。

体验式学习是在教学过程中得以实施的，因而表现方式主要由具体的教学方式来展现。在高职教学过程中，可以承载体验式学习的教学方式通常包括以下几种：

(1) 项目教学法。这是体验式学习具有代表性的教学方法，于 1993 年由教育专家弗雷德提出。其实施步骤包括：项目创议，是开放性项目的出发点；项目方案，是随研究项目创议而产生的；项目计划，是考虑到行为步骤而确定的；项目实施，通常按照计划进行，要求参与者发挥最大的积极性；项目结束，用这种方法设计的单元项目，学生通过一种较完整的过程，学习和掌握每一环节的基本知识和了解所需的必备能力。例如 NIIT 教学方法就是典型的项目案例教学模式。

"给你 55 分钟，你可以造一座桥吗?"

弗雷德·海因里希教授在"德国及欧美国家素质教育报告演示会"上，曾以这样一则实例介绍项目教学法。首先由学生或教师在现实中选取"造一座桥"的项目，学生分组对项目进行讨论，并写出各自的计划书；接着正式实施项目——利用一种被称为"造就一代工程师伟业"的"慧鱼"模型拼装桥梁；然后演示项目结果，由学生阐述构造的机理；最后由教师对学生的作品进行评估。通过以上步骤，可以充分发掘学生的创造潜能，并促使其在提高动手能力和推销自己等方面努力实践。

项目教学法是师生通过共同实施一个完整的项目而进行的教学活动。在这里，项目指以生产一件具体的、具有实际应用价值的产品为目的的任务。它应该满足以下条件：该工作过程用于学习一定的教学内容，具有一定的应用价值；能将某一课题的理论知识和实际技能结合起来；与企业实际生产过程或现实商业经营活动有直接的关系；学生有独立制定计划并实施的机会，在一定时间范围内可以自行组织、安排自己的学习行为；有明确而具体的成果展示；学生自己克服、处理在项目工作中出现的困难和问题；项目工作具有一定的难度，要求学生运用新学习的知识、技能，解决过去从未遇到过的实际问题；学习结束时，师生共同评价项目工作成果。

在项目教学中，学习过程成为一个人人参与的创造实践活动，注重的不是最终的结果，而是完成项目的过程。学生在项目实践过程中，理解和把握课程要求的知识和技能，体验创新的艰辛与乐趣，培养分析问题和解决问题的思路和方法。以模具设计与制造课程教学为例，可以通过一定的项目让学生完成模具设计、加工生产、产品质量检验等生产流程，从中学习和掌握机械原理、材料处理、制造工艺以及各种机床的使用与操作。还可以进一步组织不同专业与工种，甚至不同职业领域的学生参加项目教学小组，通过实际操作，训练其在实际工作中与不同专业、不同部门的同事协调、合作的能力。随着现代科学技术及生产组织形式对职业教育要求的不断提高，职业学校更多地倾向于采用项目教学法来培养学生的实践能力、社会能力及其他关键能力。目前，我国的高等职业教育中，在专业课教学中推行项目教学法是培养学生综合素质、形成职业能力、确保学生按市场岗位要求零距离就业的有效途径。

（2）案例研究。学习者结合个人亲身经验（包括直接的和间接的），通过案例分析和研究，达到为实践行为做准备的目的。一般案例要具有普遍的代表性，并不要求十分复杂或难以解决的特殊案例。学生通过案例研究，可以培养一种分析问题的能力和独立处理、迁移性地处理问题的能力。学习过程则是贯穿于案例分析过程之中，首先抓住或发现问题，然后结合所学知识寻找解决问题的途径和手段。

（3）模拟。在一种人造的情境或环境里，学习职业所需要的知识。模拟通常在一些模拟的办公室或模拟的企业车间里进行。模拟学习和模拟教学能给人一种身临其境的感觉，如模拟驾驶，可以不必开着车子上路去学，只要在模拟驾驶台上操作。对着屏幕开车，既可以降低训练的实际成本，也可减少不必要的消耗和危险，对教学来说也提供了许多可复现的机会和随时进行过程评价的可能性。

（4）表演。这是一种带有决策性的模拟。如根据背景条件中的假设设置游戏，让参与者根据模拟的情境做出判断或选择。通过不同角色的扮演或比较分析，从而使学生一方面接受"现实角色"的人格特征，揣摩到角色内心世界活动的图像，另一方面又注意到对方角色的反应（如角色冲突、认同或沉默在内的感情变化），从而充分展现现实社会中各种角色的"为"和"位"。这是一种培养学生社会能力、交际能力的有效教学方法。

3. 案例教学法

案例教学法就是运用案例进行教学的一种方法。案例的运用是其最为突出的特征，是区别于其他教学方法的关键所在。它是通过对一个含有问题在内的具体教育情境的描述，引导学生对这些特殊情境进行讨论的一种教学方法。案例教学最先运用于法学和医学领域，其后运用于管理学和其他学科。1910年科波兰德博士在哈佛商学院最先使用讨论法进行工商管理教学，并于1921年出版了第一本案例集。案例教学在我国推广较晚，目前在教学中仍未受到高度重视。

案例教学法与尝试教学法、研讨式教学法、现场观摩、情景模拟等诸多教学方法一样，其基本出发点是一致的，都是为了提高学生的思维能力、理解分析能力和解决问题的能力、实际工作能力和操作能力，但案例教学法与传统讲授法则有明显的区别。从一定意义上说，案例教学法与传统的讲授法是相对立的。我国开展高职教育时间较晚，目前从事高职教育的教师大多是从普通高校中来，他们熟悉和习惯于普通高等教育的教学方法，要在高职教学中运用案例教学法，必须要认识高职教育与普通高等教育的区别，以增强运用案例教学法的自觉性。高职教育与普通高等教育培养的人才在目标、类型等方面有着明显的区别，因此高职教学不能照抄照搬传统高等教育的教育理念、教学方法，要使从事高职教育教师的思想观念不停留或局限于普通高等教育，就必须转变教育观念，树立崭新的高职教育的人才观、质量观、教育教学观。新的高职教育的人才观，即高职教育培养的是生产、建设、管理和服务第一线的高等技术应用性专门人才。新的高职教育的质量观，即把社会用人单位对学生的评价作为核心指标，高职教育质量要更多地请用人单位来评价。新的高职教育的教育教学观，核心问题就是突破原来学校为主的教学模式，采取请进来、走出去，"双向介入"，案例教学，情景模拟、实验实训、现场参观、实习、练习等多种形式。案例教学法则是诸多教学方法中最适合高职教学，也是最为重要的方法。因为案例教学是一种具有启发性、实践性，能开发学生智力，提高学生决策能力和综合素质的新型教学方法。它具备了高职教育培养技术应用性专门人才的功能，适合高职教育教学的需要。运用案例教学法，有利于增强学生学习的自觉性、主动性，体现学生在学习中的主体地位，提高学生分析问题和解决问题的能力，有利于增强教师和学生之间的互动关系，加强师生交流，活跃课堂气氛，是高职教学中提高学生各种能力的有效途径。

案例教学法在运用时要注意把握好以下几个问题：

一是要紧紧围绕土建类精品课程培养目标的需要，有计划地进行案例教学。案例教学是将案例作为一种工具，使学生在教师的指导下进入特定事件的情境，从培养目标出发，对案例进行剖析，让他们有机会置身决策者或执行者的角色来分析问题、解决问题，从而提高学生适应复杂多变客观环境的综合素质。在高职教学中运用案例教学，就要深入地研究培养目标的需要，精选案例，科学地使用好这个"工具"。

二是要与其他教学方法相配合，综合发挥培养人才的作用。案例教学法对高职教育无疑是一种先进的教学方法，它所发挥的作用可能现在还无法全面认识。我们在提倡一种教学法时，并不是也不能排斥另一种教学法。首先，案例教学法不能完全替代传统的讲授法。案例教学在培养学生能力方面的优势是明显的，但传统讲授法也有其自身的优点，一是传授知识的连贯性强，这对某些课程的教学来说是至关重要的。二是在重要的基本概念的讲述中，传统讲授法仍是不可少的。其次，案例教学法与情景模拟、现场观摩、实验实训、实习、练习等方法之间更不是对立的。它们之间对实现培养目标的要求各有作用，各有优势。情景模拟重在培养学生的实际工作技能和对工作环境的适应性；现场观摩重在让学生直接接触现场，了解工作情况；实验、实习、练习等教学方法，主要是培养学生从事某一职业所需要的实际技能，提高他们的专业动手能力。在高职教学中，要从教学目的出发，综合运用各种教学方法，互相结合，取长补短，共同为培养合格人才发挥作用。

三是要在重点课程进行试点，取得经验后再全面展开。案例教学法在美国等国家开展比较普遍，但在我国的推广时间较晚，推广难度较大。究其原因，主要是长期受传统教育思想和教学方法的束缚和影响，不少教师习惯于"满堂灌"和"填鸭式"的课堂讲授，死记硬背的学习方式和把学生当敌人的考试方法，在这种教育思想和教学方法的支配下，案例教学法不可能得到贯彻和发展。因此，解放思想、转变观念，是解决案例教学法在高职教学中运用的难点之一。在高职教学中运用案例教学法还有其自身的难度，一是案例教学对案例的要求很高。教学案例是在实地调查的基础上编写的实际事件，其选材要针对教学目标的需要，还必须设计一定的问题，留待学生去分析、去挖掘。二是案例教学对教师的要求更高。运用案例教学法对教师的知识结构、教学能力、工作态度及教学责任心的要求都很高，既要求教师具有渊博的理论知识，又要求具备丰富的教学与实践经验；既要求教师不断地更新教学内容，修改教案，又要求教师更加重视改革开放的社会经济实际和科技的高速发展变化，对现实问题保持高度敏感，不断地从社会实践中求索适宜教学的案例，不断地提高教学质量和教学水平。正因为在教学中特别是高职教学中运用案例教学法存在较大的难度，可以说是在教育思想、教学方法等方面的一次深刻的革命。在推行案例教学法的过程中，应以积极稳妥的态度，先抓好精品课程试点工作。

四是要编写有本课程特色的案例,建立案例库。在高职教学中运用案例教学法,首要的问题是准备真实的、具有典型性的案例。编写好案例,是运用案例教学法的基础和关键。这就需要高度重视,制定措施,精心组织,抓好落实,保证编写工作的顺利进行,编写出适合本课程培养目标需要的若干案例,形成专业案例集。专业教师可以根据某门课程教学的需要,选择运用。在各专业编写案例集的基础上,形成并建立案例库。各专业的教师都可以根据课程教学的需要,有计划地在案例库中选择适宜的案例,运用于教学中,以达到教育资源共享,共同提高教学质量的目的。

4. 任务驱动教学法

任务驱动教学法是基于建构主义学习理论的一种教学方法。要求在教学过程中,以完成一个个具体的任务为线索,把教学内容巧妙地隐含在每个任务之中,让学生自己提出问题,并经过思考和教师的点拨,自己解决问题。它强调学生要在真实情景中的任务驱动下,在探索任务和完成任务的过程中,在自主学习和协作的环境下,在讨论和对话的氛围中,进行学习活动。这样学生不仅学到了知识、提高了技能,还培养了动手实践能力,提高了学生的探索创新精神。学生在完成任务的过程中始终处于主体地位。教师的角色是学习情景的创设者、学习任务的设计者、学习资源的提供者、学习活动的组织者和学习方法的指导者。任务驱动教学法一个很显著的特点就是给了学生充分的自由,成了学习的主体,改变了"教师讲、学生听"的传统的"以教定学"的教学模式,创造了"以学定教"、学生主动参与、自主合作、探索创新的新型学习方式。

任务就是一项有规则和一定难度的工作,有被动完成的感觉,不管什么样的工作都可以称之为任务。但是任务的完成必须有一定的意义,它强调真实的社会情境。信息技术课程中的任务特指通过信息技术的应用来完成的任务,实质是教学内容的任务化。例如,任务可以是文章、图形、表格、数据库等,可以是一个调查报告,一个信息展示作品,也可以是一个网站等,但任务的设计必须根据各种具体情况而定。根据任务的性质可以把任务分为以下几种类型:

(1)问题类任务(专题、主题类任务):问题被理解为一种需要注意、处理或解决的情境、人或事。在这里可以把问题理解为"情境",这种情境是实际的或接近现实的。比如一个真实问题,一个专题、主题或案例,它的作用在于做好背景知识铺垫,激发联想,唤醒长时间记忆中有关的知识、经验或表象,提供研究范围,诱发研究动机,从而使学习者能利用原有认知结构中的有关知识经验去同化当前学习到的新知识,赋予新知识以某种意义。因此,问题类任务就是问题情境所展现的需要解决的问题,学习的过程就是通过解决这种复杂的、实际的或真实的问题来学习隐含于问题背后的知识,形成解决问题的能力,提高自主学习和终身学习的能力。

(2)项目类任务:项目是一项有计划的工作或活动,它在一定的时间内完成特定的工作。项目类的任务具有特定的目的,它是以学科的概念和原理为中心,制作作品并将作品推销给客户为目的,在真实世界中借助多种资源,并在一定时间内解决多个相互关联着的问题的一种学习活动。

(3)案例类任务:案例类任务的完成就是指学习者在一个对现实部分模拟的真实情境中,通过搜集信息,运用所掌握的原理技术,进行特定的分析和决策的过程。它与上述两种任务相比较具有以下特点:①学习的开始就是向学生展示一个具有一定复杂性的、真实性的案例,学习的结果是学会解决问题的方法,因此适合于原理、技术类的知识的学习。②学习者通过认真分析案例中的各种数据和错综复杂的案情,最终学到的是解决问题的方法,因此学习的结果就是学会解决问题的方法和提高解决问题的能力。③教师给学生呈现案例,学生自行分析，教师提供学习指导。

（4）操作类任务：操作类任务特指信息技术教学中那些利用情境激发学生的创作欲望，而学生通过一定的操作过程，最终创作出自己作品的任务。在这个过程中，学生学到了隐藏于操作中的知识和技能。与上述几种任务相比，操作类任务的特点是：①更适合于操作类的知识和技能的学习，教师需在教学之初提供情境，激发学生创作的欲望，如展示一幅利用word制作的漂亮的贺卡。②这类任务也采用"制作"模式，教学的最终结果也可以形成一定的作品。但这只是作为一种教学方法，产生的作品也只是学生的个人或小组的知识的外显反映，因此作品就不一定有预定的"用户"，在制作过程中也就不用考虑用户的要求。③学习注重的是学生操作技能的培养，通过创作过程，内化为动手能力。

教师设计任务，学生完成任务，任务是连接教师和学生的纽带，也是驱动由"外驱"向"内驱"转化的关键点。设计不好，学生被动完成任务，驱动就是"外驱"；设计好了，学生兴趣被激发并主动完成任务，驱动相应的就转化为"内驱"。可见，驱动的动力来源就决定了学生的地位是主动还是被动。任务驱动教学就是通过任务的设计将驱动学生的动力变成学生自己。钟柏昌在《重塑任务驱动教学理念》一文中提出："驱动"学生完成"任务"的不是老师也不是"任务"，而是学习者本身，更进一步说是学习者的成就动机。成就动机构成了学生学习和完成任务的动力。实践证明，以下几点可以有效地激发学生"内驱"：

一是成果驱动：信息技术是一门动手能力很强的操作型的课程。教师可以让学生自主选择方法，自行解决问题，最后以完成的作品展示的形式，激发学生的学习动机。看到自己漂亮的作品，学生会有一种成就感和进一步的求知欲，既学到了知识与技能，又巩固了过程与方法。这恰好也是成就动机理论的具体体现。

二是情景驱动：将学生置身于一种氛围与情景中，激发学生体验信息技术蕴含的文化内涵，形成和保持对信息技术的求知欲，养成积极主动地学习和使用信息技术、参与信息活动的态度，并感受信息伦理与道德，使学生潜移默化地形成对信息技术的情感。

三是意义驱动：根据杜威的"做中学"的理论、情境认知理论以及中小学生的认知及身心发展规律，只有那些来源于现实生活的任务，只有在真实的学习情境中，学生才能更加投入，只有在生活中感到有解决不了的问题时才更有动力去学习。因此，教师可以故意设置一些可以通过信息技术解决的生活中的难题，在现有条件允许的情况下，与社会建立起联系，使学生的学习形成一定的社会意义，进一步建立起学习共同体，这样学生的动机更易激发。

任务驱动教学法中的任务就是让学生去做一件具体的事、完成具体的操作，完成任务就是"任务驱动"。在任务驱动中，任务设计的质量直接关系到教学效果。即使学生完成了任务，但是学生的能力却没有得到培养，这样的完成任务也不等于"任务驱动"。任务应该密切联系要求学生巩固的技能点和相关的知识点，但任务不能只停留在掌握技能的基础上，仅以某些操作性的任务去驱动学生学习也有悖于教学的目标。

任务驱动教学法的教学过程设计：

任务驱动教学模式主要以学生主动学习为主体，教师以引导者的身份在学生学习的过程中提出明确的要求，给予适当的建议，并适时进行引导。

导入：激发兴趣、布置任务、提供素材；

教学内容：回忆旧知，导引任务，主动探索，教师引导；

教学评估：挑选佳作、展示自我，讨论交流，引导讨论再提高、再学习；

课堂总结：鼓励赏识，为下节课做铺垫。

在教学过程中，任务驱动教学法的组织要注意以下问题：

（1）采用合作学习方式。面对学生之间的差距，采用合作学习的方法来组织教学，常用的合作学习方式有两种：一种方式是将不同层次的学生组成一个学习小组，共同去完成一个任务，在合作学习中基础好的同学帮助和辅导基础一般的同学，实现共同提高；一种方式是当那些基础好的同学完成任务以后请他们做"小老师"，让他们去流动辅导几个很难完成任务的同学，让他们在辅导的过程中有新的发现和提高，而被辅导的学生也能跟上学习进度，体会到成功的感觉。

（2）创设调动学生积极性的情景。教师要从教学的内容、学生身边的实际和当前的热点问题出发，去挖掘教材，创设一个好的教学情景。这个情景要符合学生的心理特征，注意问题的趣味性、参与性、竞争性。只有让学生积极地投入到完成任务的情景中来，努力去完成任务，这样的教学方法才是成功的。

（3）处理好师生之间的角色关系。任务趋动的一个重要特点就是学生自己在完成任务的目标驱动下，自己去探索学习，从而达到技能培养这个目的，所以在教学中教师起主导作用，学生是教学的主体。教师是任务的提出者、学生实践任务的指导者；学生是完成任务的主人。在教学中教师主要的任务是将学生组织起来，引导学生自学，互相帮助，努力探索。教师表面上是个"旁观者"，其实上是个"导演"。

（4）处理好学生与学生之间的关系。任务驱动的对象可以是学生个体，也可以是几个学生组成的一个小组，任务驱动中的任务恰好为学生的合作学习提供了良好的载体，因此在任务驱动中可以采取"任务驱动＋合作学习"的模式。学生通过合作解决问题、小组讨论、交流意见等形式来共同完成任务的同时，也学会表达自己的见解，学会聆听他人的意见，理解他人的想法，从而达到共同提高的教学目的。

（5）重视任务完成以后的评价。

一是评价内容。看学生是否完成了对新知识的理解、掌握、熟练应用；学生自主学习的能力；同学间相互协作的能力；创新的能力；鼓励学生的兴奋点和成就感。

二是评价方法。常用的评价方法有观察法、作品评价法两种。观察法即通过观察学生在讨论、完成任务活动中的发言、技能、协作、创新等方面对学生作出评价。在任务的完成阶段，学生通过自主探索和协作学习的方式完成任务。教师在巡视学生完成任务时注意观察学生在遇到困难时，是否主动查找课本的相关内容？学生在遇到比较复杂的问题，是否会通过互相交流和讨论问题来创造解决途径？作品评价法是对学生完成任务所形成的作品进行评价，评价学生对知识的掌握、应用水平，以及作品中所包含的创意。学生通过对学习任务的分析，对学习情境的有效利用，建立自己的思维方法，提出解决问题的办法，并以个人成果（如独立完成的作业、一个研究报告或是一个实物作品）的形式出现。这时学生已经建立了自己的认知结构，但还不完善，必须通过学习成果的分析、评价，以完善认知结构来实现教学目标。

三是评价方式。常用的评价方式有个人自评、组内互评、组间互评、教师点评4种。个人自评的优点是培养学生的自主意识；组内互评的优点是体现了成员在合作学习过程中所起的作用；组间互评的优点是让学生学会欣赏别人和评价别人，使得各组之间在协作中有竞争，在竞争中有协作；教师点评，优点是体现了教师的主导作用，教师可以将在任务完成中普遍存在的问题提出来，并引导学生去合理解决。

5. 理论与实践一体化教学法

理论与实践一体化教学法是高职院校专业教学中探索创新的一种教学方法。它将有关专业设备和教学设备同置一室，将专业理论课与生产实习、毕业实习等实践性教学环节重新分解、整合，安排在专业教室中进行教学。师生双方共同在专业教室里边教、边学、边做来完成某一项教学任务。这种融理论教学、实践教学为一体的教学方法，改变了传统的理论和实践相分离的做法，强调充分发挥教师的主导作用，将理论学习与实际训练紧密结合起来，注重培养学生动手能力，突出教学内容和教学方法的应用性、综合性、实践性和先进性，有利于全程构建素质和技能培养框架，丰富课堂教学和实践教学环节，提高教学质量。

目前一体化教学在实际运用中有两种形式，即课程一体化教学和教师一体化教学。所谓课程一体化教学，就是由不同教师分别担任理论性强的教学和实际操作要求高的教学。教师一体化教学就是将理论与实际合二为一，即与教学、与课程相关的所有授课内容均由一位教师担任。这对理论实际的有效结合、融会贯通是至关重要的。教师可根据教学计划要求，拆细教学课题，对课题中理论实际的比例、教学手法、教学形式等根据学生以及教学条件加以调整，以期达到最佳的教学效果。一体化教学的这两种形式均可使用。课程一体化对教师的全面要求相对比教师一体化要求低。从高职教学的发展趋势来看，应侧重运用教师一体化教学。

理论与实践一体化教学法的具体特征是，教学应强调以学生发展为本，不仅关注学生掌握知识和技能的情况，还应关注学生获得知识的途径和方法，更要关注学生的情感态度和价值观的形成。在教学中应更多地考虑怎样"教"才能促进"学"，教师重在指导学生学会学习，"教"是为"学"服务的。学校应创设良好的教学环境，注重学习与探索的过程，理论与实践的合一，知识与技能的渗透。在教学中，应创造更多的机会让学生体验生活，启迪思维，挖掘潜能，开创研究性学习。

理论与实践一体化教学的具体方法：

理论与实践一体化教学法是复合型的教学方法，教师引导学生掌握专业知识和操作技能，教学中除了运用讲授法外，还应结合运用其他教学方法，如演示法、参观法、练习法、巡回指导法、提问法及多媒体电化教学法，以加强学生对讲授内容的掌握和理解。理论与实践一体化教学的具体教学方案，一般包括教学计划与大纲、教学组织与结构、理论知识归纳、实践环节安排、教学设施与设备、教学评价等。

理论与实践一体化教学的评价：

理论与实践一体化教学效果的评价一般包括教学目标与教学手段的合理性、教学方法的采纳、教学技术、技巧的运用、教学内容的实践性、教学内容的生成性、教学内容的创新、教学手段的推广、教学任务的实施过程与达成效果等几方面内容。

目前，在高职精品课程建设中开展理论与实践一体化教学具有十分重要的意义：

一是学生的素质现状，适合一体化教学。用传统的教学方式讲授专业课，整堂课从头到尾讲授听得见、摸不着、看不见的理论，少数抽象思维能力较强的同学尚可接受，而大多数同学听起来昏昏欲睡，其教学效果可想而知。因此，在教学理念上，应根据目前学生的现状，顺其自然，加强形象思维教学，多给学生自己动手操作的机会，使同学们从枯燥乏味的理论中解脱出来，获取他们需要的就业技能。

二是促进学校教育模式的改革和发展。传统的教学模式是理论教学和集中实习分别进行，理论教学的内容与实习课题往往不符，出现了理论是这样讲的，而实习又练的是其他的，出现理论与实践互不影响的局面，不利于充分发挥理论指导实践的作用。一体化教学可以有效地解决这个问题，促进理论知识与实践教学融合，让学生在学中干、干中学，在学练中理解理论知识，掌握操作技能，打破教师和学生的界限。教师就在学生中间，就在学生身边，大大激发学生学习热忱，增强学生学习兴趣，学生边学边练，收到事半功倍的教学效果。

我国古代伟大的教育家孔子认为：讲给我听，我会忘记；指给我看，我会记住；让我去做，我会理解。所以，只有更多地给学生自己做的机会，他们才能更好地消化理解。在一体化教室上课，任课教师可以一边讲授基本理论，一边通过实验手段演示工作原理，然后让同学们通过实际操作吸收消化，使同学们在生动有趣的学习氛围中学到知识和技能。

三是一体化教学为学生研究性学习打造了一个良好的平台。研究性学习是指在教学过程中，以问题为载体，创造一种类似科学研究的情境和途径，让学生通过自己收集、分析和处理信息来实际体验知识的产生过程，培养学生分析问题、解决问题的能力和创造能力。要使学生由接受性学习转化为以研究性学习为主体的学习形式，必须在教学中引导学生主动参与研究探索，实现"要我学"为"我要学"的转化。在一体化教室上课，就具有科学研究的情境和氛围，就能很好地把学生情绪调动起来，使他们跃跃欲试。任课教师在教学实践中，还可采用学生自主提问的教学方法，即以学生质疑为切入点，以学生合作解决问题贯穿整个教学过程。

四是一体化教学能推动教材的改革。目前高职院校有些教材的教学内容与市场严重脱节或滞后，而且实用性不强，而一体化教学凸显了形象思维教学，这就要求教材的侧重点要转移到操作技能上来，要求理论浅显易懂，可操作性强。这就要求教师在备课过程中，大胆舍弃一些烦琐冗长的理论，突出实用性和可操作性。要求学校开发和编写新的教材，使精品课程教材更贴近学生实际。

在精品课程教学过程中，实施理论与实践一体化教学要加强3个方面的管理：

（1）一体化教学要求教师编制授课计划，包括教学内容、教学时数、教学考核等。教学中应严格按计划进行。教师按授课计划编写教案，填写详细教学日志。教案应注重理论与实际的联系。

（2）一体化教学对教师提出了新的更高的要求。一体化教学人员必须具备专业知识和各类实践操作技能，并且两者能很好的结合。一体化教学需要教师既有扎实的理论和教学经验，又有生产实践经验和熟练的动手操作技能；既要了解本专业及相关行业的发展趋势，又要具有运用新知识、新技术、新工艺、新方法开展有效教学及教研的能力。一体化教学加大和突出实际操作技能，一切教学均围绕着实际操作。

（3）在教学中应注重现场演示，因此教学设施的合理使用尤为重要。教师在讲述时应考虑现场教学的特点，对教具的合理使用。在教学中应突出课堂化管理，采用分层次教学即仿真系统学习后进行必要的考核。考核合格学生采取分组实习完成规定任务；考核不合格学生，在教师指导下完成实践操作，通过不断学习使其成为合格学生。对学习优异者可以安排进行更多的理论学习。一体化教学应注重测评体系的建立，并建立标准化测试题库。

（李静　执笔）

2.4　子课题之四：关于一流教学管理研究

教学工作是各类高等院校经常性的中心工作。教学管理是对教学工作全过程进行决策、计划、组织、指挥、调节、监督、评价等环节的管理和服务，在学校管理工作中占有极其重要的地位。高职院校教学管理的基本任务是：贯彻正确的教育思想，树立现代高职教育的人才观、质量观、教学观；组织实施教学改革和教学基本建设；建立健全教学管理制度和管理机制，促进教学管理工作的科学化、规范化，建立规范而稳定的教学秩序；调动教师和学生教与学的积极性、主动性和创造性，办出高职特色和本校特色；不断提高教学质量，提高人才培养水平。

一流教学管理的核心问题是，怎样根据经济社会发展和市场需求，不断更新教学管理观念和管理办法，提高人才培养的质量和管理效率。教学管理水平的高低直接影响到教学质量的水平，也在相当程度上关系到高职院校人才培养的水平。近年来，经济社会的迅猛发展，市场需求的快速变化，教学改革的不断进展，都对高职教学管理提出了新的挑战和新的课题。

墨守传统的教学管理模式，已经难以适应形势的发展。

精品课程的一流教学管理应该为教学管理现代化开辟新路。包括土建类精品课程在内的精品课程教学管理应当如何总结传统的管理经验，如何从实际出发进行改革和创新，是一个值得研究的重要问题。

2.4.1 一流的教学管理：由传统的过程管理向目标管理转变

目前，我国高职高专的教学管理模式主要是模仿实行了几十年的普通高等院校的教学管理模式。教学管理涵盖教学的全方位和全过程，方方面面无所不包，包括教学计划的制定和管理、教学运行的安排和管理、教学质量的监控和管理、教师队伍建设和管理、学生学籍管理、教室实验室和教学设备等教学物质资源管理、教学制度的制定和执行管理、教学管理人员的管理、教学档案管理、教学督导和教学评估管理、教学研究管理等等。传统的教学管理模式有其长处和优点，也存在着明显的缺点和问题。

传统教学管理模式的长处主要有两点：

一是有利于教学秩序的稳定。传统的教学管理思路、健全的教学规章制度、有效的管理组织和管理办法，使得学校整个教学运行过程按部就班，有条不紊，确实起到了稳定教学秩序和维护教学纪律的作用。即使在教学运行过程中出现一些问题，也比较容易地按照有关规定进行处理。

二是减轻了管理难度，降低了管理成本。高职院校的教学管理者往往需要面对数百名教师、数千名学生和不同专业的数以百计的课程，是一个比较复杂的系统工程。传统的教学管理思路和管理模式强调统一、强调规范，既抓宏观管理又抓微观细节，看上去比较有效率，管理成本也相对比较低。一所高职院校的教学管理部门往往只有几个人、十几个人，要做好这么多教学管理工作也确实不容易。

传统教学管理模式明显的缺点和问题是：

其一，不利于教学改革和创新。

目前的高校教学管理模式是从传统计划经济体制发展而来的，不可避免地带有计划经济的痕迹。其教学管理基本上是刚性的、僵硬的、死板的，缺乏操作弹性和柔性，几乎没有多少回旋余地，不利于教学改革和创新。方兴未艾的教学改革浪潮，正在突破传统教育思想和教学管理思路，不少教学内容和教学方法的改革已经被证明对人才成长是有好处的，但往往与已有的教学管理办法或传统规章制度发生矛盾甚至冲突。有些具有创新意义的教学改革思路和做法，更需要突破一些陈规旧律。总体上来说，传统的教学管理模式已经难以适应改革开放的新形势，正在受到严峻的挑战。

其二，不利于师生个性发展和特长发挥。

传统的教学管理强调高度集中，实行千篇一律做法的结果，必然是千人一面，人才培养规格雷同。这种管理模式把教师和学生都管得很死，缺乏活力和生机，使他们大都变得谨小慎微，不敢越雷池一步，在客观上扼杀了广大教师特别是青年教师的积极性和创造性。培养对象也都像是同一规格的产品一样，毫无特色可言。这种教学管理体制，忽视了高职院校应有的办学特色，忽视了不同专业之间的区别和特殊要求，更忽视不同个性之间的巨大差别和不同需求。从某种意义上说，许多规章制度对教师和学生更多的限制和约束，总体上不利于教师和学生个性的发展，也不利于他们特长的发挥。

其三，难以适应高职特点和不断变化的市场形势。

长期以来，高职院校沿袭普通高校的教学管理模式，存在着与高职培养目标不能适应的问题。因为高职的培养目标和普通高校不一样，它是以培养应用型技术人才为主的，贯彻

"能力本位"的方针，以学生就业为导向。与培养目标相适应，在教学管理方面也应该与普通高校有较大的不同。例如，实践性教学环节在整个教学计划中占有较大的比重，而且随着教学改革的深化，在实习实训形式上也越来越呈现多样化的趋势。除了传统的实验实习之外，还有顶岗实习、半工半读、工学交替、项目驱动、订单培养、委托培养等等。传统的教学管理方法往往对这种新的改革形势束手无策、无所适从。此外，社会主义市场经济体制给整个社会带来了前所未有的财富、活力与效率，也带来了瞬息万变的市场信息和难以预测的市场风险。就以人力资源市场而言，就业岗位的需求情况经常在发生变化，对各种人才的要求越来越高，人才市场的竞争也越来越激烈。随着市场的变化，高职院校专业设置和人才培养规模更新变化很快，教育思想的发展、信息技术的广泛应用、教学内容和教学方法的改革，使固定的传统教学管理模式也往往难以应对。

如上所述，目前的高职教学管理体制和管理机制已经不能适应市场的变化和新时期人才培养的发展趋势，应当加以改革和创新。与传统的教学管理模式相比，"目标管理"是一种能够体现"以人为本"方针的教学管理新模式。

首先，目标管理与高职院校人才培养目标有着天然的紧密联系。目标，在一个庞大复杂的系统工程中永远是处在第一位的。有了科学的目标，就有了正确的努力方向。高职院校的人才培养目标是以能力为本位的应用性高技能人才。不管用什么办法，也不管从什么途径，只要培养出来的人才思想品德和职业道德高尚、有本领有能力、身体健康，能受到企业和社会的欢迎，高职教学的目标就可以说达到了。包括教学方法、教学过程在内的其他因素统统都可以放在其次，甚至可以忽略不计。现代教学管理的目标与高职院校的人才培养目标在层次上虽有较大的差别，但在大方向上可以说是完全一致的。

其次，目标管理给广大教师和学生的改革和创新留下了广阔的空间。目标管理属于指导性管理和弹性管理。在目标管理中，只有目标是坚定不移的，需要无条件坚持。其他因素都可以随着市场的变化而加以修改和调整。例如，原来严格规定的固定学制，可以根据社会或企业对人才的特殊需求，通过学分制而加以改变。原来的刚性教学计划，也可以根据企业的需要或教学改革的需要加以适当的改变。当然，教学计划的改变是一件严肃的事情，不能随心所欲地说变就变，而是要有科学的依据，要通过一定的程序。

再次，目标管理与传统的常规教学管理不是对立的，不是非此即彼的关系，而是一种优势互补的关系。目标管理不是不要常规的过程管理，更不是不要行之有效的规章制度。而是在教学管理中强化目标的重视程度，只有目标是最大的原则，所有的管理方法和规章制度都要以目标为中心来运行。在有利于实现人才培养目标和教学目标的前提下，才谈得上教学管理的具体方法和策略。

目标管理给教学改革和创新留下了很大的回旋余地，但确实给教学管理带来了相当大的难度，也带来了难以预测的风险。同时，目标管理对教学管理人员提出了更新更高的要求。因此，教学管理改革不能一蹴而就，而要精心准备，制定步骤，先搞试点，积累经验，再全面推广。

精品课程是具有一流教学队伍、教学内容、教学方法、教材和教学管理的示范性课程，在学校乃至社会上有一定的影响，在目标管理改革的条件方面是优越的，可以在全校先走一步，率先进行目标教学管理。由于精品课程有较好的教学队伍、教学条件和改革基础，改革的难度和阻力相对较小，能最大限度地减少改革风险。经过一段时间改革，目标管理在精品课程建设中被证明确有成效后，然后在全校加以推广。

目标管理要求传统的教学管理思路要有一个根本性的变革。传统的教学管理强调的是"管理"，所谓管理就是管理人，对教师和学生进行严格管理，而很少有"服务"的理念。在目标管理模式中，要更新管理观，树立"以人为本"观念和为教师学生"服务"的理念，做到教学管理就是教学服务，特别是为广大青年学生服务，真正做到"一切为了学生，为了一切学生，为了学生的一切"。同时，在明确教学目标的前提下，建立比较灵活的教学管理运行机制，最大限度地满足市场对各种技术人才的要求，进一步调动广大师生的积极性和创造性，使高职人才培养目标顺利实现。

2.4.2　学分制：高职教学管理改革的必然趋势

目前，高职高专院校基本上仍然沿袭长期以来实行的学年制，教学管理体制被称为"本科压缩型"。随着社会主义市场经济的发展和教学管理体制改革的深入，这种体制产生的问题和弊端日益显现。早在 1985 年 5 月，中共中央在《关于教育体制改革的决定》中明确指出，要减少必修课，增加选修课，实行学分制和双学位制。许多普通高等院校特别是名牌高校大都开始了学分制改革，得到广大师生的欢迎。一些高职高专院校也开始探索试行学分制，显示出学分制强大的活力和效率。

学年制是一种事先固定学生学习时间和学习内容的教学管理模式。我国高校目前的学年制开始于 50 年代初的高校院系大调整。本科院校的学生在校学习时间一般定为 4 年，医学、建筑、城市规划等少数专业学习时间定为 5 年。高职高专院校的学制一般定为 3 年，也有少数专业定为 2 年的。学习时间的长短完全由国家教育管理部门严格规定，绝不可随意变更。在这种管理体制下，学生没有多少选择的余地，学习多少时间，学习什么内容，跟着什么教师学习，都是事先确定的。凡考试有规定几门课程不及格者，则必须按规定留级或退学。有些学生天资聪颖，学习能力很强，学习效率也高，完全可以花较少的时间完成所有学业，但也必须等到规定的时间才能按时毕业，造成人力资源较大的浪费。

与学年制紧密联系的是排课制。学生必须在规定的时间、规定的地点听规定的教师讲课，不得无故迟到和早退，更不得旷课和无故缺课。甚至先上什么课，后上什么课，也都事先由学院教学管理部门决定而不能更改的。学生在这方面毫无选择的自由和权利。在学校的整个学习过程学生也处于完全被动的地位，老师教什么学生就学什么考什么，始终要围着教学管理者和任课教师的指挥棒转，在一定程度上压抑了学生个性的发展。教师的知识结构和教学水平客观上是有很大差别的。同样一门课，部分学生有幸聆听知名教授讲课，而与另一部分学生无缘，实际上是一种严重的不公平。至于学生的兴趣爱好和优势特长，在学年制的条件下更是难以兼顾了。

学分制是一种不固定学习时间而主要依据完成学业和学习质量的教学管理模式。学分制于 18 世纪末创始于美国哈佛大学，目前世界上发达国家的高等院校普遍都实行学分制。学分制根据学科或专业的要求，学生只要完成规定的学业并拿满规定的学分，就可以提前毕业。学生根据自己的爱好来选择所学的专业，根据自己的安排来决定学习的时间，具有相当大的选择权和自主权。学生求学的目的是学到有用的知识和技术，提高今后从事职业生涯的实际能力。只要达到这个目标，是通过到教室上课跟着老师学习，还是到图书馆自学这个过程并不重要。学习结果如何只要看是否拿到了规定的学分，学分是衡量和检验学习成果的主要依据。

与学分制紧密联系的是选课制。学生可以根据学校发布的授课信息和自己的判断来选择授课的教师、上课的时间和地点，也可以自主安排先学什么课程、后学什么课程。选课制给学生带来自主权的同时，也给许多教师带来了压力和动力。那些有真才实学的知名教师往往受到学生的欢迎，而水平不高和名声不佳的教师将面临下岗的危机。

实行学分制和选课制，使学生对专业、课程有更多的选择权，来适应自己的学习习惯和应对市场的需求。对于教学管理部门而言，将以指导性教学代替指令性教学，以弹性教学计划代替刚性教学计划，以选课代替排课，变被动接受知识为学生主动学习，有助于培养学生的主动精神和创新能力。学分制和选课制，可以满足学生多样化的要求，尊重学生的选择权，由学生自主选择专业、课程，自主安排学习进程，为学生提供了学习深造的自由发展空间，允许学生在修满学分的前提下提前毕业或延期毕业，使学生个性得到尊重，潜力得到发挥，特长得到发展，有利于人才脱颖而出。

学分制改革同样是一件严肃的事情，不能一哄而起，以免引起不必要的教学管理上的混乱。推行学分制要创造条件，选准时机，精心组织，做到平稳过渡，循序渐进，才能达到改革的目标。

实行学分制不是从根本上排除学年制教学管理的所有做法，在学年制条件下的某些规章制度也能根据实际情况加以改造甚至加强。例如，教学计划还是需要的。教学计划是人才培养目标和人才培养过程的总体设计，是组织教学运行过程、安排教学任务的基本依据。问题是教学计划要根据教学目标和市场变化进行总体设计和安排，要有一定幅度的弹性和给教学改革预留发展空间，总体上要适应学分制教学管理改革的发展。

土建类专业具有技术性、实践性很强的特点。在一些工科高职院校，土建类精品课程建设创造了实行学分制的良好条件，在教学队伍、教学条件等方面具备了率先实行学分制改革的基础。学院可以确定土建类专业进行学分制改革的试点，进一步搞好精品课程建设和提高教学质量。

高职院校必须深化教学管理体制改革，强化在市场中的应变能力，在教学规模、教学计划、教学组织、管理方法等方面适应弹性学制的变化，使教学管理更符合学生的实际和企业的多样化需求，形成一套新型的教学管理体制。以学分制为突破口，推进整体教学管理改革，是目前深化教学管理改革的最佳选择。

2.4.3 建立科学的教学质量保障体系

教学质量是高等院校的生命线，是一所学校生存和发展之本。教学质量保障是高职院校教学管理的主要职能之一。构建高职特色的教学质量保障体系，是从根本上保障和提高教学质量的重要举措。

1. 树立具有高职特色的教学质量观，建立明确的教学质量目标

在建立具有高职特色的教学质量保障体系过程中，教学管理者首先需要树立"以人为本"的教学质量观。

教学质量观是建立教学质量监控和保障体系的指导思想和灵魂，决定着教学质量保障体系的方向。原来的高职高专院校是从本科院校的办学模式仿效而来的，教学质量观不免受到以知识传授为本位的传统教学质量观和本科式教学质量保障体系的深刻影响。在实际教学管理工作中，往往难以做到从高职院校的培养目标和应有特色出发，从而失去了正确的方向。因此，高职院校建立科学的教学质量保障体系，首先要解决一个教学质量观问题。

高职院校的教学质量观与高职办学目标紧密联系。我们讲办学质量，主要指培养出来的人才质量如何，即毕业生的职业技能如何、能不能适应市场需求找到合适的工作岗位并在岗位上发挥应有的作用？从更高的层次来说，我们培养的学生能不能在今后的职业生涯中，依据自己的技能实力和综合素质，在工作中大显身手并且在众多竞争对手中脱颖而出，做出较大的业绩和贡献？这种培养什么人才的目标、观念和思路，就是通常所说的教学质量观。

以就业为导向，以能力为本位，是具有高职特色的教学质量观。质量观不是单一的，而是多元的、复合的、有机综合的，除了职业能力的目标之外，我们还要坚持"育人为本，德

育为先"的方针，培养出来的学生首先应有较高的思想境界和职业道德素质。在现代化大生产中，我们还要求学生在职业生涯中应有与他人团结协作而必须具备的团队精神和合作能力。此外，教学质量观还应包括学生的持续发展能力和创新能力。

根据科学的教学质量观，要进一步建立明确的教学质量目标，即教学质量监控保障的具体目标。毫无疑问，我们应该把学生的就业技能放在最重要的教学质量目标上，但这还不够。我们不仅要突出以职业本位为中心，而且要求学生在校期间逐渐学会学习、学会做事、学会做人，把德育目标、持续发展能力和创新能力都纳入质量目标之中。

2. 构建科学的高职教学质量监控和保障体系

教学质量保障体系是通过对教学全过程的监控、诊断、评价、调节，把能够提高教学质量的各要素有机组合起来，把对教学质量产生负面影响的因素排除出去，形成一个能够保障和提高教学质量，并且能够稳定运行的有效的教学管理体系。要建立这样一个体系，应在"以人为本"原则和正确教学质量观的指引下，从教学质量目标出发，在程序、过程、组织结构、教学资源等质量要素方面来构筑科学有效的教学质量保障体系。

一是建立教学质量保障指挥系统。学院一把手和主要领导要高度重视教学质量，亲自抓教学质量保障工作。学院分管领导、教学管理部门、教学督导组和系部领导都来具体抓教学质量保障体系，自上而下形成教学质量保障的指挥网络，形成教学质量保障的合力。

二是建立全面教学质量监控机制，包括及时地监控专业设置、课程开设、教学内容、教学方法、实践性教学环节、考试考查等。在传统的教学质量保障过程中，往往偏重于课堂教学，而对实践性教学监控较少或监控不力。这种传统做法应该改变。教学质量的监控必须是对教学过程全面的监控、规范的监控。实践性教学环节往往是一所高职院校教学的重点和难点，也是教学监控和保障的重点和难点，不但不应疏忽，而且应该成为监控的重点。全面的教学质量监控机制，实际上是教学质量的全面的收集系统。这是教学质量评价的客观依据，也是保障教学质量的原始数据和调节基础。

三是建立多元教学质量评估体系，包括专家评估、同行评估、学生评估、自我评估、水平评估、社会评估等。这一体系，实际上是一个教学质量的科学诊断系统。在传统的教学质量评价过程中，往往只注重学生、教师、领导等学校内部的评价，而忽视企业对教学过程和人才培养效果的评价，同时忽视行业方面的社会评价。这种情况需要改变。我们培养的学生到底质量如何，在某种意义上来说应该由企业、社会来衡量和评说。当然，在教学质量评估的实际操作中，学校不能指挥企业和社会，准确获取社会评价的难度确实比较大也比较麻烦。因此，可以建立以内部教学质量监控为主，内部和外部相结合的教学监控体系，并突出实践性教学环节的监控和评价，强化产学结合和社会参与的力度。

四是建立科学有效的教学质量调节机制。根据既定的教学质量目标，对教学质量监控过程中发现的偏差和出现的问题，经过评估和诊断，对监控对象提出改进的建议，并监控其改进的情况，最终达到提高教学质量的目标。在许多院校的教学质量监控保障过程中，往往出现教学人员"好坏由人评说，情况依然如故"的现象，实际上还是调节机制没有起到应有的作用。要使调节机制真正发挥作用，还须进一步深化教学管理体制改革，把建立教学质量保障体系与行政管理制度改革、人事制度改革、分配制度改革等其他方面的改革紧密结合起来。

如上所述，教学质量监控保障体系主要由 5 个部分组成：即教学质量保障指挥系统、信息收集系统、信息处理系统、评估诊断系统、信息反馈系统。关键是 5 个环节都要严格执行，环环相扣，才能达到提高教学质量的目标。

值得指出的是，传统的教学质量监控评价体系的重点往往集中在教师身上，如主要看被监控和评价教师的教学态度怎么样、教师的讲稿质量怎么样、课堂教学水平怎么样、板书是否规范、讲课的过程是否生动有趣等等，其实这样评估带有很大的片面性。因为高职学院培养的人才对象是前来求学的学生，教学质量的好坏和教学水平的高低主要反映在学生身上，所以监控和评价的对象也应该主要是学生。比较科学的做法是，应该把监控和评价的重点放在学生身上，在监控和评价过程中主要看学生学得怎么样、大多数学生对学习该课程有没有兴趣、分析问题和解决问题的能力有没有提高，特别是学生的技术水平怎么样，职业技能有没有实际提高等等。只有这样监控和保障，才真正有利于教学质量的提高。

3. 对精品课程教学质量监控保障应留有创新的空间

建立教学质量监控保障体系的目的是为了提高教学质量，而精品课程是具有一流教学队伍、教学内容、教学方法、教材和教学管理的示范性课程，应该说是已经达到了相当高的教学水平，也创建了较高的教学质量。是不是不需要教学监控和保障了呢？答案显然是否定的。精品课程不但需要监控和保障，而且是更高要求、更高层次的监控和保障，使包括土建类精品课程在内的所有精品课程在原来的基础上进一步提高教学质量。

这是因为，教学质量提高是没有顶点的，因此教学质量保障也永远不会有大功告成的终点。然而，精品课程毕竟是示范性课程，对其他课程的教学改革和建设起着示范和榜样的作用。对精品课程的监控保障应当与一般课程有较大的区别。这种区别应主要表现在对精品课程的建设和创新提出更高的目标和要求，同时在教学监控和保障过程中为精品课程的升级留有充分发展的空间。

一是在精品课程教学质量监控中严格坚持标准。

学院在对精品课程的教学质量监控保障中，应做到与其他课程一样严格执行有关制度，绝不能松懈和麻痹。在一流的教学队伍、教学内容、教学方法、教材等方面坚持做到教育部文件规定的标准，使精品课程在定期的上级检查中保持既得的成果和荣誉。同时，针对精品课程的特点，把教学监控的重点放在新的更高的建设目标上，并建立在教学目标指导下的灵活有效的运行监控机制，为精品课程建设创造比较宽松的发展条件。

二是精品课程本身要进一步提高水平。

精品课程进一步提高教学水平的关键是有所创新。按照高职人才培养目标，进一步深化教学改革，克服困难因素和不利条件，在教学工作中更上一层楼。学院领导和教学管理部门要加强对精品课程建设的指导，在教学改革和监控保障中提出更高的目标和具体要求，并重点帮助其进一步提高教学质量。在对精品课程的教学管理方面，应给予一定的政策和经费方面的优惠，一方面鼓励加强改革力度，允许探索失败，对改革中出现的问题不必大惊小怪，一方面做到热心指导，帮助解决教学改革中出现的困难和问题，做到"管而不死、活而不乱"。

三是加强精品课程的实践性教学改革力度。

实践教学管理是高职教学管理的重要组成部分，直接影响到人才培养的质量和学院办学特色。实践教学运行管理是教学管理过程中的难点。对于精品课程建设来说，在实践性教学改革方面也是任重道远。

学院教学管理部门要建立专门的实践教学管理科室，配备年富力强的外向型教师或管理人员作为骨干，调集精兵强将加强实践教学管理。系部一级也要选拔工作能力较强的副主任专管实践性教学工作，并充分发挥系部管理职能。学院要定期召开实践性教学会议，总结和交流实践教学的经验，及时研究解决实践教学中出现的问题。教学管理部门要对实践性教学进行宏观管理和服务，制定相应的管理办法和措施。

精品课程教学队伍要在实践性教学方面做出表率，打破学校封闭办学的狭隘思路和传统做法，走出"象牙之塔"，融入社会实践的大课堂，加强与企业的合作和协调，重视建立和加强与企业的协作机制，与企业共同落实工学结合的教学要求、教学条件和教学方法，更好地服务于产业经济和区域经济。

精品课程在实践性教学改革领域，有很多值得探索的问题。例如：

在实践性教学的方法方面，要允许各种有益的改革尝试。实训教学要重视发挥学生的积极性和主动性，在满足基本实训目标和要求的前提下，允许学生自行选择实训单位。实训教学的过程和方法也可以多种多样，包括顶岗实习、工学交替、半工半读、项目驱动、委托培养等有利于提高学生专业能力或职业能力的各种方法。

在实践性课程的开设方面，要搞好实训内容的设计，要多开综合性、设计性、应用性强的项目，以训练和提高学生的基本技能和应用能力。

在改革实践性教学的考试办法方面，可以根据或借鉴企业生产技能的考核办法，把理论知识考核和生产技能考核有机结合起来。毕业设计（论文）要尽可能结合实训项目进行，要立足于学生的技术应用能力，让整个教学过程特别是实践性教学围绕教学质量目标进行，使学生在毕业后能顺利进入职业岗位和开始职业生涯，实现"零距离就业"。

2.4.4 利用信息技术推动教学管理现代化

20 世纪 80 年代以来，信息科学和信息技术有了突飞猛进的发展，特别是网络技术的发明及其在经济社会领域的广泛应用，从根本上提高了人们的工作、学习效率和生活质量。同样，信息技术正在日益普及地运用到教育领域，特别是运用到教学手段和教学管理方面，并将迅速推动教学管理的现代化。

1. 引进和发展信息技术，加快教学基础设施和教学条件的信息化建设

学院要重视引进和发展先进的信息技术，广泛学习和借鉴一切先进的信息新技术在教学方面的利用，积极建设校园网、多媒体教学网、多媒体教室、计算机室等现代教学设施。在教学活动和教学管理中，加快现代化信息技术在各方面的运用，加快计算机辅助教学软件的研制、开发和使用，加速实现教学手段和教学管理的现代化。特别是在精品课程建设方面，要优先装备先进的信息技术，并对信息技术在教学改革和课程建设中的运用提出具体的要求。

2. 教学管理系统充分利用信息技术来提高工作效率

信息技术使复杂的教学活动和教学管理变得十分便捷。教师不但可以在课堂上进行多媒体教学，在实训基地进行仿真化的模拟教学，而且课余在网上也能进行远距离教学，进行网上授课、网上答疑，遇到问题还可以用电话、手机、网络及时联系。许多学生在校期间除了在教师直接指导下学习之外，还可以利用上网来获取新信息，利用上网学习来扩大知识面。

教学管理部门要充分有效地利用信息技术，不断提高管理效率和管理水平。管理系统可以全方位地运行于网络，可以覆盖从新生入学到学生毕业的全过程。教学管理部门可在线对学生进行学籍处理、发布奖惩信息、打印各种教学文件、组织各种教学活动等。例如，学生成绩的输入工作可以从集中处理转变为分散处理。每位任课教师可以从任何一台接入互联网上的电脑报送学生成绩和教学计划、教学总结、试卷等教学文件。学生可以从网上获得学院和系部的各种教学信息，在网上向学院领导、教学管理部门和任课教师反映自己的愿望，提出改进教学的意见和建议，还可以通过网上的"学生查询成绩系统"在线查阅自己的考试成绩。

3. 在教学管理中利用信息技术来节约资源

运用先进的信息技术，不但可以推动教学手段改革和教学管理现代化，还可以节约大量的宝贵资源。一是节约物质资源，如原来堆积如山的纸质教学材料，现在只需要几张光盘就可以解决问题，大大节约了土地、场所、房屋等宝贵资源。二是节约人力资源。例如，原来

需要人力统计和计算的大量数据，现在只要准确输入电脑，片刻之间就可完成。三是节约时间资源，大大提高了工作效率。例如，包括教学计划、教材编写、教学讲稿等教学文件的修改和处理，运用电脑进行操作比传统的手工书写，其效率真是天壤之别。

实践性教学是高职院校教学工作的重要组成部分，在教学管理中占有十分重要的地位。在实习实训期间，学生大都分散在各企业开展实践性教学活动。这种分散性和多样性给教学管理带来很大的难度。如果没有信息技术，教学管理部门要及时了解分散的实习实训情况几乎是不可能的。但自从有了发达的电信和计算机技术以后，就可通过电话、网络进行联系和监控，大大提高了管理效率。实践性教学还要求学校与企业及时沟通和协调，落实具体的教学要求、教学条件和教学方法，通过信息技术也可以高效率地搞好这方面的工作。

精品课程是具有一流教学队伍、教学内容、教学方法、教材和教学管理的示范性课程，其建设经验是非常宝贵的，不但对于提高本校的教育教学质量有十分重要的意义，而且可以通过示范来指导其他院校提高教学质量和人才培养水平。传统的推广方式往往是利用工作会议、培训班或研讨会进行介绍和推广，花费了大量的时间、经费和人力资源，而且范围有限，实际效果还很难说。现在只需把精品课程的文字材料和影像资料上传到互联网，具有直观性、美观性、真实性、适时性等突出优点，而且瞬息之间就可以传遍各地，真正可以起到精品课程的示范和引领作用。

4. 实现教学档案电子化信息化

教学档案管理是学院教学管理的重要工作，而且是一项十分复杂繁重的工作。教学档案主要包括上级和学院有关教学工作的指导性行政文件、各专业的教学计划、教材、教学参考资料、实验指导书、教学设备清单、系部学期教学工作计划和工作总结、教学大纲、授课计划、教师课程教学小结、学生成绩汇总、课程试卷或试题库、教师业务档案、各种评教材料、教学会议纪要、教学影像资料、教学软件等等。教学档案管理的特点是严密、细致、规范，容不得半点差错，长期以来一直成为教学管理的难点。信息革命从根本上提高了教学档案管理工作的效率，对大量的教学档案进行电子化处理并分类存档，促进了教学档案管理现代化。对于传统的文字档案来说，电子文档具有可靠性、容易复制、容易保存和传播迅速的优点，既便于及时查阅，又可以在瞬息之间上传下达。但是，电子档案也存在因电脑故障容易丢失、在运行过程中容易失密、原始数据可能被篡改等缺点，学院要建立健全教学档案保管制度、档案保密制度和教学档案利用制度，指派高素质的专门工作人员进行操作和严格管理。所有电子教学档案应有备份以防缺失，属于保密范围的材料要用双密码锁定以防泄露。同时，要建立必要的电子档案查阅规定和电子档案复制规定等教学档案利用细则，充分发挥教学档案在教学活动和教学管理中应有的作用。

（陈锡宝　宋刚刚　执笔）

2.5　子课题之五：关于一流公共实训基地建设研究

从高职院校培养应用性高技术人才的目标出发，建立一批校内外实训基地，特别是建立职业技术装备水平一流的开放性公共实训基地，是关系到精品课程建设和提高教学质量的重要问题。

建立公共实训基地的主要原因，是因为原有的实习实训教学系统大都已经不能满足实践性教学的需要。许多院校的校内实习实训基地大都规模较小，设施比较陈旧，技术装备等条件不能适应"以能力本位"的教学目标。近年来，许多高职高专院校与企业建立了形式多样的协作关系，建立了一批校外实习实训基地。但是，从总体上来说，这些基地一般难以全部承担起各类高职高专各种专业大批学生实训教学的重任。不少校外实训基地仅仅停留在较浅的层次上，甚至有的仅签定一个徒具形式的协议或空挂一块牌子。在许多地方，企业对与高职高专院校合作开展实训教学的积极性并不高，往往采取敷衍应付的态度，出现了学校与企业"一头热一头冷"的尴尬局面。企业是以赢利为目标的经济组织，一般不愿意承担风险较大而没有直接获利机会的活动，其避险性和趋利性也是无可非议的。有些企业担心学生在生产现场实习发生工伤事故，对学校和学生家长都难以交代。有些企业领导怕学生实训结束后要求留在企业工作而一时无法安排等等。许多企业普遍缺乏与高职高专院校合作开展实践性教学的积极性和内在动力。因此，职业性、公益性、开放性的公共实训基地建设就提上了议事日程。

2006 年，上海城市管理职业技术学院在市教委的大力支持下，先后创建了"上海市建筑与房地产管理类公共实训基地"和"上海市物业与智能化管理公共实训基地"，不仅满足了本院土建类专业学生实训的需要，而且向兄弟院校、企业和社会实行全方位开放。

上海市建筑与房地产管理类公共实训基地建筑面积 3000 多平方米，建有工程造价计量实训室、计价控制实训室、建设工程监理实训室、项目管理实训室、建设工程招标投标实训室、建设工程开标评标实训室、建设工程管理实训室、房地产交易实训室、智能化楼宇电子电路实训室等 10 多个实训室以及配套的电脑机房。其中有几个实训室是学院和上海兴安软件工程有限公司、北京广联达软件技术有限公司、大连北科软件有限公司等企业共建共享。该基地不仅解决了本校土建类各专业学生的实训教学，而且成为上海建工集团、上海城建集团、上海东方投资监理有限公司、上海申元工程投资顾问有限公司、上海兴安软件工程有限公司、北京广联达软件技术有限公司、沈阳北科软件有限公司等许多企业的职工培训基地，成为上海建峰职业技术学院、上海济光职业技术学院、上海房地产专修学院等兄弟院校的实训基地，还作为上海市建设行业岗位考核指导中心的重要基地之一。

上海市物业与智能化管理公共实训基地建筑面积 2000 多平方米，拥有物业与智能化管理的 10 大实训系统，包括中央控制管理系统、车辆管理系统、泵房设备管理系统、保洁设备管理系统、绿化设备管理系统、电梯设备管理系统、中央空调设备管理系统、低压配电设备管理系统以及智能化设备管理系统（包括周界防越系统、楼宇巡更系统、楼宇消防系统、门禁系统、应急对讲系统、重要部位监控系统、智能广播系统等），为相关专业学生的实训教学创造了良好条件。该基地成为上海陆家嘴物业管理有限公司、上海城成物业管理有限公司、上海建纬置业发展有限公司等同行企业的实习基地，还作为区域物业管理行业的职工职业技术培训基地。

由于公共实训基地是近年来在职业教育教学改革中出现的新生事物，有许多理论与实践课题值得深入研究。本子课题就有关公共实训基地的能力培养目标、运行机制、培养环境、资源优化和校际合作、应用研究和技术开发等问题进行一些探讨。

2.5.1　高职公共实训基地建设的能力目标分析

以职业能力为本位，重视和突出实训教学环节，这是高职精品课程建设的最大特色。职业能力不是在课堂上可以教出来的，而是必须到实践中去学习，在生产现场或模拟生产现场进行训练，使学生在实际训练中学会技术，提高技能，从更高的层次上要求还要学会技术创新，毕业后才能到生产和管理的第一线顺利上岗。高职公共实训基地实际上就是学生从学习者到劳动者的一个过渡性训练平台。

公共实训基地是具有公共性、公益性、开放性、先进性等明显特点的职业教育实训基地，其技术装备先进水平和职业技能教学水平都要远高于一般的校内实训基地。目前，公共实训基地建设主要两种类型。一类是由政府直接投资建设的综合性公共实训基地，例如上海市劳动和社会保障局投资建设的规模宏大、装备一流的天山路大型职业技术培训基地。这种公共实训基地数量很少，在上海这样的国际大都市也是凤毛麟角；另一类是由政府教育管理部门和高职院校共同投资建设的专业性公共实训基地。这类公共实训基地点多面广，专业特色明显。目前，各地已经建立了一批这样的公共实训基地，正在高等职业院校和行业企业的人才培养中发挥着越来越重要的作用。

在高职公共实训基地建设中，应该把培养和提高学生实际的职业技术能力作为主要教学目标，同时要重视培养学生的其他多元能力。一个人的能力往往不是单一的，而是多方面的，并且呈现动态发展的趋势。由于能力目标呈现多元结构，具有一定的复杂性和增长性。因此，在公共实训基地建设和使用过程中，有必要对培养对象的多元能力目标作一些深入的具体分析。

一是职业技术能力。

高职院校主要是为地方经济和社会发展服务的，是以培养应用型高技术人才为目标。学生到学校来深造，不但要学到与本专业相关的"必需、够用"的理论知识，更重要的是学习职业技术和工作能力。学生在校学习期间，熟练掌握职业技术及其操作能力在学生的能力结构中占有最主要的地位。技术能力，包括职业岗位应有的技术和工艺，能够规范应用和熟练操作。在知识经济时代，随着科学技术的不断发展，学生更应掌握更多更新的专业领域的新知识、新技术、新工艺和新方法。

值得指出的是，在学生今后长期的职业生涯中，仅仅只有一种职业技术能力往往是不够的，在日趋激烈的人才市场竞争中不可能占有优势。高职学生不但要学会和熟练掌握一种技术，还要尽可能地多学会一些本领，多学会几种职业能力，特别是跨学科跨行业的技术特长，力争使自己成为"多面手"，实现"一专多能"或"多专多能"，实现全面发展。

二是自我学习能力。

行话云："师傅领进门，修行在个人"。在实训教学过程中，学生在认真学习技能和提高能力的基础上，不能完全跟着师傅亦步亦趋，而要举一反三，加强自我学习能力。

科学技术是在不断发展的，职业技术随着科学技术的发展也在变化和发展。任何人都不可墨守原来的技术而不求发展。因此，高职学生要树立终身学习的观念，提高自我学习的能力，不断学习新的技术、新的工艺、新的方法，以适应企业的发展和岗位的需要。

除了技术方面的自我学习之外，其他知识和能力的自我学习同样是十分重要的。例如，随着对外开放的扩大，许多企业或引进国外的资金、设备、技术，或"走出去"创业在国际市场谋求发展，不少外向型工作岗位对员工的外语水平提出了新的要求。许多职工通过刻苦自学外语，通晓一门或几门外语，成为"外向型"的职业技术人才，受到企业的青睐和欢迎。在人才市场中，不管是什么专业的人才，计算机、外语、法律等方面的知识和运用能力都是必不可少的。

三是团队合作能力。

在社会化大生产条件下，专业岗位的科学分工和协作成为普遍趋势。因此，高职学生除了学习职业技术技能之外，还应具有团队精神，要学会沟通的能力、合作的能力。这种能力，几乎是所有岗位都必须的，特别是土建类、管理类、市场营销一类的专业，团队合作能力更是一种不可或缺的重要能力。高职学生要在学习和训练过程中，学会尊重人、理解人、团结人、帮助人，自觉培养团队精神和协作精神。

教师在精品课程建设和公共实训基地建设中，也要有意识地培养学生的团队精神和协作能力。例如，有些应用研究和技术开发项目应尽量吸收学生参加，以技术、项目、产品为纽带，加强科技与教学的有机结合，鼓励合作研究，开展联合攻关。通过科研项目这个载体，在应用研究和技术开发实践中组建科技团队。

四是开拓创新能力。

创新，是一个民族进步的灵魂，是企业生存和发展的动力源泉，也是改变大学生自身命运和铸造自己辉煌职业前程的金钥匙。创新型人才是企业最可宝贵的人力资源。创新能力是个人综合素质中非常可贵的品质，是高层次的一种能力。为了培养学生的开拓创新能力，最重要的是建立和形成激励创新型技术人才成长的机制。教师要善于引导和扶植学生的兴趣爱好和技术特长，善于发现创新型人才，创造创新型人才的成长条件，使他们在学习和训练实践中脱颖而出。

2.5.2　高职公共实训基地运行机制新探

1. 公共实训基地与所在高职院校的关系

高职公共实训基地与所在高职院校的关系除了传统意义上的上下级关系，还具有一定的复杂性。这种关系以及由此产生的管理体制，在很大程度上决定和影响了高职公共实训基地的运行机制。

高职公共实训基地是地方政府教育主管部门和基地所在高职院校共同投资创办和建设的实训公共服务平台，主要具有高职学生实训、企业职工培训、职业技能鉴定、应用研究和技术开发、职业教育合作交流等多种功能，是培养高技术应用型人才的重要载体和实践教学基地。

高职公共实训基地实行地方政府教育部门和所在高职院校的双重领导。基地所在高职院校担负着基地日常的管理和运行工作，并对基地的工作进行必要的检查和考核。

公共实训基地是所在高职学院直接领导下的一个集教学、科研、职业技能鉴定于一体的单位，其主要负责人和工作人员由学院任命和配备。但公共实训基地与学院教务处、科研处、学生处等职能部门显著不同的是，基地不仅要为本校服务，还要无偿为其他院校和企业服务，具有相对的独立性、开放性和公益性。一方面，基地要承担所在学院本身的学生实训教学任务，并有配套学校实验室建设等任务；一方面基地还要承担其他有关院校学生的实训教学任务和行业企业的职工培训任务，此外基地还要承担职业技能鉴定、应用研究、技术开发和技术推广等社会性服务工作。

公共实训基地具有专业性很强的特点，这就决定了基地的实际运行主体是与学院专业设置密切相关的一个或几个系部。不同系部和专业往往需要使用同一个实训室或机房。系部之间、专业之间存在一个协调机制问题。由于基地实行对外开放，企业和兄弟院校往往在使用时间上也会与本校学生安排方面有所冲突。公共实训基地管理部门应在实际运行中重视这种协调。有些协调难度较大的问题，高职学院领导应会同企业或有关单位在深入调查研究的基础上，通过友好协商加以妥善解决。企业和其他高职院校虽然不能直接领导和管辖公共实训基地，但通过契约的形式却可以无偿使用基地进行实训或培训，并有权参与对公共实训基地的工作进行评价和监督。

公共实训基地开放性和公益性，决定了基地应有一定的改革开放自主权。公共实训基地可以直接与行业企业、科研单位和其他院校联系并签定有关协议，实行多种形式的合作共建共享。公共实训基地所在高职院校对基地的这种自主权应予以充分尊重，并给予必要的支持和帮助。

高职公共实训基地作为一个相对独立运行的教学和科研实体，应有可靠的经济来源和充分的经费保障，在条件成熟时可以逐步实行单独核算，并接受所在学院的财务监督和指导。

由于公共实训基地的公益性特征，地方政府教育主管部门和所在学院应给予基地必要的经费支持和补贴，与基地专业相关的企事业单位也可从经济方面进行必要的赞助，以维持公共实训基地的正常运行。

2. 高职公共实训基地运行机制的"五个加强"

高职公共实训基地的运作，应走产学研结合的道路，将"产学合作，科教结合，面向市场，适应社会，加强实践，注重创新"作为实训和培训的服务宗旨。公共实训基地应摈弃传统的毕业实习模式，在实训或培训教学过程中紧密结合生产实际和经营实际，围绕"职业技术"开展实训，充分发挥学院、企业和科研单位三方各自的优势，探索新的管理运行机制。公共实训基地在运行中要重视"五个加强"：

一是加强与学院教学计划结合。

公共实训基地应加强与学院教务处、有关系部等教学部门的联系和协作，根据所在高职院校教学计划以及对实践教学的要求，按专业大类，将实训内容与过程划分成基本技能、专业技术、综合应用、创新实践训练4个阶段，然后根据每一阶段的具体要求，设置实训课程，再根据课程或专业要求，将课程实训内容分解为若干个可独立进行的实训项目，由浅入深、分步实训，并尽可能使实验、实习和实训互相渗透，融为一体。通过实践环节的各种训练，使高职学生全面掌握教学计划所要求的专业实践能力。

二是加强与职业技能鉴定互动。

公共实训基地应在政府劳动和社会保障部门的支持和帮助下，成立高职院校和行业职业技能鉴定机构，逐步构建专业认证体系，把技能培训列入教学计划，将学历教育中的专业能力要求与国家职业资格标准、行业用人标准有机结合起来，推行"双证书"制度，强化学生职业能力培养，组织大学生参加职业技能培训与职业技能鉴定，并把技能鉴定融入培训计划，按劳动和社会保障局、行业主管部委的有关规定和准入要求，开展职工技能培训工作，并及时组织相应职业岗位、工种的技能鉴定。

高职院校要根据技术领域和职业岗位的任职要求，参与相关职业资格标准的制定，并参照职业资格标准改革课程体系和教学内容，建立突出职业培养的课程标准，规范课程教学基本要求，建设工学结合的精品课程，不断提高教学质量。

三是加强与行业企业联合。

公共实训基地应加强与行业企业的合作，成立校企实训专业指导委员会，发挥行业企业和专业指导委员会的作用，共同审定实训计划和评价实训质量，充分发挥行业企业在确定人才需求、培养目标、知识与技能结构、实训与培训内容和评价学习成果等方面的指导作用，并建立产学结合、校企互动的运行机制，实现双赢。如公共实训基地可依托行业企业，聘请有实践经验和专业特长的技术或技能人员为兼职实训教师，不断扩充先进的仪器设备和软件，及时引进高新技术，并将生产第一线的新知识、新技术、新材料、新工艺、新方法注入实践教学和技术培训，提升实训档次和培训水准。企业则可利用基地来展示、宣传、推销自己的品牌、技术和产品，扩大影响，开发现时和潜在的商业市场。

大力推行工学结合，把工学结合作为高职院校人才培养模式改革的重要切入点，采取实训与生产劳动相结合的学习模式，突出实践能力培养，要紧密联系行业企业，开展校企合作，不断改善基地条件，积极探索新的校企组合新模式，如由学校提供场地和管理，企业提供设备、技术和师资支持，以企业为主组织实训，或探索工学交替、任务驱动、项目导向、顶岗实习等有利于增强学生能力的各种教学模式。

四是加强与科技产业联盟。

公共实训基地应密切与科研单位、科技产业的联系，加强双方在专业技术领域的合作与交流，积极为生产、教学、科研服务。如产、学、研协作，共建高水平的专项实训室，配备先进的仪器设备，既可进行课题研究、技术开发和产品研制、中试等，又可用于教学实践和技能培训，优势互补，资源共享；共同参与应用课题和工程项目的研发，将科技发展前沿的最新成果充实到实训教学与技术培训中去。

五是加强与相关院校协作和开展国际合作。

公共实训基地应与相关高职院校建立协作关系，成立校际实训专业协作组，共同开发实训项目、选型实训设施、编写实训教材和提供实训师资等，充分利用协作院校的专业优势和优质资源，挖潜增效，拓宽实训的专业领域并提高技术水平。

此外，基地要加强与境外机构合作，如加强与国际职业技术教育单位的交流与合作，使职业技术培训的规范和职业技能鉴定的标准与国际接轨，如条件成熟，可引进境外相关职业技能培训鉴定项目，或合作进行职业技术的专题研究和课题开发。

3. 高职公共实训基地应引入企业的运行机制

高职院校的目标是为企业培养应用型高技能人才。绝大多数高职学生毕业后的就业岗位在企业，并将长期在企业工作。公共实训基地是学院通往企业的过渡平台，也是高职学生由学生到技术工人的过渡阶段。公共实训基地不但要创造条件尽力模拟企业的工作环境，更重要的是模拟企业的软环境，即引入企业的管理运行机制。通过在公共实训基地运行机制中引入企业运行机制，逐步使学生学习、熟悉企业的运行机制，从而适应企业的工作环境，实现学院和企业的"零距离接轨"。

首先，要引入企业的管理机制。企业由于生产经营的需要，其管理机制与学校有很大的差别。大中型企业的生产一线通常实行车间和班组制，经营企业一般实行科室或部门制。小型企业的组织管理机构和管理方法更加精简灵活。高职学生在学校一般是传统的班级制。在实训期间，可以根据不同专业和职业岗位的特点，在组织方式上采取企业班组制或科室制，不同专业的实训可以有不同的组织形式和管理机制，如机械制造专业与市场营销、电子商务专业在组织形式上应该有较大的差异。在改革开放的形势下，在组织管理机制方面也可以有所创新，如以技术开发项目开展需要组织学生，应该比原来的班级制更适应人才培养的实际需要。

其次，是引入企业的运行机制。企业目前一般实行 8 小时工作制，也有不少企业采取目标任务制。高职学生往往仍然实行上课制和课间休息制，显示学院与企业的传统"鸿沟"，不利于学生较快适应企业环境。在实训过程中，基地应该逐步淡化学生身份，使学生逐步向技术工人身份贴近，真正做到"工学结合"。高职学生在实训期间，可以改"上课"为"上班"，取消课间休息制，像企业一样实行 8 小时工作制或半天 4 小时工作制，或以项目和课题的实际需要，采取企业式的灵活作息制度，有利于学生踏上工作岗位以后更能适应企业的环境。

再次，是引入企业的竞争机制。市场是没有硝烟的战场，充满了变数和竞争。企业内部也充满了竞争。许多企业经过人事制度改革，实行以岗定薪，岗变薪变。工作岗位实行竞聘制，往往一个岗位有数人甚至数十人开展激烈竞争。考核制度也逐步科学化，优胜劣汰成为竞争法则。这种激烈和无情的竞争，是推动企业发展和技术进步的强大动力。在学校里，同学之间虽然也有一定的竞争，但主要反映在学习成绩或体育竞赛方面。在实训期间，应把树立同学的竞争意识和引入企业竞争机制，特别是引入技术竞争机制，当作实训的应知内容。在一定的条件下，公共实训基地可以模拟企业的办法实行竞聘上岗，鼓励学生参与竞争。只有这样，才能使学生走上工作岗位后，能较快适应企业的竞争环境，在风云变幻的市场竞争和技术竞争中立于不败之地。

值得指出的是，高职院校的公共实训基地教师应该比学生更早一步学习、熟悉企业运行机制，特别年轻教师要深入企业生产管理第一线，取得职业技术资格，在基地要虚心向企业的技术人员或能工巧匠学习和请教，尽快熟悉企业环境和企业运行机制，才能更好地带领学生搞好实训教学。

2.5.3 营造增强学生能力的培养环境

如何在精品课程实践性教学环节特别是在公共实训基地建设和运行过程中营造能力培养环境，使学生在良好的环境中受到职业技能训练和熏陶，提高职业素质和技术应用能力，是直接关系到高职培养目标能否顺利实现的重要问题。

目前，高职公共实训基地大都建于开设相关专业或专业群所在的高职院校，同时对其他院校和社会开放。这样布局，有利于解决实训学生的交通、食宿、管理以及与课堂教学的协调，但不可避免地容易受到传统教学模式的影响。这种状况，对培养应用型高技术人才是不利的。因此，在公共实训基地建设过程中，以及在基地建成后的实际运行中，要重视模拟企业生产经营现场，努力营造基地的能力培养环境。这种环境的营造，主要有物质装备环境、制度管理环境和企业文化环境3个层次。

一是物质装备环境，包括场地、建筑、基础设施、技术装备、原材料、仪器、能源等。

物质装备与实训学生的职业能力培养有着十分密切的关系，是营造能力培养环境的物质基础。实训环境贵在真实，要营造与企业生产经营一线装备相匹配的工作环境，具有真实的职业氛围或准职业环境，使学生在校期间就能感受到职业氛围和岗位现场环境。公共实训基地要创建相应专业的模拟现场，可以邀请企业方面参与设计和建设，确保实训基地的仿真性，并在通风、照明、控温、控湿、水电等各项指标达到设计规定标准的情况下，做到设施完善，设备先进，并符合环境保护的要求。学生在这种接近真实的岗位环境中，才能按照专业岗位群对技术技能的要求，有效地得到实际操作训练。

公共实训基地的装备要在专业领域确保领先水平，必须根据专业领域技术进步的要求，高起点、高标准地合理配置技术装备，提高实训装备的高技术含量并体现新技术、新工艺，能满足学生独立操作的要求，从而掌握本专业领域先进的技术方向、工艺路线和运用技术能力。例如，坐落在上海城市管理职业技术学院的"上海市物业与智能化管理公共实训基地"，模拟物业与智能化管理企业的职业环境，建立了10大系统的仿真实训设施，较好地满足了模块式实训教学的需要。该学院创建的"上海市建筑与房地产管理类公共实训基地"的10多个实训室也真实地模拟现场环境，使学生在实训中如同身临其境，进行仿真性操作。如房地产交易实训室，不但在场景、装备、技术等方面完全模拟区域房地产交易中心的实际工作条件，而且在训练过程中模仿房地产交易现场，进行"一对一"的房地产交易的规范化操作，进行网上交易，对交易中可能出现的问题进行模拟性处理，收到了良好的教学效果。

二是制度管理环境，主要包括管理体制、运行机制、规章制度、职业规范等。

公共实训基地的制度管理环境对实训学生的能力培养具有明显的导向作用。根据能力本位的培养目标，合理设计有利于学生学习职业技术和增强职业技能的管理体制、管理方法、考核办法、运行机制等，对提高学生职业能力是非常重要的。

学校和企业在管理体制上有很大的差异。为了给学生由学习者向工作者的角色转换创造条件，应尽量采用或模仿企业的管理体制，严格实行上班制度。公共实训基地要按照企业的管理模式来组织实训，做到基地实训企业化，如统一着装，挂牌上岗，像企业员工那样必须完成一定的产品定额或工作任务，并引进企业的要求对完成工作任务的数量、质量和实际技能进行必要的科学考核。

公共实训基地要借鉴企业的管理办法和管理环境，加强基地的企业化管理，包括生产管理、技术管理、设备运行管理、安全管理、经营管理、固定资产管理、档案管理等。基地要根据专业特点和职业规范的要求，尽量采用企业的规章制度，例如产品质量保障制度、安全生产制度、优质服务制度等。这些规章制度都是原来学校没有的，是学生不熟悉不习惯的，必须让实训学生加以熟悉并严格遵循，做到"应知、应会"。

科学考核是管理环境的重要方面。实训考核要突破传统的考核评价制度，建立以培养学生专业技术应用能力和创新精神为主要内容的新评价体系，积极采用除传统笔试方式以外的答辩、操作、现场测试等新的考试制度。要建立与本专业培养目标相匹配的职业技能考核鉴定制度和考核标准，把应用技术能力的考核作为实训考试的重点。

三是企业文化环境。

企业文化环境，包括价值观念、企业精神、职业道德、团队合作等。公共实训基地引进优秀的企业文化和企业精神，能够潜移默化地影响实训学生的价值观和职业道德观，对学生职业综合能力培养和职业素质提高有着深远的意义。

企业文化是企业在长期的生产经营实践中逐渐积淀形成的，通常指企业员工普遍认同的具有本企业特色的信念目标、企业传统、价值取向、思维方式、知名品牌、优质服务等精神和物质的总和，其中企业精神是企业文化的核心。企业文化属于企业软环境范畴，但比规章制度、职业规范等更深刻地影响企业的发展，成为企业的发展灵魂和精神支柱。企业文化深深扎根于企业的管理人员和广大职工心灵深处，内增凝聚力，外树形象，是一个现代企业的竞争优势和发展动力。

提高学生的职业素质和能力，不仅表现在专业技能水平和应用能力，同时反映在职业道德、思维判断能力、交往能力等诸多方面。文化的、精神的因素对于一个人学习技术和提高技能的巨大推动力是显而易见的。因此，要在营造物质装备环境和制度管理环境的同时，注重与本专业相关的优秀企业文化的引进和培育，用优秀的企业文化、企业精神要求师生的思维和行为，用优秀的企业文化、企业精神来促进学生技术技能水平的提高。要使学生在精通技术的同时，普遍养成爱岗敬业、积极肯干、团结合作、吃苦耐劳、工作负责等优秀品质，引导学生认可并实践企业文化和企业精神，培养良好的职业习惯。

2.5.4　精品课程建设和公共实训基地的应用研究和技术开发

高职院校精品课程建设不但指教学任务，从更高的层次讲，还担负着开展应用研究和技术开发的科研任务。公共实训基地不仅是实践性教学平台，同样承担着应用研究和技术开发方面的艰巨任务。因此，在精品课程建设中，在公共实训基地建设中，都要结合专业和课程特点，重视开展应用研究和技术开发。然而，从目前情况来看，许多高职院校在应用研究和技术开发方面力量普遍较为薄弱，在一定程度上影响了精品课程进一步提高质量和公共实训基地功能的全面发挥。如何加强基地的应用研究和技术开发，成为一个不容回避的问题。

1. 应用研究和技术开发是公共实训基地的重要功能

高职公共实训基地主要具有三大功能，即高职学生实习实训、企业职工技术培训、开展应用研究和技术开发。在这三大功能中，应用研究和技术开发具有独特的重要性。

首先，高职公共实训基地与企业合作开展应用研究和技术开发，是提高教学质量特别是实践教学质量的需要。教师单独承担应用研究课题或与企业合作开展技术开发项目，是理论联系实际的最好途径，也是科技与教学有机结合的正确方向，对提高教师的专业技术水平和实践教学能力的作用是有目共睹的。教师通过开展应用研究和技术开发，可以了解市场信息和社会需求，掌握专业技术的前沿动态，把现代科学技术的最新成果及时反映到教学中去，使学生在第一时间学到最新的科技知识。教师承担课题让学生参与，或组织实习实训学生参与校企合作的应用研究和技术开发项目，对学生来说是最好的学习机会，在应用研究和技术开发实践中学习，往往比课堂上能学到更多的知识，特别在提高实际动手能力方面有更多的锻炼，是培养应用性高技术人才的最佳途径。

其次，应用研究和技术开发是基地服务地方经济的有效途径。高职院校与地方经济联系最为紧密。高职院校与企业建立"互利共赢"的战略同盟，在很大程度上要通过合作开展应用研究和技术开发来具体实现。只有在应用研究和技术开发过程中取得一定的成果，并使企业在市场上得到检验后获得实际经济效益，这种合作才有利于持久、稳定地发展，同时使企业能够分享学校资源优势，参与学校的改革和发展。这是工学结合的必然趋势，也是高职院校教学改革的方向。高职院校公共实训基地应立足市场，立足行业，立足地方经济，重视教师的科技开发服务能力，引导教师主动服务社会，为企业提供科技咨询、技术开发、技术推广等服务，不断推进教学资源共建共享，提高优质教学资源的使用效率，扩大受益面。这样，就可增强企业和社会对高等职业教育的了解，提高社会认可度。高职院校在激烈的市场竞争中可以争得一席之地，增强办学实力和特色，提升学院形象，扩大知名度。

再次，应用研究和技术开发是目前高职院校开展科学研究的最佳选择。许多高职院校由于历史原因和自身条件的限制，一般很难在基础性研究和综合性研究中取得突破性的成果，只能利用现有科研力量和仪器设备条件走应用研究和技术开发的道路，包括开发科技成果、技术革新、技术改造、联合科技攻关、科技成果转化等。科研和技术成果的核心在于应用，目前一些高校不少具有产业化前景的科技成果在通过专家验收后即被束之高阁，不了了之。科技成果如不及时转化，就会在瞬息万变的市场上迅速贬值甚至被淘汰，使大量的研究投入付诸东流。因此，校企双方都要建立科技成果转化的机制和有效形式，改革传统的不利于科技成果转化的机制和规定。例如，在应用研究和技术开发方面体现技术要素参与分配的原则，对教师和技术人员实行效益提成，重奖在应用研究和技术开发中获得重大技术发明或科技重大突破、科研成果转化取得重大效益的人员，在津贴、职称、聘任等方面向上述人员倾斜，以充分调动教师和科研人员参与应用研究和技术开发的积极性；设立应用研究和技术开发专项经费，提供必要的场地和仪器设备；加大科技成果转化率，打通科技成果转化的便捷通道，把应用研究和科技开发的重点放在研发科技含量高、市场占有力强的新产品上，并逐次研究成果转化的条件、途径和形式，把科技成果迅速转化为现实生产力。

2. 公共实训基地与企业联盟是应用研究和技术开发的基础

应用研究和技术开发不仅是高职院校公共实训基地的重要功能和任务，而且是关系到许多企业兴衰成败的大事。因此，在应用研究和技术开发这一领域中，高职公共实训基地和企业有着众多的"利益共同点"，理应联合起来，加强基地与企业在应用研究和技术开发领域的合作，围绕产业发展和生产经营需要，共同开展应用研究和技术开发。基地与企业联盟是应用研究和技术开发工作的基础，也是应用研究和技术开发取得成果的首要条件。

企业的生产经营实践为应用研究和技术开发提供了广阔的舞台。实践证明，许多研究课题都来自于新产品开发的实际需要，或来自新工艺改进的迫切要求，或有待于新的软件开发去解决管理领域的问题和提高管理效率。具有职业背景的高职院校应该在围绕产业发展的专业领域应用研究和技术开发中大有用武之地。

发挥高职公共实训基地在师资、信息、仪器设备等方面的优势，充分释放高职院校的科技创新能量，围绕产业发展需求加强与企业合作，贴近生产、贴近技术、贴近工艺，开展新技术、新产品、新工艺方面的应用研究，提高对企业经济增长的贡献率。教师要理论联系实际，定期为企业解决一些技术问题，防止和克服技术老化，提高技术应用能力。基地教师和科研人员要选准"科研切入点"，从应用性研究课题做起，在技术开发、产品研发、成果转化、工艺设计等方面选取应用性、前瞻性、创造性项目开展研究，与企业技术人员联合攻关。以高职教师和科研人员为主承担项目如有企业参与，该合作企业将有较多机会成为首批技术成果应用者，有利于促进科技成果迅速转化；企业的技术开发项目如有高职院校参与，有助于提高课题的研究起点，提高成功机率。要把科技成果与市场推广更好地对接起来，把专家创造性与企业家积极性结合起来，校企建立长期、稳定、全面的科技合作关系，形成产学研战略联盟。

校企合作开展应用研究和技术开发可以有多种形式，在一般合作研究或开发的基础上，校企还可以发挥各自优势，组织人力、物力共建实验室或实训室，开展较为牢固的长期性合作。这些实验室或实训室都应当是生产或教学急需的，既服务于高职教学，更要有利于企业的生产经营，并可产生一定的经济效益。

例如，位于上海城市管理职业技术学院的"上海市建筑与房地产管理类公共实训基地"，由该公共实训基地与上海兴安软件工程有限公司、北京广联达软件技术有限公司、大连北科软件有限公司、鲁班软件公司等企业进行了广泛合作。企业为基地培训教师，还派工程技术人员到公共实训基地给学生上课。几家企业都为实训基地提供了 25 ~ 50 个工位，为学生实训创造良好条件。有的企业还为学生提供了数量可观的奖学金。许多合作企业都优先录用该学院的毕业生。学院和实训基地为企业开展社会培训提供场地和教室，并派水平较高的教师参加指导企业员工的业务进修等。2007 年，上海城市管理职业技术学院与北京广联达公司合作，共同组织了"首届'广联达杯'全国高职高专土建类工程计量大赛"总决赛。全国各地有 16 所设置土建类专业的高职高专院校派代表队参赛，大赛获得了圆满成功。

上海城市管理职业技术学院蔡伟庆教授主持该公共实训基地与上海兴安软件工程有限公司联合开发了一批管理软件，包括建设工程监理软件、工程招标投标软件、工程造价软件（升级）等，以及与上海麦顿数码科技有限公司合作开发的物业管理软件，都成功地得到了市场的认可。其中，建设工程监理软件在上海 20 多家监理公司试用，获得了广泛好评。

高职公共实训基地还可与企业联合建立层次更高的"应用研究和技术开发中心"，实行多方位的全面合作。通过开展应用研究和技术开发，搭建科研公共服务平台，例如计算机网络服务平台、数字化科研信息资源服务平台、公共实验平台、大型科学仪器设备共享平台、科技成果转化平台等。高职院校与企业合作开展应用研究和技术开发的路子会越走越宽广。

3. 培育创新型人才是应用研究和技术开发的主要目标

高职院校的培养目标是应用性高技术人才，而创新型的应用性高技术人才在日趋激烈的市场竞争中尤为可贵，是许多企业争相招聘的"抢手"人才，因而是高职教育培养人才的更高层次目标。实践出真知，实践出人才。高职公共实训基地与企业合作开展应用研究和技术开发是最好的职业实践活动，对创新型应用性高技术人才的培养最为有效，是培养创新型技术人才的必由之路。

创新性技术人才是一个创新型企业乃至一个创新型城市最核心的决定性因素。经济领域的竞争，科技领域的竞争，说到底是人才的竞争，特别是青年人才的竞争。高职院校在培养人才方面的竞争优势主要体现在技术性和创新性，因此高职公共实训基地要进一步重视把应用研究和技术开发提到重要议事日程，把应用研究和技术开发作为提高人才培养水平的重点工作来抓。在应用研究和技术开发过程中，教师要从培养创新型技术人才的目标高度出发，重视以下几个问题：

一是培养学生的创新意识和创新精神。教师要把创新作为教学目标要求和衡量实习实训成绩好坏的主要标准，鼓励学生在应用研究和技术开发中"异想天开"，鼓励创新性的建议或提案，加强师生之间和学生之间的平等交流，宽容学生在实验中失败甚至多次失败，努力寻找导致失败的原因和针对性改进的办法，鼓励学生不怕困难，刻苦钻研，不断提高学生的观察能力、思维能力、创新能力和解决实际问题的能力。

二是培养学生互相协作的团队精神。基地要积极推动科技创新与人才培养紧密结合，把学生作为重要的技术创新新生力量。教师在开展应用研究和技术开发项目过程中，应当尽量吸收更多的学生参加，让学生在应用研究和技术开发实践中增长才干。教师要指导学生开展协作，鼓励创新，利用集体力量联合攻关，在研究开发中培养学生的创新团队和创新精神。

三要形成一种激励创新性技术人才成长的机制和氛围。在应用研究和技术开发过程中，教师要善于引导和扶植学生的兴趣爱好和技术特长，善于发现创新型人才的"苗子"加以重点培养，创造条件让他们"露一手"，使他们在应用研究和技术开发实践中脱颖而出。学院和企业都要制定创新奖励制度，设立"创新奖"，对在应用研究和技术开发中有创新、有发明或有突出贡献的教师和学生进行专项奖励。

2.5.5 高职公共实训基地的资源优化和校际合作

近年来，公共实训基地作为高职院校实践教学的重要平台，有了长足的发展。由于公共实训基地投资的多元化和使用的开放性，决定了公共实训基地必须实现资源优化和不同高职院校之间的合作。

1. 资源优化和校际合作共建实训基地的必然趋势

公共实训基地是教育主管部门和高职院校共同投资创办的实践教学基地，有的基地还邀请相关企业参与投资和管理，为解决高等职业院校学生的实训教学提供了良好条件。随着公共实训基地的建成运行，有些基地暴露出使用率不高、设备技术水平不够先进、校外生源不多等实际问题，基地实训室使用率不高，造成较为普遍的闲置和浪费。为了充分利用和节约土地、资金、设备、人力资源等生产要素，提高公共实训基地的使用率，高职公共实训基地必须实现资源优化。而要实现资源优化的重要途径就是不同高职院校在基地使用方面开展实质性的合作。这是公共实训基地改革和发展的一个必然趋势。因此，公共实训基地的资源优化和校际合作就成为一个值得研究的重要问题。

一是节约资源的需要。

在社会主义市场经济条件下，土地、资金、设备、技术、人力都是十分宝贵的资源。每一个公共实训基地创建，都需要投入大量的资金和土地，购置昂贵的设备，配备许多人力资源。而一般基地建成后，往往只能满足一个专业或几个相近专业学生实习实训的需要。任何一个高校都难以建立所有专业的实训基地。本校大多数专业的学生开展实习实训只能到企业或其他高职院校的公共实训基地去进行，实现交流和互补，共同利用有限的资源。这就为资源优化和校际合作提供了现实的可能和广阔的空间。

二是提升基地设备技术水平的需要。

随着知识经济时代的到来和整个社会信息化水平的不断提高，科学技术发展的速度越来越快。高职院校公共实训基地的设备技术水平在行业中理应处于领先地位，特别是仪器设备的装备水平至少应处于中等以上的较高层次，这样才能培养出合格的应用性高技术人才。因此，公共实训基地要维持这样一个先进的技术装备水平，必须逐步淘汰旧设备，购置新的仪器设备。一台先进的仪器设备往往需要巨额资金，往往令单个院校无能为力，而由多个院校共同投资是解决资金短缺的有效途径。先进的技术装备是保证教学质量和培养高技术人才的重要保障，而这一保障的实现需要校际之间的合作。

三是服务于地方经济发展的需要。

高职院校担负着为地方经济和社会发展提供应用性高技术人才的使命。高职院校毕业生是地方经济和社会发展的后备军和重要力量。公共实训基地作为培养高技术人才和提高企业职工素质的重要平台，必须根据地方经济社会发展的需求，对培养人才的公共实训基地进行优化组合，重点是推动校际之间的合作，才能发挥更大的作用，产生 $1+1>2$ 的社会效应。

2. 公共实训基地校际合作的具体途径

（1）利用各方优势开展实践性教学合作

许多高职院校经过多年的教学改革和发展，形成了各自的专业优势和鲜明特色，特别是在一些优势专业中拥有较强的教学力量和仪器设备。公共实训基地具有公益性和开放性的特点。各校通过互利合作，开展实训教学交流，共同提高教学质量，提高人才培养水平。同时，校际合作也提高了基地使用率，使基地的各种资源得到有效利用。

（2）共同投资提升设备技术水平

公共实训基地的仪器设备水平是基地技术水平的主要标志。一个设备技术水平不高的基地，不可能培养出真正的高技术人才。鉴于先进仪器设备投资巨大，特别是工科院校有些专业的仪器设备动辄数百万元，一所高职院校难以承担，因此多所学校共同投资就成为必然途径。由几所高职院校共同投资，共同使用，共同管理。通过共同提升设备技术水平，来共同培养高水平的应用型高技术人才。

（3）成立校际实训专业协作组

公共实训基地应与相关高职院校建立协作关系，成立校际实训教学专业协作组，共同开发实训项目、选型实训设施、编写实训教材和提供实训师资等，充分利用协作院校的专业优势和优质资源，挖潜增效，拓宽实训的专业领域并提高技术水平。由于历史的原因，目前高职院校科研力量普遍较为薄弱，科研所需的仪器设备也比较简陋，单独开展科学研究或与企业协作开展一些应用研究和技术开发困难较大。如果由多个高职院校合作，把各校科研力量经过优化组合，与企业一起开展应用研究和技术开发，在新产品、新工艺、新技术、新管理软件等方面开展研究，无疑要顺利得多，也容易出成果。公共实训基地在应用研究和技术开发方面的校际合作还可以向更高层次发展。如组织力量开展技术攻关，开展重大应用性课题研究，或应用性技术开发和技术推广，或重大应用性市场开拓策划与战略等。

（4）建立开设相同专业高职院校实训基地联合体

目前，公共实训基地大多分散在各个高职院校，使用率不高，造成一定浪费。为了提高基地使用率，开设相同专业或相近专业的高职公共实训基地可以联合起来，组成紧密型的公共实训基地联合体。经过合作各方友好协商，逐步做到统一教学标准、统一教学内容，统一与企业开展战略性合作。通过在教学改革中互相学习，以及与企业协作实现工学结合或工学交替，对提高实践环节教学质量和培养人才是大有裨益的。

（5）建立区域性公共实训基地协会

由于公共实训基地的公益性和开放性，有必要建立区域性公共实训基地协会。协会作为区域性高职院校公共实训基地的协作组织，可以定期召开会议，互通基地实训教学情况，交流基地实训教学改革经验，对基地普遍存在的问题和工作难点开展专题研究。在此基础上，各高职院校的公共实训基地在协会的组织和协调下，可以开展更大范围或更深层次的合作，如合作开展应用研究和技术开发、合作进行技术推广或开拓市场等。

（6）探索公共实训基地的公益性股份制之路

公共实训基地的学生实训和职工培训原则上是免费对外开放的，属于公共性、公益性、开放性的职业教育平台。基地的多元投资主体可以说各有所图：政府投资是为了提高国民素质，为地方经济发展服务；学院投资是为了解决学生的实习实训教学，提高教学质量和就业率；企业投资是为了提高职工素质和培养人才。投资各方除了自身利益以外，还包含社会效益的成分。因此，在公共实训基地体制改革中，可以借鉴企业股份制改革的经验，探索公共实训基地的公益性股份制之路。对投资各方的土地、资金、设备、技术等生产要素，折算或量化为股份，参照股份制企业的机制进行运作，共同承担起公益性的实训或培训，更好地为地方经济和社会发展服务。

3. 重要的是转变公共实训基地开展校际合作的观念

公共实训基地开展校际合作是一项利国利民的好事，但在具体实行中存在着一些困难。在众多难点中，目前最主要的难点在于思想观念上的障碍。一些高职院校和公共实训基地领导和工作人员习惯于传统计划经济条件下的发展思路，把公共实训基地作为自己的"领地"，主要用于本校学生的实习实训，不太愿意无偿对外开放。在教学经费比较困难的情况下，舍不得对基地的仪器设备进行投资，影响了基地使用率的提高和应用型高技术人才的培养。

要解决这个难点，从根本上来说，是一个转变观念的问题。要变"封闭"为"开放"，变"自用"为"公益"，坚持"开放、搞活"方针，通过校际合作实现公共实训基地的资源优化。要从区域经济和社会发展的大局出发，舍得对公共实训基地进行后续投资，并为基地配备开放意识强、工作能力强的干部和教师，加大对外开放的力度，实行校际之间的全面合作。只有这样，公共实训基地才能发挥其应有的功能。

从总体上来说，公共实训基地的校际合作是一件"互利共赢"的事业。首先，从目标上来看，都是为了培养人才。在有利于培养应用性高技术人才这个共同目标的基础上，合作各方还存在着许多"利益共同点"，使各方具有诚意合作的积极性和内在动力。这就从基础上排除了在大的原则问题上有利益冲突的可能。其次，从具体可操作性方面来看，公共实训基地的"公益性"有利于合作各方的团结。以探索公共实训基地股份制为例，在企业包括国有企业股份制改革的过程中，由于企业自身利益所系，在合作过程中各打各的算盘，要找到一个利益平衡点谈何容易。而公益性的股份制合作自然相对要简单得多。由于从政府到高职院校都是主要为了"社会利益"而进行合作，从大目标到具体事务，都有坚实的合作基础。如果合作各方都本着这样的观念，公共实训基地的资源优化和校际合作就水到渠成了。

（陈锡宝　李静　执笔）

第 3 篇　精品课程建设成果

3.1 精品课程一：建设工程招标投标

◆课程负责人：蔡伟庆　上海城市管理职业技术学院教授
◇教学团队：蔡伟庆、黄亮、郭京、陈明康、黄如宝、叶义仁、张凌云、吴海瑛

3.1.1 教学队伍

本课程现有专任教师6人，校外兼职教师2人，可以满足理论教学和实践性教学的需要。专职教师队伍知识结构、年龄结构合理，专业配套，均为建筑经济管理相关专业毕业。教授、副教授、讲师的比例为1:3:2。中青年教师占5/6，教师与学生的比例符合有关规定。除1位年轻教师外，其余教师的教龄都在10年以上，年终考核的成绩优良。整支教学队伍呈现梯队结构。

本课程的兼职教授均为大学知名教授和行业著名专家，在建设工程招投标中有很高的造诣和建树。他们在《建筑经济》、《建筑技术》、《上海投资》、《建筑管理现代化》等学术刊物发表论文30余篇，并有专著《国际工程估价》、《建设项目投资控制》、《工程造价案例》等10余本，同时还主持参加了"中国建筑业发展研究"、"浦东国际机场建设项目管理的理论和实践研究"、"建设施工的质量、成本、结论优化分析与应用"等10余次科研项目。

目前，本课程教师团队成员除了负责全日制高职《建设工程招标投标》课程的教学任务外，还担任上海市招标工程师职业资格考试的考前辅导工作，并已成为其中的骨干教师。

为确保课程建设的可持续发展，除了讲课教师的梯队化以外，还注重青年教师的培养，形成了一个由主讲教授、实训主持副教授和2名讲师、1名助教组成的教学团队，在整个精品课程建设中发挥了主导作用。

根据学院的安排，自2003年起，本课程的主讲教师先后带教年轻教师2名。

首先，为青年教师的带教做了精心设计，为他们从政治学习、业务提高等方面作了规划。如听课，对青年教师的听课事先进行规划，听什么课、听几次课都作了具体要求和部署，即不但要带着问题听课，而且要像做备课笔记那样写听课笔记、做教案，要求青年教师根据教学要求制作教案和教学课件，并与主讲教师编制的教案和教学课件进行比较，从中得到提高。

其次，大胆让青年教师在一些教学工作中独挡一面，主讲教师要求青年教师在课余时间，结合课堂的内容，对学生进行辅导。如作业的批改、小部分案例课的讲解等等。

此外，针对青年教师的具体情况，带教老师开设了一些书目，要求认真阅读，并进行检查。经过对青年教师的带教，其中1位青年教师通过了讲师资格的评审，1位青年教师顺利地通过教师资格的考试，获得助教资格。

3.1.2 课程描述

1. 本课程校内发展的主要历史沿革

随着我国建筑市场的逐步完善和招标投标法的颁布，我国建设工程的发包已基本采用招标方式，但我国建设行业从事建设工程招标投标的人员基本上都没有接受过系统的专业教育，特别是我国加入WTO后，建筑市场的规范使得建设行业急需相当数量的工程招标投标方面的从业人员。

社会的需求就是学校开设课程的前提。为使高职学生能够在第一时间内接触我国建设工程招标投标的最新知识和操作实务，培养能进行建设工程招标投标的应用型人才，在城市建设类学校的相关专业中，特别是对于建筑经济管理专业而言，在整个教学计划中增加以介绍我国招标投标法规、解读招标投标程序、教授招标投标实务为主要内容的"建设工程招标投标"课程是非常必要的。

因此，在《中华人民共和国招标投标法》颁布实施不久，我院在2001年进行建筑经济与管理专业的课程改革时，进行大胆尝试，增加"建设工程招标投标"课程并把它列为专业技术课程。为保证教学质量，我院在现有教师中挑选了一位教学效果好且有丰富实践经验的、具有高级职称、国家注册监理工程师、上海注册招标工程师执业资格的"双师型"教师担任该课程的主讲教师，同时配备了一位副教授和一位讲师组成课程学科梯队（在2004年又根据需要增加2名副教授和2名实训辅导教师），并在此基础上邀请校外专家进行课程建设的指导，力求使新开设的"建设工程招标投标"课程成为学校的精品课程。

通过在建筑经济管理专业6届学生中的教学，使学生对我国建设工程招标投标的法规有了基本了解，并初步掌握了建设工程招标投标的程序和操作过程。在后续的与课程配套的实习实训中，学生们通过假题真做、真题假做以及计算机辅助实训软件的模拟仿真等，已经能够编制完整的招投标文件。他们的成果在校外专家们的严格评审中获得通过。学生们的学习成果成为他们求职成功的基石。在主讲教师的努力下，"建设工程招标投标"课程的教学取得了一定的成绩，被学校授予"上海城市管理职业技术学院精品课程"，并于2004年被上海市教委授予"上海市精品课程"。据追踪调查，有相当部分毕业生已能在单位里胜任相关的招标投标工作。

在我国现有的高等院校，包括本科院校和高职高专所开设的建筑经济与管理类专业中，我院是率先开本课程的，可谓国内创新。目前，专门开设建设工程招标投标课程，在国内的大专院校中也不多见。可以这么认为，本课程在国内的同类课程中处于领先地位。

2. 本课程在专业培养目标中的定位与课程目标

我院是一所专门培养城市建设和管理应用性人才的全日制高职院校，其培养目标是为城市建设和管理输送一线的建设、管理人才。本课程所属的建筑经济管理专业主要面向工程咨询机构和建筑施工企业，学生毕业后可胜任建设工程招投标、建设工程预算等工作。

本课程是建筑经济管理专业的一门主要课程。课程的开设对于高职学生能够在第一时间内接触我国建设工程招标投标的最新知识和操作实务，培养他们进行建设工程招标投标、编制招投标文件和计算投标报价的能力有着重要的意义。

3. 课程的重点难点及解决办法

本课程是一门新的课程，在全国高职院校中独立开设本课程的专业几乎没有。因而，没有现成的教学大纲、教材可以借鉴。如何确定课程重点已成为开设本课程的首要难点，为此从以下方面对课程进行设置。

（1）精心选择主讲教师。为保证课程的教学质量，学校指定教材主编担任本课程的主讲教师。由于主讲教师就是编写教材的主编，而且又是上海市建设工程招标投标的专家评委和专门从事建设工程招标代理的注册招标工程师，所以在讲课中不但能够熟练地运用教材，驾驭课程的重点和难点，而且能够在讲课中将理论和实践有机结合起来，使学生在理论和实践方面均有收获。

（2）针对课程内容新颖、政策法规性强、适用范围广泛和操作程序严格的特点，明确课程教学内容的体系结构。首先，以《中华人民共和国招标投标法》为基础，集中进行招标投标理论的讲解，要求体现招投标中的法制性、程序性和规范性。其次，按照我国的建设程序，分门别类地介绍勘察、设计、监理、施工、设备采购、园林绿化、物业管理等招标（这些招标几乎覆盖了我国建设行业各方面）的概念、程序和操作，重点突出各自招投标的特点和操作时应注意的问题，并在内容上及时将一些最新的学科研究成果和招投标的操作程序加以引用。最后，将国际工程招标投标作为我国加入世贸组织后应对竞争的重要方法，作为讲课的又一重点。同时针对高职教育的特点，考虑到招投标课程的实践性，在课程内容体系的结构设置中增加了100学时的实训环节，并根据整个课程内容体系的结构特点，在教学中突出建设工程招标投标中的两大要点，即法规和程序。

（3）由于招标投标法颁布时间不长，相关解释不多，再加上招投标程序严格，实践性较强，因此教师在上课中难度较大。为提高教师的教学质量和实践能力，学校在组织授课教师进行集体备课基础上，利用学校承担上海市注册招标工程师考前培训任务的机会，将担任"建设工程招标投标"课程讲课任务的教师推上考前培训辅导的第一线，作为4门统一考试课程中3门课程的主讲辅导教师，在实践中提高理论水平，在辅导中升华专业技能。

（4）实践教学的设计思想与效果："建设工程招标投标"课程要求学生能够通过该课程的学习，熟悉建设工程招标投标的程序、初步掌握招投标文件的编制和投标报价的计算。因此，单靠课堂的面授是远远不够的。

为达到课程教学大纲的要求，在建筑经济与管理专业指导委员会的指导下，在教学计划中设立了100学时的建设工程招标投标的课程实训，作为课程的一个组成部分，与理论教育进行配套。其指导思想是通过生产实践，使学生对"建设工程招标投标"课程的理论进一步加深认识，对建设工程招标投标的程序和操作过程有个感性的体会，并能按照教师给出的图纸和背景，编制招投标文件，计算招标标底或投标报价，从而达到增强理论知识、提高动手能力的目的。

因此在实训中，要求学生能够明确实训的目的，结合课堂的面授知识和实训单位的工作实践，按照教师布置的实训大纲的要求，依据学校所发的图纸和项目的背景，在实训教师和项目工程师的指导下，编制招、投标文件，计算招标参考标底和投标报价。经过连续4届学生的课程实习，从效果看，不但能够达到课程的要求，而且能够基本满足业主和施工单位对工程招投标的需要。00届、01届、02和03届的毕业生已经以他们的实绩获得了用人单位的肯定。知识模块顺序及对应的学时见表3-1所列。

知识模块顺序及对应的学时 　　　　　　　　　　　　　表 3-1

模块	知识内容	对应课时
理论模块	招标投标基本理论	4
	招标投标法律法规	4
	城市土地使用权招标投标、建设项目总承包招标投标、建设工程勘察设计招标投标、工程监理招标投标、建筑施工招标投标、政府采购和设备采购招标投标、物业管理招标投标、环境保护和环境卫生招标投标、城市园林绿化招标投标、工程项目国际招标投标等专项招投标理论	40
实践模块	案例教学	4
	报价软件的上机实训	8
	招投标现场及模拟实训（另行安排）	100

4. 本课程创新点与特点

（1）课程创新点

本课程具有三大创新：

一是满足现代化建设急需的创新课程。

本课程经检索，在我国现有的高职院校包括本科院校所开设的建筑经济管理类专业中，我院是率先开设。该课程在我国建设工程招投标逐步完善且《中华人民共和国招标投标法》刚颁布不久后，就顺应行业发展的需要而开设。课程不但从理论上对我国现有的招投标法规进行了认真地解读，而且就建设工程中各类招投标的程序和特点进行了分析，突出了建设行业的特点，反映了行业的前沿。在讲课中，明确要求学生通过课程的学习，能够根据要求编写招、投标文件和计算投标报价，以提高学生的职业应用能力。

二是紧密贴近行业实际的原创新教材。

本课程建设和教材编写相同步。为提高教材质量、贴近行业特点，由校内有丰富实践经验的教师和校外有相当理论造诣的专家共同参与编写教材。在教材编写的基础上，在专业指导委员会的具体指导下，由教材主编编写课程教学大纲，力求教材体现建设行业、课程贴近生产现实、内容服务招投标的需要。同时为保证教学质量，由学校教学效果好且有丰富实践经验的、具有高级职称和国家注册监理工程师执业资格的"双师型"教师担任该课程的主讲教师，以体现理论与实践的最佳结合。

三是课堂与现场实践互动的教学模式。

本课程注重课堂教学和项目现场的互动教学，既有课堂的理论教学又有项目现场的实践训练，两者互动，使学生能够理论与实践相互交融。在授课时注重理论教学的同时，还充分利用实证案例进行案例化教学，力求使学生学之有物，避免空洞化的说教，做到理论与实践教学呼应。同时，利用计算机实训软件，模拟仿真，提升学生动手能力。主讲教师充分利用计算机网络与学生进行沟通，做到面授与网上指导并举，在第一时间解答学生的疑惑。

（2）课程特点

本课程的主要特点是强调实践动手能力。通过学院理论教学与计算机实训软件仿真交互的教学和课堂与现场实践互动，使学生在学院就基本具备招投标文件的编写能力、招标手续办理的能力、投标报价计算的能力和投标技巧运用的能力，做到毕业就能上岗。

5. 教学条件

（1）教材建设

本课程由于在全国范围内属于首开课程，没有现成的教材、教学大纲。我院为此专门投入专项经费，组织骨干教师和校外从事建设工程招标投标的专家共同编写适合高职教育特点的、与目前建设工程招标投标实践相适应的高职教材。该教材在学校连续几届相关专业的使用中获得学生的好评。同时，还被上海市住宅发展局采用为"上海市住宅项目经理"岗位资格培训的指定教材。由于该教材采用理论和实践相结合的编写方式，既注重招标投标理论的解读又注重招标投标实践的操作。因此，本书在2003年建设部建设教育学会高职高专教材评比中获得三等奖。

根据"建设工程招标投标"课程涉及面较广、实践性很强的特点，学校根据实训大纲的要求，在上海市建设工程交易管理中心的支持下，在各相关企业的大力协助下，建立起若干个建设工程招标投标实训基地。基地的任务是为学生在课堂学习的基础上进行实训提供场所。这是因为，建设工程招标投标的实训不宜在实验室进行，而背靠行业，将实训基地建在项目体上则是我院的优势所在。在每次实训前，我们都有自编的专门实训教材发给每位学生，使这些学生能够在实训中有所借鉴。

同时，市教委和我院共同投资建设的"上海市建筑和房地产管理类公共实训基地"，专门为本课程设立了实训教室、招标评标室等，作为实训教学的配套。公共实训基地还和上海兴安软件公司合作编制了建设工程招标投标实训软件，确保了本课程的实训教学。

现代化的教学，需要现代化的环境。建立网络平台，充分利用网络资源进行课程教育是教育现代化的重要标志之一。特别是我国规定各类招投标信息必须上网，则给建设工程招投标的网络运用提供了必要的前提。在网上发布招标公告和评标结果，利用网络收集招投标有关的信息，运用应用软件编制投标报价等。这些建设工程招投标中所采用的网络资料，在讲课中不但教师讲怎样用，而且要求学生自己也会用。因此，学校加强了自己的校园网建设，使得学生能够通过网络获取相关信息。此外，网上非实时BBS的开通，为学生的学习、答疑提供了又一个平台。

（2）教学方法与教学手段

新颖的课程应该有新颖的教学方法和教学手段。对于"建设工程招标投标"课程来讲，除了主讲教师在讲课中全过程采用PowerPoint进行讲课以外，还采用以下多种方式进行课程教学。

一是采用走出去、请进来的方法进行教学。组织学生参观建设工程交易管理中心，现场感受建设工程招投标的氛围；邀请招投标专家来校讲解建设工程招投标的要点，特别是在我国加入WTO以后，还专门邀请同济大学教授、博士生导师黄如宝前来讲授国际工程招投标，以拓宽学生的视野。

二是采用面授和讨论相结合的方法进行教学。既讲授理论知识，又结合案例进行应用能力的培养，以提高学生分析问题和解决问题的能力。在讲课中，主讲教师利用自己担任社会兼职较多的机会，注意搜寻与建设工程招投标有关的实证案例，并将其及时运用到课堂教学中。这样讲课，一方面使得课堂教学与工作实践紧密地联系了起来，另一方面又因为引用了大量的实证案例，使学生感到教师在讲课中言之有物，培养了学生们对建设工程招投标的学习兴趣。

作为高职专业的一门专业技术课程，应该既上承前导课程，又能体现高职教育应用性强的特点。它不但要教师讲，而且还应该有学生的主动参与。因此，主讲教师在讲课中注意积极引导学生的主动参与性，在每次上课中不是单纯地照本宣科讲解有关理论知识，而是采用提问式教学、案例式教学。例如，先介绍概要，然后按照招投标程序进行展开，期间穿插实证案例，在与学生共同讨论的基础上，最后进行总结归纳。同时布置题目，要求学生先行预习，在图书馆寻找相关的资料。为弥补教材与快速发展的城市建设中采用招投标模式所存在的差异，主讲教师还将搜集到的招投标文件和相关的法律法规复印发给学生，作为学生学习的扩充性资料。

三是采用理论教学与实习实训相结合的方法进行教学。既在课堂里面围绕教材进行教学，打下学生的理论和实务能力基础；又通过现场实习实训，深化学生的理论水平和实践专业技能，培养学生今后服务社会的专业技能。本课程在理论学习的基础上，主讲教师根据教学计划的要求，制订实训大纲和实训计划，采用真实的案例进行真刀真枪的训练，要求学生能够根据所给的背景资料和图纸编制招标文件和投标文件，并计算参考标底和投标报价。为体现实训的真实性，保证实训的质量，100学时的实训放在了咨询公司及项目现场，并为此建立起一批招投标实训基地。在实训中，除了5位教师带教以外，还聘请实训单位的专家一起带教，使学生既在理论上加以强化又在实践上有所收获，还提高了相应的技能。

四是采用课堂解惑和网上答疑相结合的方法进行教学。在课堂上，主讲教师针对学生的提问及时进行传道解惑，解答学生的疑难；在项目现场，主讲教师利用学校的网站，在网上进行答疑，以保证学生们能在第一时间得到教师的帮助。同时，利用非实时BBS、E-mail等与学生保持沟通和联系，指导招投标文件的编写等，已成为每位教师辅导学生的必要手段。此外，学校的网站还专门开设了精品课程网页，让学生能利用网络资料检索信息，阅读教师的课件，并在公共实训基地的实训室内安装招投标报价软件，供学生计算报价之用。

6. 教学效果

(1) 校内督导组评价

滕永健 (上海城市管理职业技术学院经济管理系主任　副教授)：

主讲教师治学严谨、知识面广，在教学过程中，认真备课，非常熟悉教学内容中的知识点，能掌握教学过程中的各个环节，既能重点突出，又能展开讲解；既能紧扣教材，又能联系实际。在切准学生心理的前提下，采用多媒体教学，其深入浅出，发散思维的启发式提问，案例分析与理论联系实际的教学方法，充分调动了学生学习的积极性。教学效果良好，得到了学生的一致好评。

在实习实训方面，目的要求明确，能结合当前建设工程招标投标的最新动态，培养他们对建设工程招标、投标、编制招投标文件和计算投标报价的整个过程全面了解和熟悉，通过实习实训，此方面的能力有了明显提高。已毕业的学生一进工作单位就能与该单位工程技术人员一起参与建设工程招投标工作。

周嗣鹤 (上海城市管理职业技术学院教学督导组主任　教授)：

建设工程招标投标在当前城市建设和管理中，既是完善社会主义市场经济的重要举措之一，又是政府管理部门须着重加以规范建设领域活动的重要环节，是集政策性、专业性、操作性于一体的系统工程。作为高职教学中的一门专业课程，如何体现这"三性"是教学改革过程中的重点和难点。

主讲教师能够充分运用所掌握的理论知识及丰富的实践经验，在教学中能深入浅出地进行讲解，教学的形式多样，有多媒体教学、案例教学、组织参观实习、开设专题讲座等，调动了学生的积极性，提高了学习兴趣，锻炼了学生的实践性。

在教学实施中，梯队式教学队伍配合默契。他们从各个侧面进行课程讲解，做到了书本知识与实践操作相结合，课内模拟和课外实训相结合。

根据督导组的听课和学期中的教学检查座谈会和学生专题座谈会，学生普遍反映：主讲教师上课生动活跃，课堂讨论气氛热烈，教学效果明显。在历年教学反馈意见的排名中，该课程主讲教师均名列前茅，深得学生的尊重和肯定。该课程的实用性之强及教学效果之好，在已毕业的学生中也得到充分反映。有些学生已经能直接参与上海市重大工程的招投标工作。

（2）学生评价

本课程开设以来，由于上课形式灵活，实践性强，学生上课的参与度较大，因此广受学生的好评。通过对学生进行调查问卷显示，学生对本课程的满意度较高，对老师的教学形式和内容都比较感兴趣，学习效果良好。同时，主讲老师的教学水平和质量在近 4 年的评比中都位列校内三甲，显示了其较高的教学能力和水平，见表 3－2 所列。

主讲老师教学水平和质量评价表　　　　　　　　　　表 3－2

评价指标	指 标 内 容	指标得分
教学内容（20 分）	严格执行教学大纲；基本理论概念清楚；重点突出，难点得当；理论联系实际	19.3
教学态度（20 分）	认真备课，讲稿详尽；按时上下课，板书工整；讲解无误，做好答疑；作业批改认真仔细	19.8
教学方法（20 分）	循序渐进，条理分明；启发教学，因材施教；语言生动，逻辑性强；联系实际，重视教学手段的革新	18.9
教学效果（30 分）	能听懂讲授内容；能理解基本概念；课堂秩序好；作业能独立完成	29.4
教书育人（10 分）	以身作则，为人师表；关心学生，寓育于教；严格要求，一丝不苟；诲人不倦，态度和蔼	9.3
分 数 合 计		96.7

（3）校外专家评价

杨宏巍（上海联合工程监理造价咨询有限公司总经理　高级工程师）：

建设工程招标投标活动是一项政策性、专业性强、操作程序比较复杂的系统工程，不仅需要建设业主、承包商的参与，更需要具有丰富的专业知识和实践经验的招标代理专业人员协助完成。

目前，招标代理逐步从施工扩展到勘察、设计、监理以及重要设备、材料的招标。建设业主也把招标工作从看作是工程建设过程中的一个强制性"程序工作"，转变为是"缩短建设过程工期，提高投资效益，促进技术进步，保证工程质量等方面发挥重要作用的一项工作"。但是从事招投标工作的专业人员无论是理论方面，还是实际操作方面，都存在许多不太适应的情况。为此在高职教育建筑经济与管理专业设置"建设工程招标投标"课程是十分必要的。

此课程除了掌握招标投标自身的知识外，更需要运用其他课程的相关知识，如勘察合同、监理合同、施工合同、工程材料、设备买卖合同等工程项目建设合同的合同知识；勘察、设计、监理的收费标准；施工承发包计价方法和规范。所以它是一门综合性、应用性和操作性较强的课程。因此希望此课程在教育方法上有所创新，如通过模拟一下工程设计、勘察、监理、施工公开招标工程进行教学等等。

在从事招标代理服务的中介企业中，对招标代理工作可拆分为两项内容：一项是专业性比较强的工作和招标策划，招标文件的编制，招标答疑，评标办法的制订，施工招标工程清单的编制等等；另一个部分则是大量的事务性工作，如招标信息的发布，投标单位资质预检及报名，现场踏勘，评标专家名单抽取及通知，开标、评标的组织工作，备案资料的整理及移交等等。前者强调专业性，后者更注重组织协调能力。对于刚毕业的大学生，一般先从事后一部分的招标工作，随着专业知识的加强逐步扩大工作内容，因此希望加强在校学生的组织协调能力的培养。

孙占国（上海建设工程咨询协会秘书长　副教授）：

目前，从事招标代理工作人员的总体专业素质较低，招投标文件编制水平也较低，对提高招投标工作的水平产生影响。设置《建设工程招标投标》课程，目的是使学生了解我国建设工程招标投标的最新知识和操作实务，培养其具有建设工程招标投标工作的初步能力。

本课程教学内容主要涉及招标投标法规、招标投标程序、工程量清单编制、工程量清单的投标报价，报价回标分析等。学生通过本课程学习能初步掌握建设工程招标投标的基本理论和实务知识，为参加上海建设工程招标工程师从业考试和实际从事招投标工作打下基础。因此，在建筑经济与管理专业中开设本课程是非常必要的。

本课程主讲教师在教学工程中既能紧扣教材，又能联系实际，采用多媒体教学，教学效果好，充分调动了学生学习的积极性，得到了学生的好评。

3.1.3　课程建设规划

1. 本课程的建设目标、步骤及课程资源上网时间表

（1）教材内容须进一步完善，根据当前的建设工程现状及发展趋势，制订相应的讲义作为补充材料。

（2）教师队伍形成梯队，进一步提高青年教师教学水平。

（3）充分利用公共实训基地的资源，进一步明确实训要求，建立一批稳定的实训基地。

（4）5年内课程资源上网时间表：

第一年：上传教学大纲，并把部分教学录像、习题、PPT教案、案例等资料挂在网上，方便学生网上浏览，参考学习。

第二年：完成习题库的编制并上传，使学生在课后能自己通过习题来加深对知识的理解，增加并更新部分PPT教案，增加部分录像。

第三年：上传所有实训大纲、要求，开设BBS答疑系统，形成实训网上辅导系统，增加并更新部分PPT教案，全部授课录像上网。

第四年：完成全套PPT教案的上传，并更新部分教学录像。

第五年：完成教材更新，并制成PDF格式上传网络。

2. 本课程已经上网资源

（1）教材中的部分内容以及补充教材；

（2）教学大纲；

（3）部分教学录像；

（4）全部幻灯片演示课件；

（5）部分案例分析；

（6）部分习题；

（7）开通了非实时BBS答疑系统。

网址链接：http：//www.umcollege.com/jpkc/200401/05.html

3.2 精品课程二：物业维修管理

◆课程负责人：陈锡宝　上海城市管理职业技术学院副院长、副教授
◇ 教学团队：陈锡宝、滕永健、翁国强、黄亮、阙大柯、陈雪飞、袁媛、陆晓峰

3.2.1 教学队伍

高水平的教师队伍是精品课程建设的保证。目前担任本课程教学有 9 名专职教师，是一支年富力强，知识结构合理，具有多年教学、实践及研究工作经验，具有较高学历和教学学术水平，素质优良，特色鲜明，教学效果好的中青年"双师型"骨干教师团队。其中副教授 5 人，讲师 2 人，助教 1 人，助理实验师 1 人。在这个教学梯队中，有在读博士 1 人，硕士 4 人。

本课程教学队伍是由物业管理、房地产和管理学等专业知识背景的教师所构成，在知识结构上呈梯形分布，具有不同专业知识的优势互补。他们中有国家注册房地产评估师、物业管理师、房地产经纪人等执业资格。课程组全体教师爱岗敬业，团结协作，教书育人，刻苦钻研业务，互相学习、互相促进，树立先进的教育思想观念，并运用现代化的教学方法和手段进行理论教学和实践指导，努力提高教学效果，受到师生的一致好评。此外，课题组全体教师在承担大量教学任务的同时，积极开展教研、教改和科研活动，主持或参与多项课题研究，成果显著，能够很好地胜任和保证物业管理专业的专业基础课程的教学科研工作。

本课程教学队伍的年龄结构合理，以中青年教师为主，31～45 岁之间有较丰富的教学和实践经验的教师 5 人，占教师总数的 50% 以上，成为教学中坚力量。年龄分布构成梯队，充分反映了课程组教师队伍的综合实力及可持续发展的要求。

本课程开设 11 年来，课程组非常重视师资队伍建设工作，制定了师资队伍建设规划，坚持引进来和走出去相结合的原则，通过培养、引进、社会兼职等积极有效的措施，基本完成师资梯队建设，并努力使教师队伍的知识构成、学历层次、年龄结构、实践能力等方面的整体素质得到提高。

第一、制定科学合理的师资队伍建设规划和年度计划。根据教育部对 21 世纪高校教师的要求以及课程改革和建设的需要，从实际出发，制定了科学合理的师资队伍建设规划和年度计划，并认真贯彻实施。

第二、采取培养和引进相结合的有效措施，鼓励中青年教师攻读博士、硕士学位，提高学历层次。课程组有计划、有目的地选送教师攻读学位。近 5 年，已有 2 位青年教师取得硕士学位，1 位教师在读博士，引进 1 位硕士教师。此外，积极鼓励和选送中青年教师参加各类学术研讨会、师资培训班、业务进修班学习，加强与国内外同行、专家学者的交流，开拓视野，掌握课程发展的前沿最新信息。

第三、教研及科研气氛活跃，成果显著。在课程负责人陈锡宝副教授的带领下，课程组教师互相学习、共同研究。大家根据国内外环境变化的新形势以及高教发展的新态势，结合多年的课程教学经验，在课程体系结构、教学内容以及教学方法手段等方面进行探索和改革。近年，完成教学研究课题 5 项，科研课题 4 项，共计发表与课程建设相关的论文 10 余篇，编写本课程教材 11 本。

第四、探索产学合作办学新机制，培养"双师型"教师。课程组利用学院与上海陆家嘴物业管理有限公司等 10 余家企业建立了产学双方认同的长期、稳定的校外实践教学基地，有计划地组织中青年教师参与工程实践，指导学生实习，真项目真做。这样，强化了学生的实

际操作能力，教师也掌握了物业管理领域物业维修技术的最新动态和资料，丰富了工程实践经验。近年有 5 位教师考上了国家注册房地产估价师、物业管理师等职业资格。

课题组将继续加强师资队伍建设，加大引进教授、博士等高职称、高学历人才的力度，进一步有计划地选送部分教师报考硕士、博士研究生，鼓励副高职称教师申报教授，并使教师具有物业管理师、房地产估价师等执业资格，造就一支高素质的"双师型"教师队伍。

3.2.2 课程描述

1. 本课程校内发展的主要历史沿革

上海城市管理职业技术学院是全国最早开设物业管理与经营专业和课程的院校之一。"物业管理与经营"专业开设始于 1987 年，是全国率先开设 3 年制专科层次的学院之一。该专业于 2001 年成为第一批高职高专改革试点专业；2002 年经建设部批准，学院承接了建设部的物业管理经理培训，被评为一级资质单位；2003 年受教育部土建类教育专业指导委员会的委托，组织制定该专业的培养标准、培养方案和教学计划；2005～2006 年经专家论证通过，并获得了较高的评价。该培养标准、培养方案和教学计划已在 2006 年由中国建筑工业出版社公开出版，现已成为该专业指导性的教学文件。

2005 年，上海市教委委托上海城市管理职业技术学院牵头组建上海市建筑与房地产教学指导委员会，负责全市高职院校建筑与房地产各专业教学协调工作。

2006 年 9 月，经上海市教委批准，在学院投资建立了"上海市物业与智能化管理公共实训基地"，一期工程已完成并投入使用。

物业维修管理作为物业管理专业的专业课，通过 20 年的探索与实践，积累了较为丰富的教学和实践经验。该课程教学水平在上海同类院校中处于领先地位，并在全国同类课程中体现了上海专业特色。2007 年，本课程被市教委评为"上海市精品课程"。

上海城市管理职业技术学院是该专业教育部土建类教育指导委员会委托的牵头单位。

2. 本课程在专业培养目标中的定位与课程目标

（1）课程定位

根据学院"厚实基础、强化能力、注重应用"人才培养的目标定位，本课程为专业课，在该专业课程体系中居于基础地位，发挥着统领作用。

物业维修管理是专业课程的第一课，是起点课程。该课程的教学包括理论教学和实践操作两部分，以理论教学为主。

通过该门课程的学习，使学生了解物业维修管理的意义、目的和作用。知晓物业维修管理的业态，了解物业维修管理组织架构，熟悉物业维修管理的任务分解、人际关系协调等内容，重点掌握物业维修管理的十大系统的原理及操作。通过课程的理论与实践教学，帮助学生夯实基础理论，激发学习的兴趣和求知的欲望，引导后续课程，如物业管理实务、物业管理法律法规等专业课程的学习。

（2）课程目标

通过对物业维修管理基本概念、原理、类型及其发展历史的讲授和探讨，使学生掌握物业维修管理的基本理论，研究当今物业维修管理的最新趋势，提高学生的知识水平和理论水平。

通过案例的观摩、文本案例的剖析，以及模拟实际案例的操作，使学生了解物业管理企业的运营实况，加强感性认识，运用理论知识对物业维修管理的实际操作进行分析，培养提高学生的综合分析能力和语言表达能力。

通过对物业维修管理十大系统的运行操作，使学生初步掌握和运用理论解决常见设备的故障处理方法，提高学生的动手能力、分析能力和社会交往协调能力。

3. 本课程的重点难点及解决办法

（1）课程的重点

物业维修管理的目的、作用；物业维修管理基本原理；物业维修管理组织架构及运营；物业维修十大系统运行以及管理科学化。

（2）课程的难点及解决办法

1）物业维修管理原理：对于物业维修管理的经济学和管理学原理的研究尚无一个公认的观点。给本课程教学带来一定的难度。因此，本部分教学只需讲清基本要点，提供相关的资料，使学生通过阅读专业书籍引导本部分研究的深入，以利于学生较全面地了解该原理。

2）物业维修管理的组织架构和人员协调：物业维修管理的发展具有动态性，给本课程的教学带来了困难。我们拟通过案例剖析，尽可能使学生了解多种组织机构、形式及管理模式，提供正反两方面的社会交往案例及操作实例，提高学生在物业维修管理工作中的协调能力。

3）物业维修的技能把握：随着先进物业设备的不断推出，给物业维修管理带来许多新的难度。因此，通过不断跟踪新设备、新材料，运用现代的教学手段，通过实景观摩、分析操作，使学生及时了解先进设备，掌握常见故障的识别与处理课程的重点、难点及解决办法。

4. 本课程的主要特色及创新点

（1）高素质教学团队建设初见成效

课程负责人具有较深厚的理论研究功底和丰富的实践成果，是较早从事物业领域的学者之一。教学团队成员都是双师型教师，且在理论研究、教学和实践中积累了大量的教学成果和研究成果。几年来出版教材11本，两门课程被评为上海市精品课程，专业改革获上海市级教学成果一等奖。

（2）注重案例教学法

多类型案例教学法的广泛使用提高了学生的学习兴趣，互动性大大增强，在引导学生加强理论知识方面起到了积极作用。

（3）工学结合扎实有效

该专业与全国最大的上海陆家嘴物业管理有限公司联合办学，教学计划、实施方案均由校企双方共同制定。部分学生属订单式培养，陆家嘴物业公司提供了十几个岗位供学生顶岗学习，基本实现工学结合。

（4）毕业与就业零距离对接

该教学团队对物业管理专业及物业维修管理课程作了多年研究与实践，并对此不断完善和提升。所培养的学生一毕业就能顶岗工作，体现了真正意义上的毕业与就业零距离的对接。该专业连续5年就业率达到99%。

5. 教学条件

（1）教材使用与建设

多年来，课题组教师先后编写并出版了11本符合上海物业管理实际的系列教材，见表3-3所列。

物业管理教材出版一览表　　　　　　　　　　　　表3-3

序号	教材名称	主编	出版社	出版日期
1	物业管理基础教程	陈锡宝	上海三联书店	1998年7月
2	物业维修管理	陈锡宝	高等教育出版社	2000年7月

续表

序号	教材名称	主编	出版社	出版日期
3	建筑与房地产法律精选	滕永健	东华大学出版社	2002 年 3 月
4	工程法规与合同管理	滕永健	东华大学出版社	2005 年 10 月
5	物业管理实务	滕永健	中国建工出版社	2006 年 3 月
6	物业管理相关法律	陈锡宝	中国建工出版社	2007 年 6 月
7	物业智能化管理	滕永健	东华大学出版社	2003 年 6 月
8	房地产法规实用教程	滕永健	上海教育出版社	1998 年 10 月
9	城市建设与管理建筑房地产统计学	张凌云	东华大学出版社	2002 年 1 月
10	城市建设工程项目管理	黄 亮	东华大学出版社	2003 年 6 月
11	建筑与房地产会计学	陈雪飞	东华大学出版社	2004 年 12 月

以上教材大多数已经过修订，供全国高职院校使用，获得广泛的好评。其中两本分获建设部、上海市教委优秀教材二、三等奖。近几年，我院教师还与其他院校合作，参编并公开出版了物业管理与经营专业的著作、教材 19 本。

2006 年，经我院教师主编的 4 本物业管理专业教材，被建设部确定为"十一五"规划教材。

（2）促进学生自主学习的扩充性资料使用情况

1）学院图书馆有较丰富的物业管理与经营类的图书和参考资料。

2）上海市建委、市房地产局作为主管部门和兄弟单位为我院提供行业统计数据、政策文件、调查报告、信息汇编等资料。

3）学院已经开通的互联网络，通过视频输入输出、语音录入、卫星电视等设备，充分利用各种现代科技手段，师生可以快速便捷地获得各种多媒体信息。

4）利用我院隶属上海市建委的行业优势，建立了物业经营与管理专业评价体系，以及应知部分的试题库。

（3）实践性教学条件

一是创建物业与智能化管理公共实训基地。

2003 年以来，市教委和学院先后投资 195 万元，在我院创建了"上海市物业与智能化管理公共实训基地"，建筑面积达 2000 多平方米，购置设备仪器 162 台（件），并配备专职实践人员 5 名。

物业与智能化管理公共实训基地有 10 大系统：

1）车辆管理系统：道闸及收费系统；

2）智能化设备管理系统：周界防越系统、楼宇巡更系统、楼宇消防系统、门禁系统、应急对讲系统、重要部位监控系统、智能广播系统；

3）中央控制管理系统：管理系统，监控电视等；

4）物业管理综合训练室：物业管理软件、办公自动化软件、手提电脑 1 台、投影仪 1 台、台式电脑 25 台；

5）泵房设备管理系统：上下水管道、管道配件、变频水泵设备等；

6）保洁设备管理系统：祛除设备、打蜡设备、除尘设备、清洁设备等；

7）绿化设备管理系统：修篱机、修剪机、除草机设备等；

8）电梯设备管理系统：垂直和水平电梯设备等；

9）中央空调设备管理系统：中央空调设备等；

10）低压配电设备管理系统：低压配电控制柜等。

二是建立校外实训见习基地。

本专业根据物业维护管理专业的特点和学生能力培养的需要，已在市内外建立了7个稳定的教育实习基地，其中3个物业管理公司为大型企业。在学生实习过程中，由基地的带教兼职教师指导实习。按校企共建制定的实习计划执行，实习结束后撰写实习报告，带教教师书写鉴定意见，并定期举办教学实习研讨会、交流会，与教学基地的企业领导、工程技术人员、带教师傅探讨，总结教育实习中的经验与问题。

三是加强社会实践活动。

近年来，本专业师生与上海陆家嘴物业管理公司、上海万科物业管理公司等7家物业企业建立校企合作，安排学生参与企业战略发展调研、大型物业管理咨询、房屋开盘入住等活动、物业项目开发可行性研究等，有力地促进了理论与实践结合。在实践中，学生掌握了许多操作技能，起到了巩固理论知识和了解社会的双重效果。

四是加强网络教学管理。

为了培养面向21世纪的创新型人才，新型教学管理模式必须打破传统教室的时空限制，充分利用现代化的教学手段和多种教学资源，为学生提供良好的自主学习环境。这样的环境必须能够支持教师备课、讲课、学生自主学习，教师和学生课后交流、答疑、批改作业等教学环节。我们除了向学生开放网络实验室，还在校园网上搭建教学平台，学生可以随时上网学习和查询。该平台内容包括：课程内容、课程案例、课程习题、课程课件、参考书籍、参考网站等。

网络教学系统既面向校园网上的用户，也面向普通网络用户，由如下4个子系统构成：

1）多媒体课件系统：为教师制作多媒体课件和备课提供一个先进的开放环境。它是网络教学的资源制造工厂，为广大师生在网络上方便使用课件而开放的网络自学支持系统。

2）多媒体网络教学系统：建立一个互联网上虚拟教学授课环境，以扩展课程授课实践和空间限制。

3）网络辅助教学系统：提供白板、论坛等网络讨论工具解决师生交流问题。另外，它还支持作业布置、提交与批改以及网络教学系统的资源检索。它为网络教学提供监督与控制机制，是保证教学质量的主要手段。

4）网络教学运行管理系统：为网络教学提供一个自动化的管理手段。它包括用户管理、资源管理、目录管理以及信息统计与分析等。

6. 教学方法与教学手段

（1）教学方法改革与运用

1）多种形式开展案例教学：案例教学方法的研究和运用是我院物业管理与经营课程的主要特色。案例教学法已成为我院的常规教学方法，已形成了一整套较为成熟的方法。除采用传统的文本案例进行教学之外，还不断开发、运用音像案例和调研性案例等案例教学方法。

一是实证性案例教学法。实证性案例教学是在教学过程中结合教学内容，以讲故事、看录像等形式，生动、具体、简要地介绍某一方面的实例，以说明某一观点、原理和方法。该教学法主要形式有两种：一种是演绎法，即首先讲清基本原理，然后以实例加以说明；另一种是归纳法，即先举出实例，通过对实例的分析总结出基本原理，帮助学生正确理解和消化教学内容，增强感性认识，提高学习兴趣。

二是分析性案例教学法。分析性案例教学法是在教学过程中事先向学生提供能运用某部分知识进行深入剖析的案例，让他们根据案例的提问作好充分准备（也可分组进行）。然后，在课堂上引导学生对案例进行深层分析。通过讨论、争论，阐明各自的观点及理由。最后由教师进行总结，将学生的观点进行归纳、评述，帮助学生进一步提高，使学生了解企业实际，并运用所学知识研究企业实际问题，培养和提高学生分析问题、解决问题的能力。

2）课堂教学中采取参与式教学法：改变传统的仅依赖教师的教学方法，发挥师生双方的积极性，变依赖式教学方法为参与式教学方法。

一是学生参与制定教学计划。

由师生（必要时还可邀请本专业的毕业生）共同研讨，对各门课程的教学目的及其与之配套的教学内容和教学方法提出可供选择的不同方案，使同一门课程的不同课堂的教学具有各自特色、风格和侧重点（如有的侧重于理论的高度、深度和广度；有的只要求掌握基本原理，而侧重于运用技巧等）。学生可按自我发展的需要对该课程的课堂进行选择。

二是发挥教师的主导作用，启发和诱导学生参与教学过程。

第一，采取导、学结合式教学方法，引导学生博览群书，拓宽知识面。在课堂讲授基础上，指定参考书籍和研究思考题，让学生通过自学、研究提高知识的广度和深度。

第二，采取启发式教学，引导学生积极思考，激发学生探索问题、分析问题和解决问题的潜能。在教学中，对于一些容易混淆的概念，一些知识点在个案中的运用分析，一些通过分析而进行归纳的基本理论和原则等方面的问题，都可以在教师的启发、引导下，通过学生的积极参与来开展教学。这样，使学生在课堂上变被动为主动，既有利于提高学生学习的积极性与主动性，又有利于对学生分析、处理问题的能力培养。

第三，采取讨论式教学，给予学生充分发表自己的见解和表现自己才干的机会。在教学中，对于一些有争议的疑难问题、一些可能有所创新或具有独特见解的新课题等，都可以采取讨论式教学方法进行教学。课堂专题讨论和调研报告等活动都是很受学生欢迎的课堂教学形式。讨论式教学的形式，既可以是小组讨论、演讲或辩论，也可以通过小组讨论后派代表在全班演讲等。讨论式教学法较好地提高了学生分析问题及语言表达的能力。

3）实践教学法：理论联系实际是教学改革中的历史性课题，加强实践环节刻不容缓，且难度很大。在实施实践教学法方面，我们建立了多个校内外实习基地，在教学过程中加强实践环节，在教师指导下带着课题参加实际工作，在工作中观察、分析、解决问题，写出分析报告，供实习单位参考。

通过实践，使学生理论联系实际，边学边干，学以致用，使所学的知识在实际应用中得到巩固和提高，培养和提高实践工作能力。

（2）现代教育技术的应用

一是电子课件的制作和运用。

学院鼓励各门课程使用电子课件进行教学。大部分教室都配备了投影仪和笔记本电脑的接口，有的教室还专门配备了台式电脑。通过制作图文并茂的物业维修管理多媒体电子课件（PPT），为课程教学的规范性提供了良好工具。教师们可以根据各个课堂的特点进行修改。

多媒体电子课件的运用，大大增加了课堂教学的信息量和直观性。特别是通过链接可以迅速、方便地将事先录制的一些实景和画面进行展示，活跃了课堂气氛，提高了可观赏性。

二是专业实验室的建立。

在上海市建筑与房地产类公共实训基地中，建立了物业管理系统实训室，配套了相关的物业及房地产类的专业实训软件。

在上海市物业与智能化公共实训基地中，建立了包括车辆管理系统、智能化设备管理系统、中央控制管理系统、物业管理综合实训系统、泵房设备管理系统、保洁设备管理系统、绿化设备管理系统、电梯设备管理系统、中央空调设备管理系统、低压配电设备管理系统、电梯设备运行系统等物业管理专业实训平台。

7. 教学效果

物业维修管理课程的教学效果得到了上海市校内外专家、教育部高职高专土建类教育指导委员会的肯定。课堂讲授与实践教学一直被评定为优秀，多次在校内外专家、督导评价中获得认可。物业管理与经营专业经过多年改革探索与实践，2005 年 4 月受教育部土建类教育专业指导委员会委托，牵头制定了该专业教育标准、教育方案和教学计划，并于 2006 年 7 月得到教育部专家组验收，由中国建筑工业出版社出版。

（1）校内教学督导组评价

在进行教学法研究的近几年时间里，主讲教师积极进行教学法改革。各位教师治学严谨、知识面广，在教学过程中认真备课，非常熟悉教学内容中的知识点，能掌握教学过程中的各个环节，既能重点突出，又能展开讲解；既能紧扣教材，又能联系实际，在切准学生心理的前提下，采用多媒体教学。其深入浅出，发散思维的启发式提问，案例分析与理论联系实际的教学方法，充分调动了学生学习的积极性。教学效果良好，得到了学院教学督导组的好评。

（2）校内学生评价

本课程在实习实训方面，目的要求明确。通过实验实训，学生的动手能力有了显著的提高。此外，由于大量常用信息的讲授，学生对结合工程实际问题的学习兴趣较大，对实验教学反映良好。许多学生在学习体会和教学效果调查表中，对本课程的教学给予了充分肯定的评价。各位主讲教师的授课引人入胜，得到了广大学生的一致好评，见表 3-4 所列。

上海城市管理职业技术学院 2005～2007 学年第二学期 学生评议汇总表　　　表 3-4

评价指标	指标内容	指标得分
教学内容（20 分）	严格执行教学大纲；基本理论概念清楚；重点突出，难点得当；理论联系实际	19.10
教学态度（20 分）	认真备课，讲稿详尽；按时上下课，板书工整；讲解无误，做好答疑；作业批改认真仔细	19.22
教学方法（20 分）	循序渐进，条理分明；启发教学，因材施教；语言生动，逻辑性强；联系实际，重视教学手段的革新	19.13
教学效果（30 分）	能听懂讲授内容；能理解基本概念；课堂秩序好；作业能独立完成	29.55
教书育人（10 分）	以身作则，为人师表；关心学生，寓育于教；严格要求，一丝不苟；诲人不倦，态度和蔼	9.3
总　分　合　计		96.3

（3）校外专家评价意见

1）黄如宝（同济大学教授 博士生导师）：

上海城市管理职业技术学院开设物业管理专业较早。陈锡宝副教授及其教学团队通过近20 年的教学研究和课程教学实践，取得了较为丰富的成果，多次获得省市级教学科研二等奖。《物业维修管理》课程有以下几个特点：

本课程的第一个特点：教课内容"丰富而系统"，信息量大，更新及时，尤其是数据资料及相关信息较新。

本课程第二个特点：在"课程导入"、"PPT课件"两个方面的做法值得肯定和推广。教师与学生在课堂上的互动性得到较充分体现。

本课程第三个特点：通过最新典型案例分析这一国际流行教学方式，有助于提高学生准确认识问题、系统分析问题与有效解决问题的能力。

本课程第四个特点：该课程教学注重学生实践能力的培养，在教学中将理论知识与实践能力的培养有机结合，符合高等职业教育人才培养的目标定位。

《物业维修管理》课程教学团队具有比较扎实的理论功底，科研水平，教学能力较强，教学研究成果较为丰富，已初步形成教学、科研的师资梯队，结构比较合理，发展前景广阔。有鉴于本课程受学生们的欢迎，在学院教学评估中名利前茅。本课程无疑是一门优秀课程。

2）成虎（东南大学教授 博士生导师）：

由陈锡宝副教授主讲的《物业维修管理》课程是一门成功的高等职业教育课程，该课程的教材也由陈锡宝副教授主编。

从《物业维修管理》课程的教学过程中，可以反映出主讲教师备课认真，熟悉教学内容中的知识点，能掌握教学过程中的各个环节，既能重点突出，又能展开讲解；既能紧扣教材，又能联系实际。在把握学生心理的前提下，深入浅出，运用多媒体教学手段，通过案例剖析、发散思维的启发方式，充分调动学生学习的积极性。教学效果明显，得到了学生的一致好评。

本课程注重技能培养，在实习实训方面，目的要求明确，将物业维修管理工作的最新动态与物业维修管理课程教学完美结合。培养学生对物业维修管理整个过程的全面了解和把握，通过实训锻炼，有助于提高学生的综合管理能力。

特别是该课程通过案例剖析，引导学生积极参与课堂讨论，有助于教学质量的提高，使教学相长得以体现。因此，《物业维修管理》是一门较好的高等职业课程。

3）丁健（上海财经大学房地产中心主任 教授 博士生导师）：

陈锡宝副教授主讲的《物业维修管理》课程是物业管理专业的一门专业课程，有较强的技术含量。从所申报精品课程材料来看，以及对该课程的了解与认识，该课程的开设符合高职高专人才培养的要求。

《物业维修管理》课程作为物业管理专业的主干课程之一，体现了理论性和实践性的统一，技术与管理统一。在高校及中等职业学校一般不开设此门课程。一则学校没有此方面的专业人才，二则没有相应的教材。而该团队拥有一批具有丰富实践经验的"双师型"师资队伍，形成全面的人才梯队。这些教师教学经验丰富，甚至在物业管理行业内具有一定的影响力。同时，该教学团队的教师编写了11本专业教材，为其充实了较为丰富的教学内容。

该课程教学目的明确，特别注重学生动手能力的培养。学生毕业后得到用人单位的好评，基本上达到毕业与就业零距离接轨。

4）杜国城（全国高职高专土建类教育专业指导委员会秘书长 黑龙江建筑职业技术学院教授）：

《物业维修管理》是该学院一门具有10多年历史的课程。课程负责人具有较深厚的理论功底和丰富的实践经验，多次承接完成省市级课题，并获得省市级教学成果一等奖两项，发表高质量的学术论文多篇。

该课程经过多年建设，教学内容不断更新，课件内容清晰，尤其重视学生实践能力的培养，做到理论与实践相结合。

该课程团队的教师长期探索案例分析的教学方法，启发学生思路，注意调动学生的主动性，引导学生积极参与师生互动，有效地提高了学生分析问题和解决问题的能力，培养了学生的创新思维，取得了很好的教学效果，受到了学生一致好评。

3.2.3 课程建设规划

1. 本课程的建设目标、步骤

（1）课程建设目标

本课程以专业培养目标及课程本身的要求为主线，以主体化教学为手段，全面提升授课规范度、教学质量和学生的动手能力，进一步完善案例分析及网络课程要求，最大限度地提高学生自学、思考、动手的兴趣和参与度，真正体现"知识够用、技能到手"的目的。

（2）课程建设步骤

1）2006 年前为教学模式初创阶段；

2）2007～2008 年为改进调整充实阶段；

3）2008 年以后为后期性完善发展阶段。

课程资源的网络部分随课程上网，今后在内容和形式上要加大力度，不断丰富、更新、完善。

2. 本课程已经上网资源

1）物业维修管理教学大纲；

2）物业维修管理中文课件；

3）物业维修管理知识结构图、教学模块示意图；

4）物业维修管理应知部分习题、应会部分操作内容；

5）物业维修管理重点、难点；

6）物业维修管理参考资料，扩充性资料。

网址链接：www.umcollege.com/jpkc/200701/index.asp

3.3 精品课程三：城市管理监察执法实务

◆课程负责人：史晓平 上海城市管理职业技术学院教授
◇教学团队：史晓平、王震国、李媛、吕晓东、张秀仕、陈海松、陈锡宝

3.3.1 教学队伍

1. 师资队伍结构

本课程有专任教师 7 名，其中教授 1 名、副教授 3 名、讲师 3 名。任课教师全部为研究生学历，其中 80% 以上获硕士学位。

教学队伍知识结构合理。所有教师均有较深厚的政治学、法学和行政法学基础知识。学历结构、年龄结构、学缘结构、职称结构合理。老、中、青相结合，师资力量较强。其中两位教师均有 20 年以上的丰富教学经验，多次获优秀教师称号。对中青年教师有长期、分阶段的培养计划，包括有计划参加相关课题研究、参加编写专业教材、开设本专业两门以上新课程、指导学生实习实训、选派到上海市各区城管监察大队进行半年左右的执法实践等，已经取得明显实效。

本课程自开设以来，学校组织教师开展了一系列科研促进教学活动，强化专业教学改革和完善的措施，包括经常性的专业教研活动、定期召开专业指导委员会会议、组织教师到各区城管监察大队调研和实践，参加有关专题项目研究、撰写专业论文及教学改革论文等。教师教研活动涉及到法学、行政法学、公共行政管理、城市管理现代化、城市管理监察综合执法等各个学科领域，取得了丰厚的成果。教学团队的主讲教师作为主要参与者与执笔承担建设部《高职高专土建类精品课程建设理论与实践》；上海市政府重大定向研究课题：《上海市

城市管理社会化、市场化、专业化、信息化课题研究》；受教育部委托，组织制定了《城市管理监察专业培养方案》，内容包括：主干课程教学大纲、教学计划、专业培养目标、培养要求、推荐教材等。该方案将作为全国各高职高专开设此专业的基本规范和标准。主讲教师公开发表了《城市管理亟待强化八大意识》、《以民为本，依法行政》、《培育鲜明的上海城市精神》、《行政许可法打造诚信政府的利器》、《行政指导的行政赔偿制度建立研究》等数十篇教学科研论文，并编著了《城市管理监察系列丛书》作为系统专业教学的教材，填补了新专业无现成教材的空白。

2. 培养青年教师的措施与成效

目前，本课程主讲教师团队成员除了负责全日制高职《城市管理监察执法实务》课程的教学任务外，还担任上海市城市管理监察人员的培训工作，并已成为其中的骨干教师。为确保课程建设的可持续发展，除了讲课教师的梯队化以外，还注重青年教师的培养，形成了一个由主讲教授、实训主持副教授和3名讲师组成的教学团队，在整个精品课程建设中发挥了主导作用。

为保证课程的持续发展，根据学院的安排，自2003年起，本课程的主讲教师先后带教年轻教师两名，并采取一系列的措施大力培养青年教师。

（1）每年派一位青年教师到上海市城市管理行政执法局、各区城管监察执法部门或城市管理涉及的基层组织、企事业单位学习锻炼一学期。

（2）鼓励青年教师积极申请专业课题项目。大胆让青年教师在一些教学科研工作中独挡一面，主讲教师作为辅导，要求青年教师在课余时间结合课堂的内容，积极申请专业课题项目的研究，以督促提高专业课程教学的理论功底。

（3）吸收并鼓励青年教师参与本专业主要课程教材的编写及发表学术论文。针对青年教师的具体情况，带教老师开设书目，要求青年教师认真阅读，并进行检查，以熟悉掌握专业领域的新体制、新模式，在此基础上鼓励青年教师参与本专业主要教材的编写。

（4）安排青年教师担任学生实习和毕业论文指导教师。学院为青年教师的带教做了精心设计，为他们从政治学习、业务提高等方面作了规划。如听课，对青年教师的听课事先进行规划，听什么课、听几次课都作了具体要求和部署，要带着问题听课，而且要像做备课笔记那样写听课笔记、做教案；如对学生进行辅导，作业的批改、小部分案例课的讲解等等；如要求青年教师根据教学要求制作教案和教学课件，并与主讲教师编制的教案和课件进行比较，在汲取经验的基础上得到提高。

（5）选派青年教师参加全国及省市专业学术会议。参加全国性城市管理领域的会议不但能使青年教师开阔眼界和思路，还能潜移默化地培养他们谦虚谨慎的治学态度。

以上措施有效促进了精品课程教师团队的整体素质提高，尤其是青年教师教学和科研水平得到了快速提高。

3.3.2 课程描述

1. 本课程校内发展的主要历史沿革

本课程是根据城市管理综合执法管理体制改革的理论和实践需要，按照上海市建设委员会的要求，于2000年开始，在我校承办的上海市城市管理与监察人员岗前与在岗轮训班的各班次开设，授课对象为上海市各区县城管大队执法队员。

2002年，我校在全国高校率先开设公共行政管理（城市管理监察方向）专业。本课程作为该专业的主干课程同时开课。

从2005年起，根据教育部《高职高专专业目录》，本专业名称改为《城市管理与监察》专业，具有首创性质。到目前为止，已在本专业2002级、2003级、2004级、2005级4个年级中开设此课程。课程的内容也在教学和实践中不断更新、丰富和完善。按照学院教学计划，本课程是今后《城市管理与监察》专业必开的主干专业课程。

2006年，"城市管理监察执法实务"被评为"上海市精品课程"。

2. 本课程在专业培养目标中的定位与课程目标

根据学院的办学定位、人才培养目标要求及生源情况，城市管理监察专业要培养有较强的实践能力、能适应上海城市发展需要、具有良好职业综合素质、专门从事城市管理基础行政管理与法律监察的应用型、操作型、复合型专门人才。

城市管理监察执法实务正是为了达到这样的目标而设置的专业课。通过这门课程的学习，不仅要使学生获得有关相对集中行政处罚权的理论，更为重要的是，通过学习相关的法律法规，使学生掌握上海城市管理监察的执法领域、权限、程序、方式，提高执法技能和水平，为相对集中行政处罚权在城市管理领域的探索，作出有益的尝试。

知识模块顺序及对应的学时：

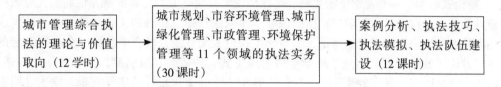

3. 本课程的重点、难点及解决办法

（1）课程重点：市容环卫管理与监察；建筑物、构筑物管理与监察；执法程序；案例。

（2）课程难点：建筑物、构筑物管理与监察；案例分析。

（3）解决办法：吃透教材，认真备课，把案例教学与理论教学很好地结合起来。通过执法模拟及见习、实习等教学环节，帮助学生增强感性认识，提高他们的理论水平和实践能力。

4. 实践教学的设计思想与效果

实践教学目标，就是要提高学生理论联系实际的能力和执法实践的操作能力。本课程的实践教学设计包括两部分：一是不占用课内教学时间，利用寒暑假和双休日去南京东路、外滩、人民广场地区进行执法见习实践；二是占用课内教学时间，在第六学期专门安排4个月左右的实习。我校已经与黄浦区、杨浦区两个城管大队签订了建立学生实习基地的协议，同时与徐汇、静安等13个区县城管大队建立了较为稳定的联系。每年都可以安排学生去进行见习和实习。

实践教学。在教学的过程中，学生是主体，让学生通过亲身参与和动手动脑学好知识是老师的职责。因此，在实践教学之前，认真细致地研究学生掌握知识的方法，通过钻研教学大纲和教材，不断探索，尝试各种能让学生实际掌握知识的教学方法。尊重学生的不同兴趣爱好，不同的生活感受和不同的表现形式。在教学中，有意识地以学生为主体，教师为主导，通过各种游戏、模拟案例等教学手段充分调动了学生学习的积极性和课堂活跃的气氛，取得了一定成效。

实践教学采取就近实习的形式，即组织学生去家庭住地就近的城管大队实习。每一个实习点安排一到两名教师指导，实习单位配备一名实习教官具体负责。教师定期下队里了解学生实习情况，与指导教官沟通，同时给学生布置一些实习作业题目，要求结合实习情况完成。实习结束，学生要填写实习报告，详细记录实习日志，并且经过见习、实习单位的鉴定。根据学生表现进行成绩考核，成绩评定为不及格、及格、良好、优秀。没有见习、实习单位鉴定意见或成绩不及格者，要重新安排实习。实习前夕，请城管大队的教官进行实习情况的介绍，同时请上一届同学谈实习体会，激发学生的实习热情。从2003级开始由集中实习到分散实习，由原来的2个实习点增加到15个实习点，为学生创造了接触执法实践的更广泛领域和机会，强化了实践能力的锻炼。每双周的星期五学生利用返校时间，进行实习交流，谈心得和体会，互相学习，取长补短。

5. 课程创新点

（1）满足城市现代化管理急需的创新课程。本课程经检索，在我国现有的高职院校所开设的城市管理类专业中，我校是率先开设，可谓国内创新。

（2）紧密贴近行业实际的原创系列新教材。有以本校教师为主，校外专家参与合作编写、与本课程密切相关的6本主干课程教材做支撑。该系列教材由东华大学出版社于2004年12月出版。

（3）课堂与现场实践互动的教学模式。本课程既有课堂的理论教学又有执法现场的实践训练，理论与实践结合紧密。

1）辩论式教学。本专业学生需要培养对社会现象的敏感度，也需要培养他们能充分表达自己观点的能力。在平时的教学中，精品课教学团队注重德育渗透和文化的灌输，比较关注时尚热点并在学生中引发观点的辩论，愿与学生探讨人文现象，教会学生做一个心智健全的人。通过辩论式教学，更全面地了解学生的思维方式，并适当加以引导，及时和他们沟通，动之以情，晓之以理。通过实践证明，辩论式教学法收到了比较好的实际效果，学生之间也加深了了解和理解。

2）现场模拟教学。分小组给学生一个文字叙述的案例，然后要求他们各自选取自己感兴趣的角色来扮演，再现案例的过程。学生可以自主设计案例的背景和场景，自编对白。每一小组表演完案例以后，其他同学对老师就案例提出的问题进行思考、解答。这种教学方式受到了学生的普遍欢迎，学生自愿参与面很广，因此明显的活跃了课堂氛围，较充分地调动了学习积极性。同时，无形中培养了学生的组织协调能力，学生的思维得到了不断的开阔。几次案例表演中出现了不少令老师都很意外的惊喜收获，看到了学生能力的明显进步，效果颇满意。

3）案例游戏教学。这是对现场模拟教学更进一步的升华。教师在充分掌握专业知识的基础之上，提炼出本门课程某个章节或某个理论的精髓，将精髓部分精心设计为1到2个游戏，课堂上发动学生参与游戏，让他们通过自己的一次切身体验来深刻的理解一个理论。这种方式使课堂气氛轻松而且活跃，充分调动他们的学习兴趣，能寓教于乐，让他们的天性和个性得以自由健康的发挥，让学生在游戏中培养了创造性思维方式和反思习惯。

4）坚持与学生平等相处，鼓励他们谈自己的想法，尽量使师生之间形成一种交流的习惯。教师团队坚信：只有当学生接受了你这个人，才可能以主动的态度接受你的教育，尽到教书育人的职责，光有爱心是不够的，还要勤奋钻研、科学施教。教育活动有其客观规律，正确运用教学规律，能提高教师的工作效率。这个规律的核心便是科学、有效的教育方法，靠教师不断地摸索才能得到。通过02、03级两届学生的实习锻炼，证明了这种实践教学设计较为科学合理。学生和实习单位均反映良好。学生取得了实际的执法经验，提高了分析判断问题的能力，使理论与实际紧密结合起来。实习单位也在一定程度上缓解了人手短缺的矛盾，实习学生成了他们城市管理监察执法的得力帮手。双方都取得了满意的效果。

6. 教学条件

本课程由于在全国高校属于首开课程，没有现成的大纲、教材、教案。从1999年开始，我校为此专门投入人力、物力、财力，组织骨干教师和校外专家通过调查研究及广泛论证的基础上，共同编写了适合高职教育特点的、与目前城市管理监察综合执法实践相适应的高职系列教材。由于该教材采用了理论和实践相结合的编写方式，既注重城市管理监察综合执法理论的解读，又注重综合执法实践的操作，因此该教材在连续 3 届学校相关专业的使用中获得了好评。

根据《城市管理监察执法实务》课程涉及面较广、实践性很强的特点，学校根据实训大纲的要求，在上海市各区县城管监察大队建立 15 个实习实训基地，作为学生实训场所。建立专门的实习实训基地，是因为城市管理监察综合执法的实训不能在实验室进行，而背靠行业，将实训基地建在城市管理监察综合执法实践现场上则是我校的优势所在。

为促进学生自主学习，学校还为该专业建立了独立的专业阅览室，并订购了一系列专业图书和专业报刊，供学生课余时间阅览，以扩充和强化学生的专业理论知识，了解学科前沿动态。

现代化的教学，需要现代化的环境。建立网络平台，充分利用网络资源进行课程教育是本课程教育现代化的重要标志之一。学校和系部加强了校园网建设，使得学生能够快捷地通过网络获取相关专业教学信息。

7. 教学方法与教学手段

课程教学的实施，需要有优秀的教师和合理的课程结构，需要适合学生的教学方法和与城市管理监察综合执法相适应的实践性教学环节。

一是精心选择主讲教师。为保证课程教学质量，学校安排高级职称和具有实践经验的教师担任课程的主讲教师，所以在讲课中不但能够熟练地运用教材，驾驭课程的重点和难点，而且能够在讲课中将理论和实践有机结合起来，使学生在理论和实践两方面均有收获。

二是根据教学内容新颖、政策法规性强、适用范围广泛和操作程序严格的特点，明确课程教学内容的体系结构。

首先，以城市管理监察有关法规为基础，集中进行城市管理监察综合执法理论的讲解，要求体现城市管理监察综合执法的法制性、程序性和规范性。

其次，按照我国城市管理监察综合执法的有关法规、程序分门别类介绍市容环卫、建（构）筑物管理、基础设施管理、园林绿化、废弃物管理等的概念、执法程序和操作方法，重点突出城市管理监察综合执法中的特点和执法操作时应注意的问题，并在内容上及时将一些最新的学科发展成果加以引用。

再次，考虑到《城市管理监察执法实务》课程的实践性，在课程内容体系的结构设置中增加了 100 学时的实训环节，并根据整个课程内容体系的结构特点，在教学中突出城市管理监察综合执法中的两大要点，即法规和程序。

《城市管理监察执法实务》课程要求学生通过系统学习，熟悉城市管理监察综合执法的内容和程序，初步掌握城市管理监察综合执法的实践操作技能。因此，单靠课堂的面授是远远不够的。为达到课程教学大纲的要求，在教学计划中，设立了较大比重的城市管理监察综合执法课程实训，作为《城市管理监察执法实务》课程中的一个重要组成部分，与理论教育进行配套。其指导思想是通过执法实践，使学生对《城市管理监察执法实务》课程的理论进一步加深认识，对城市管理监察执法的程序和操作过程有感性的体会，从而达到增强理论知识、提高动手能力的目的。

新颖的课程应该有新颖的教学方法和教学手段。《城市管理监察执法实务》课程除了主讲教师在讲课中全过程采用 PowerPoint 进行讲课外，还采用多种方式进行课程教学：

（1）采用走出去、请进来的方法进行教学。

在讲授课程的过程中，学生边上课边到各区城管监察大队进行见习和实习，现场体验城管监察综合执法的氛围；同时邀请校外专家和有丰富城市管理监察综合执法经验的城管监察大队的领导和业务骨干来校讲授专题课，以增加学生的实践知识，拓宽学生的视野。

（2）采用面授和讨论相结合的方法进行教学。

教师既讲授理论知识，又结合案例进行应用能力的培养，以提高学生分析问题和解决问题的能力。在讲课中，主讲教师深入到上海各区城管监察大队，收集有关的实证案例，并将其及时运用到课堂教学中。一方面使得课堂教学与工作实践紧密地联系起来，另一方面又因为引用了大量的实证案例，使学生感到教师言之有物，培养了学生们对城管监察执法实务课程的学习兴趣。

（3）采用理论教学与实习实训相结合的方法进行教学。

教师既在课堂中围绕教材进行教学，打下学生的理论和实务能力基础；又通过现场实习实训，深化学生的理论水平和实践专业技能，培养学生今后服务社会的专业技能。本课程在理论学习的基础上，主讲教师根据教学计划的要求，制订出实训大纲和实训计划。为体现实训的真实性，保证实训的质量，100学时的实训放在了各区城管监察大队现场，并为此建立起十几个实训基地。

（4）采用课堂解惑和网上答疑相结合的方法进行教学。在课堂上，主讲教师针对学生的提问及时进行授业解惑，解答学生的疑难；在实习现场，主讲教师利用学校的网站，在网上进行答疑，以保证学生们能在第一时间得到教师的帮助。同时，利用 E-mail 与学生保持沟通和联系，给学生以及时的指导。

8. 教学效果

教师向学生建议一种高效的学习方法，等于完成了科学施教的一大半。然而在教学活动中，贯彻实施这项工作是非常辛苦的。因为有些学生习惯了"填鸭式"教育，哪怕再简单的东西，他也希望你讲。这样就需要教师团队打破传统教学模式。新教学方法的尝试和探索是需要勇气和耐心的。个别教学方法短时间内可能看不到成效，但教师团队还是会坚持不懈地探索下去。因为教学大纲中明确指出教育的目的是为学生将来走上社会打下扎实的基础。基础是一种能力，未来的社会是一个不断更新的社会，要立足之，就必须不断地学习，获得新知识，充实自己。换句话说，在学校学的那些具体知识，是远远不够的，所以我们要给学生的是一种能延续的东西，这就是技能能力。无论什么时候，无论哪个领域的知识，只要他想学，都不会有无师的困惑。令教师感到欣慰的是，大部分学生还是接受了教师团队的建议。

科学施教的同时要求教师不断地完善自身，提高业务水平，扩大知识面。因为学生形成良好的学习习惯以后，他的发散思维得到了开发，提的问题自然就多了，面也广了。所以不管工作有多忙，教师团队都坚持反复钻研教材，大量阅读参考书，以提高自己的业务能力。

经检索，在我国现有的高职院校包括本科院校所开设的城市管理类专业中，我校是最早率先开设本课程，具有首创性质，属于国内领先水平。到目前，在国内大专院校中专门开设《城市管理监察执法实务》课程的尚不多见。

本课程教学效果显著，在开设此课程的几届学生中，每次评价结果均为优秀。学院教学督导组听课及校外专家都对本门课程的教学给予较高评价。各区城管监察大队也都对学生在实习中表现出的综合素质和出色的工作技能给予较高评价。

（1）校内教学督导组评价

由于大量的常用信息讲授，学生对结合法律监察实际问题的教学兴趣较大，对实践教学反映良好。在进行教学法研究的近几年时间里，主讲教师积极进行教学法改革。各位主讲教师治学严谨，知识面广。在教学过程中，认真备课，非常熟悉教学内容中的知识点，能掌握教学过程中的各个环节。既能重点突出，又能展开讲解；既能紧扣教材，又能联系实际。主讲教师能够充分运用所掌握的理论知识及丰富的实践经验，在教学中能深入浅出地进行讲解。教学的形式多样，有多媒体教学、案例教学、参观实习、开设专题讲座等，调动了学生的积极性，提高了学生学习兴趣，锻炼了学生的实践性。发散思维的启发式提问，案例分析与理论联系实际的教学方法，充分调动了学生学习的积极性。教学效果良好，得到了学生的一致好评。在教学实施中，梯队式教学队伍配合默契。他们从各个侧面进行课程讲解，做到了书本知识与实践操作相结合，课内模拟和课外实训相结合。具体特点表现为以下几方面：

第一个特点：《城市管理监察执法实务》课程作为城市管理监察专业的主干课程之一，体现了理论性和实践性的统一，法律与管理的统一。在高校及中等职业学校一般不开设此门课程。一则学校没有此方面的专业人才，二则没有相应的教材。教课内容"丰富而系统"，信息量大，更新及时，尤其是数据资料及相关信息较新。《城市管理监察执法实务》课程教学团队具有比较扎实的理论功底，科研水平，教学能力较强，教学研究成果较为丰富，已初步形成教学、科研的师资梯队，结构比较合理，发展前景广阔。

第二个特点：在灵活多样的课程教学方法使用、多媒体课件两个方面的做法值得肯定和推广。教师与学生在课堂上的互动性得到较充分体现。

第三个特点：典型案例分析这一教学方式，有助于提高学生准确认识问题、系统分析问题与有效解决问题的能力，使教学相长得以体现。通过案例剖析，引导学生积极参与课堂讨论，有助于教学质量的提高。

第四个特点：该课程教学注重学生实践能力的培养，在教学中将理论知识与实践能力的培养有机结合，符合高等职业教育人才培养的目标定位。实习实训方面，目的要求明确，能结合当前城市管理的最新动态，培养他们对城市管理的正确概念定位，对城市管理主体深入认识，并对目前城市管理的现状和管理实际工作的具体程序全面了解和熟悉，通过实习实训，此方面的能力有了明显提高。

（2）近年学生评价

根据督导组的听课、学期中的教学检查座谈会和学生专题座谈会，以及学生问卷调查，学生普遍反映：主讲教师知识面广，深得学生的尊重和肯定，上课生动活跃，课堂讨论气氛热烈，教学效果明显，学生的满意度高。本课程开设多年，学生对城市管理实务知识的学习积极性逐步提升，理论联系实际的能力强。各位教师治学严谨，认真教学，教学方法新颖灵活，能做到因材施教。

在实习实训方面，上课形式灵活，实践性强。学生上课的参与度较大，因此本课程广受学生的好评。通过实习实训，学生的动手能力有了显著的提高。许多学生在学习体会和教学效果调查表中，对本课程的教学给予了充分肯定的评价。

3.3.3　课程建设规划

1. 本课程的建设目标及课程资源上网时间表

本课程建设的目标为上海市及全国精品课程。2006 年，本课程被评为上海市精品课程，在此基础上不断加以完善，进一步提高水平。如条件成熟，即申报全国精品课程。

目前，本课程的主要教学内容已上网，为全程授课录像上网做充分准备。以后逐步将全部课程资源上网，到 2008 年全程授课录像上网。

2. 本课程已上网资源

1）精品课程申报表；

2）《城市管理监察执法实务》供专家评阅章节教学录像；

3）《城市管理监察执法实务》部分章节多媒体课件　史晓平副教授主讲；

4）《城市管理监察执法实务》部分章节多媒体课件　张秀仕讲师主讲；

5）《城市管理监察执法实务》部分章节多媒体课件　陈海松讲师主讲；

6)《城市管理监察执法实务》课程教学大纲；

7)《城市管理监察执法实务》技能实训大纲；

8)《城市管理监察执法实务》综合习题之一；

9)《城市管理监察执法实务》综合习题之二；

10)《城市管理监察执法实务》课程试卷及参考答案链接。

网址链接：http://www.umcollege.com/jpkc/200601/index.asp

3.4 精品课程四：建筑材料

◆课程负责人：蔡飞 上海城市管理职业技术学院副教授
◇教学团队：蔡飞、刘颖、何向玲、潘红霞、张晏清、朱剑萍

3.4.1 教学队伍

本课程有专职教师6名，其中副教授3人、高级讲师1人、讲师1人、工程师1人。教学队伍知识结构合理。所有教师均有扎实的建筑材料基础知识、丰富的教学经验和较强的职业实践能力。学历结构、年龄结构、学缘结构、职称结构合理，老、中、青相结合，均为双师型教师，师资力量较强。课程负责人蔡飞副教授有20年以上的丰富教学经验，曾获得上海市"育才奖"，并多次荣获优秀教师称号。其他几位教师的年终考核均为优良。对中青年教师有长期、分阶段的培养计划，包括有计划参加相关课题研究、参加编写专业教材、开设本专业2门以上新课程、建筑材料课程的网络建设、指导学生实习实训、技能鉴定、参加土工实训室的建设、选派到建筑工地参加实践等，已经取得了一定的实效。

本课程自开设以来，组织教师开展了一系列教研活动，强化了专业教学改革和完善的措施，包括经常性的专业教研活动、集体备课、观摩教学、更新教材、组织教师到建筑工地和建材市场调研和实践，参加有关专题项目研究、撰写专业论文及教学改革论文等。教师教研活动涉及面广，取得了一定的成果。

在本课程的建设中，高度重视师资队伍的建设和中青年教师的培养，制定了明确的师资培养计划，采取相应措施，取得了明显成效：

（1）加强教学团队的建设，提高授课水平，开发教学课件。鼓励青年教师参与编写教材、教学文件、教学补充讲义，发表高质量的教研论文。在课程负责人的整体规划下，定期进行集体备课，教学经验共享。根据高职应用型教学特色，进行课程体系的研究和改革，开发多媒体课件，提高教学团队的整体教学水平。

（2）注重中青年教师"双师素质"的培养，有计划地推荐中青年教师参加"双师素质"培训；积极联系产、学、研合作单位，鼓励他们到生产、施工一线进行生产实践或参与工程管理。同时，鼓励中青年教师承接科研项目或试验生产项目。

（3）为了加强师资队伍建设，积极推进教学质量工程，重视中青年教师、实验技术人员的进修工作，改善教师的知识结构，提高教师的学位、学历层次。

（4）安排青年教师担任学生实习和毕业论文指导教师。

（5）选派青年教师参加全国及省市专业学术会议。

3.4.2 课程描述

1. 本课程校内发展的主要历史沿革

《建筑材料》是市政工程、建筑工程、水利工程等专业的一门重要的专业基础课程，是以

对土木类工程中各种材料的组成、性能和应用进行讲授的一门课程。

随着我国建筑市场的发展和完善，建筑业迈上了欣欣向荣的发展新台阶。众所周知，建筑材料是建筑物的基本组成材料。建筑材料是重要的物质基础，材料决定了建筑形式和施工方法。新材料的不断出现，促成了建筑形式、结构设计、施工技术的改革创新。材料质量、性能的好坏，将直接影响建筑物的质量和安全。在建筑材料的生产、采购、贮运、保管、使用和检验评定中，任何一个环节的失误，都可能造成质量缺陷甚至造成质量事故。《建筑材料》课程的重要性显得举足轻重。

建校以来，《建筑材料》课程作为一门重要的专业基础课而开设至今。开设《建筑材料》课程的专业有建筑工程技术、市政工程、工程造价管理、工程监理、建筑经济管理等。学校的建筑材料教师都是具有扎实的理论基础知识和大量实践经验的骨干教师。随着课程建设和专业改革的深入进行，教材内容有了很大扩充，特别是随着我国建筑、水利、市政等事业的不断发展，对建筑材料的要求也越来越高。新型建筑材料层出不穷，材料的类型也从单一型转向复合型。各种材料的技术性质也逐渐完善，所涉及到的技术标准也向着国际标准化发展。

建筑材料课程教学经历了一个由经验性探索到应用型教学体系建立的渐进发展阶段。多年以来，我们坚持以学生为中心的教学理念，以培养理论基础扎实、实践能力强、综合素质高的应用型人才为目标，不断完善，不断进取，在实践中逐渐形成了建筑材料科学的教学体系。与此同时，建筑材料教师承担大量的科研和生产项目，教学、科研、生产三者并行。教师们走在学科发展的前沿，及时调整更新课程内容，形成了具有高等职业教育特色的应用型课程体系。

2. 本课程在专业培养目标中的定位与课程目标

根据学院的办学定位、人才培养目标要求及生源情况，土木工程、市政工程、工程造价管理、工程监理、建筑经济管理等专业要培养有较强的实践应用能力、具有良好职业综合素质、专门从事城市建设工程、建设管理的应用型、复合型专门人才。

建筑材料课程正是为了达到这样的人才培养目标而设置的专业基础课。任何建筑物都是由各种不同的材料经设计、施工、建造而成。通过本课程的学习，一方面要使学生掌握建筑材料的组成、技术性能、技术标准、特性、应用、保管运输等方面的知识，还要掌握常用建筑材料的检测方法，能正确合理选择常用的建筑材料品种，了解新材料的发展，为后续课程的学习打下坚实的基础。

3. 课程的重点、难点及解决办法

重点：材料的基本性质、水泥、混凝土、砂浆和钢材。

难点：水泥的技术性质；混凝土的配制与调整；钢材的技术性质。

解决办法：自编教材，认真备课，充分提高教师自身的业务能力素质；积极探索新颖的教学方法和教学手段，将现代化的教学手段和传统教学方法相结合，理论教学和实践教学相结合，通过实验实训环节来消化理论知识，提高学生的理论知识水平和实践能力。

4. 实践教学的设计思想、效果与创新点

（1）实践教学的设计思想和效果

实践性教学环节分实验、综合练习两部分。

第一部分：建筑材料实验。

1）建筑材料检测技术是建筑材料学科发展的基石之一。实验教学要求学生通过试验发现问题、分析问题，提高动手能力。同时，要求学生熟练掌握建筑材料试验操作步骤、计算等各个部分的知识。

2）结合实际工程情况，模拟工程试件，让学生从取样到试验操作的各个环节，以及试验成果的整理分析、应用等作系统训练。通过模拟试验，鉴定材料的基本工程性质。

3）学生参与建筑材料生产试验项目，进一步认识建筑材料在工程中的应用性与重要性。

建筑材料试验紧随教学内容展开而进行，学生试验采用分组进行，每4人为一组，由实训老师首先进行演示操作并讲解，然后由学生自己操作。主讲老师和实训教师进行监督指导。

第二部分：综合练习。

建筑材料的计算能力是学生在建筑工程设计中的基本能力。学生需对各种组成材料进行正确的选择，如评定砂、石的颗粒级配、混凝土与砂浆、沥青混合料的配合比设计等。通过综合计算练习，使学生的综合应用能力得到提高。

通过实践性教学环节，使学生加强对所学知识的掌握，从而提高学生的专业技能及职业应用能力水平。

综合练习采用随堂教学进行练习的方法，主讲教师采用启发式引导，然后由学生独立完成，老师答疑。

（2）课程创新点

1）每次实验前，主讲老师都会将历届拍摄保存下来的优秀学生的实习图片放映给学生观看，并加以讲解，来激发学生的兴趣和热情。

2）实验紧随教学内容展开而进行，使得理论知识和实践教学环节紧扣，有利于学生对知识的消化吸收。教师的演示操作讲解给了学生很好的示范作用。

5. 教学条件

（1）教材使用与建设

目前所用教材为我校教师自己编写的建筑专业、市政专业的高职高专教材。该教材按照当前建筑材料最新的技术知识、最新的技术规范和技术标准，兼顾建筑、桥梁、道路等交叉工程技术，以适应社会对高职高专学生需求为目标、以培养学生实践应用能力为主线、以实用够用为度的原则编写而成。授课学时因专业不同而异，介于52~76学时之间。目前，该课程的教学、评估体系完整，课堂教学与实验教学已规范化，形成了独特的风格，成为一门精品课程。

目前使用的教材和教学资源主要有基本教材、辅助教材、照片、图片和多媒体课件等。

1）使用教材：

①《建筑材料》上海高等教育出版社，2000年，蔡飞主编；

②《建筑材料》东华大学出版社，2005年，潘红霞主编。

2）辅助教材：

《建筑材料实验报告书》。

3）教学资料：

①《建筑材料》多媒体课件；

②主要建筑材料实拍照片、图片。

（2）实践性教学环境

学院的实训基地给本课程教学提供了良好的实践性教学环境。建筑材料实验室目前正在建设中。

（3）网络教学环境

现代化的教学，需要现代化的手段。建立网络平台，实现资源共享，能大幅度地提高教学效率。学校已建有先进的校园网，《建筑材料》教学相关资料可从网上查询，供学生学习提高。

6. 教学方法与教学手段

（1）多种教学方法的应用

1）工程案例教学：建筑材料理论是随着工程实践的发展而发展的。其工程应用性强，结合工程实例，能激发学生的学习积极性。在工程案例的讲授中，采用启发式的工程案例教学，培养学生工程意识、分析问题和解决问题的能力，重视加强理论知识的应用。

2）以学生为主体的讨论式教学：本课程注重课堂教学整体设计，通过引入实验现象、工程现象、工程问题，组织学生通过讨论寻找答案。同时，让学生参与交流、分享观点，并组织学生进行总结和归纳。通过讨论，学生真正做到了积极参与课堂学习。

3）通过实验引入建筑材料理论：建筑材料实验起到了直观检验主要建筑材料技术性质的作用。通过实验，让学生从感性认识上升到理性认识，引出材料理论，真正体现所谓"行为知之始，知为行之成"。

4）通过综合实训练习强化知识的工程应用，对每一教学单元设置综合实训练习，使学生能够运用基本理论解决实际工程中技术和计算方面的问题。

（2）现代教育技术应用与教学及考核等改革举措

1）本课程制作了丰富的多媒体课件，内容新颖，信息量大。除了课件主体外，另配有工程图片、实验录像以及工程案例等附件部分。

2）采用最新的现代教育技术，并与传统的教学方法结合。通过教师集体讨论，精心设计每一章节的讲授方法。

3）结合多媒体技术的特点，把一些教师在课堂上难于表达清楚的问题，通过多媒体技术演示出来，使教学过程生动形象，学生易于理解掌握，激发了学生的学习兴趣，切实提高了教学效果。

4）全方位的考核：采用综合练习、期终考察相结合的考核方法。不仅考察学习效果，且考察学生的学习过程。注重对学生利用建筑材料知识分析和解决工程实际问题的能力考核。对实践性教学环节，采用实验报告、操作考核与口试相结合的考核方式，组成对学生实验情况的全面考察。

7. 本课程的主要特色

（1）实践性教学与理论教学紧密配合

实践性教学分为实验、综合练习两大类型。实验教学为先导，学生从感性认识上升到理性认识，顺理成章引出知识理论。综合练习紧随理论教学，及时训练，分步巩固，加强应用。

（2）紧随新材料、新技术的发展，结合工程实践编写新教材和补充讲义

本课程的特点是材料、技术、规范不断创新。2005年采用最新技术规范编写了《建筑材料》课程教材，计划2008年对该教材再进行第二版的编写工作。

（3）工程案例导入——学生讨论——演示试验——引入建筑材料理论——再转入理论应用的课堂教学模式

本课程在课堂教学中，由工程案例导入问题，组织学生加以讨论，极大地激发了学生学习兴趣，然后教师引入理论，最后结合实际工程加以应用。本课程教学团队通过多年的教学实践，形成了独特的课堂教学模式。

8. 教学效果

（1）校外专家评价

张建荣（同济大学职业技术学院副院长、教授、博士生导师）：

由蔡飞副教授主讲的《建筑材料》课程是一门成功的高等职业教育课程，从该课程的教学过程中，可以反映出主讲教师备课认真，熟悉教学内容中的知识点，能掌握教学过程中的

各个环节，既能重点突出，又能展开讲解；既能紧扣教材，又能联系实际。在把握学生心理的前提下，深入浅出，运用多媒体教学手段，通过案例剖析、发散思维的启发方式，充分调动学生学习的积极性。教学效果明显，得到了学生的一致好评。

本课程注重技能培养，在实习实训方面，目的要求明确，紧随新材料、新技术的发展，将建筑材料的最新动态与《建筑材料》课程教学完美结合，能极大促进学生对建筑材料的现状、前景进行全面了解和把握，通过实训锻炼，有助于提高学生的综合能力。

特别是该课程通过案例剖析，引导学生积极参与课堂讨论，有助于教学质量的提高，使教学相长得以体现。因此，《建筑材料》是一门较好的高等职业课程。

马一平（同济大学材料科学与工程学院教授）：

建筑材料是土木工程的重要物质基础。该课程在建筑工程、市政工程专业中属于一门重要的专业技术基础课。为学生进行建筑工程中建筑物或构筑物的生产、中小型市政工程的施工与管理等专业活动，提供必备的建筑材料的基本原理、实验方法、主要材料的技术特点与应用方面的知识，开设建筑材料课是非常必要的。

目前我国建筑市场规模之大，被认为"史所未有，当今中国仅有"。建筑材料的发展日新月异，新品种层出不穷，标准和规范不断提高更新，融合这些特点的课程具有更高水平的改革与创新。

本课程的主讲教师了解建筑材料最新发展动态，洞悉教学内容的各个知识要点，掌握教学过程的各个环节。根据高职高专学生的培养目标，重点培养学生的应用能力、实践能力等基本素质。在教学中既紧扣教材，又结合工程实际案例，治学严谨。能将传统教学法与现代多媒体教学相结合，深入浅出，富有启发性，充分调动了学生学习的积极性，教学效果良好。

（2）校内教学督导组评价

在进行教学法研究的近几年时间里，主讲教师积极进行教学法改革。各位教师治学严谨、知识面广。在教学过程中，认真备课，非常熟悉教学内容中的知识点，能掌握教学过程中的各个环节，既能重点突出，又能展开讲解；既能紧扣教材，又能联系实际。在切准学生心理的前提下，采用多媒体教学。其深入浅出，发散思维的启发式提问，案例分析与理论联系实际的教学方法，充分调动了学生学习的积极性。教学效果良好，得到了学生的一致好评。

在实习实训方面，目的要求明确，能结合当前建筑材料的最新动态，培养他们对建筑材料的感性认识。通过实验实训，学生的动手能力有了显著的提高。

此外，由于大量的常用信息的讲授，学生对结合工程实际问题的教学兴趣较大，对实验教学反映良好。许多学生在学习体会和教学效果调查表中，对本课程的教学给予了充分肯定的评价。各位主讲教师的授课引人入胜，得到了广大师生的一致好评，年终评比位居前列。

（3）学院教学管理部门提供的近年学生评价

本课程开设多年以来，学生对建筑材料课程的学习积极性逐步提升，主讲教师知识面广，理论联系实际的能力强。通过学生问卷调查，学生的满意度高，其中蔡飞老师是学生最喜爱的老师。其他各位老师治学严谨，认真教学，教学方法新颖灵活，能做到因材施教，深受学生的喜爱，具有良好的教学效果。

3.4.3　课程建设规划

1. 本课程的建设目标、步骤及课程资源上网时间表

（1）本课程的建设目标

1）教材内容进一步完善，根据当前的建设工程现状及发展趋势，编写相应的讲义作为补充资料。

2）建立校内建筑材料实训室。

3）进一步健全和稳定校外实训基地。

4）进一步加强教师的实践能力。

（2）建设步骤

1）加强教学课件建设，完善网络教程，把主要教学内容上传上网，使学生能网上浏览。

2）深入开展教学内容和教学手段、教学方法研究。

3）完成习题库、试题库的编制并上传。

4）授课录像全程上网。课程资源上网计划：一是不断对已经上网的资料进行完善和更新；二是进一步完善网络教育；三是在网上进行多媒体教学。

5）完成教材更新，并制成 PDF 格式上传网络。

6）教师轮流进修，进一步开展生产实践活动、科研活动，加强师资队伍建设。

（3）全程授课录像上网时间表

1）2007 年，供专家评阅部分授课录像上网。

2）2008 年，为全程授课录像上网做充分准备。

3）2009 年，全程授课录像上网。

2. 本课程已上网资源

1）精品课程申报表；

2）《建筑材料》供专家评阅章节教学录像；

3）《建筑材料》部分章节多媒体课件　蔡飞副教授主讲；

4）《建筑材料》部分章节多媒体课件　潘红霞高级讲师主讲；

5）《建筑材料》部分章节多媒体课件　何向玲副教授主讲；

6）《建筑材料》课程教学大纲；

7）《建筑材料》教材；

8）《建筑材料》习题；

9）《建筑材料》实验指导；

10）《建筑材料》授课教案；

11）《建筑材料》课程试卷及参考答案链接。

网址链接：http：/www. umcollege. com/jpkc/200702/index. asp

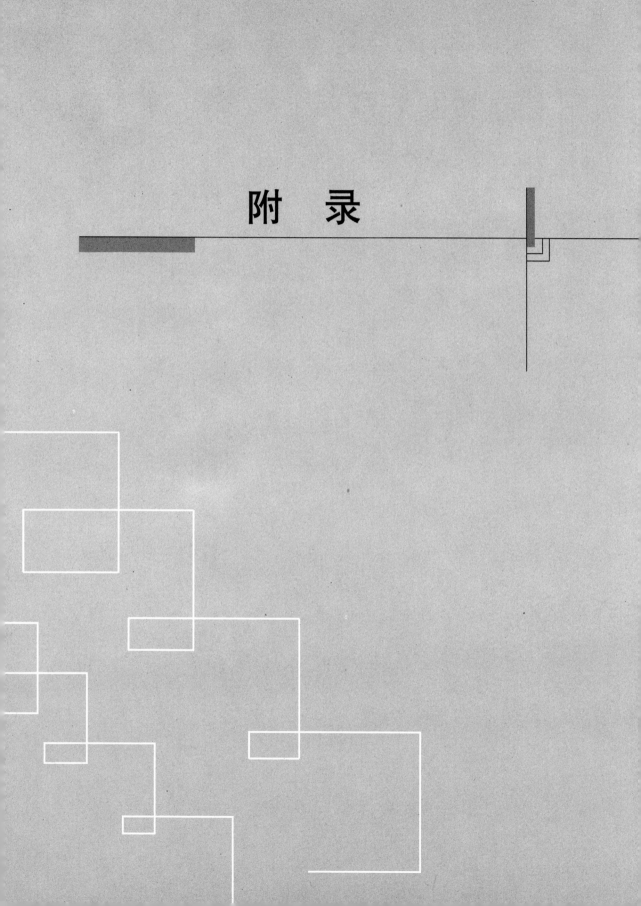

附　录

附录一

教育部关于启动高等学校教学质量与教学改革
工程精品课程建设工作的通知

教高 [2003] 1 号

各省、自治区、直辖市教育厅（教委），新疆生产建设兵团教委，有关部门（单位）教育司（局），教育部直属高等学校：

为贯彻落实党的十六大精神，实践"三个代表"重要思想，切实推进教育创新，深化教学改革，促进现代信息技术在教学中的应用，共享优质教学资源，进一步促进教授上讲台，全面提高教育教学质量，造就数以千万计的专门人才和一大批拔尖创新人才，提升我国高等教育的综合实力和国际竞争能力，我部决定在全国高等学校（包括高职高专院校）中启动高等学校教学质量与教学改革工程精品课程建设工作（以下简称精品课程建设）。现将有关事宜通知如下：

精品课程是具有一流教师队伍、一流教学内容、一流教学方法、一流教材、一流教学管理等特点的示范性课程。精品课程建设是高等学校教学质量与教学改革工程的重要组成部分。各省级教育行政部门和各高等学校要进一步更新教育观念，贯彻落实《教育部关于加强高等学校本科教学工作提高教学质量的若干意见》（教高 [2001] 4 号）精神，提高对人才培养质量重要性的认识，紧紧抓住提高人才培养质量这条生命线，确保教学工作的中心地位，以培养满足国家和地方发展需要的高素质人才为目标，以提高学生国际竞争能力为重点，整合各类教学改革成果，加大教学过程中使用信息技术的力度，加强科研与教学的紧密结合，大力提倡和促进学生主动、自主学习，改革阻碍提高人才培养质量的不合理机制与制度，促进高等学校对教学工作的投入，建立各门类、专业的校、省、国家三级精品课程体系。

各高等学校要根据本通知要求，认真规划、精心组织，尽快启动本校精品课程建设工作，并保证精品课程的可持续发展。在组织规划精品课程建设时，要以基础课和专业基础课的精品课程建设为主，充分考虑学科与专业分布以及对学校教学工作的示范作用，要把精品课程建设与高水平教师队伍建设相结合。各高等学校还要切实加大和保障对精品课程建设的经费投入。在确保教高 [2001] 4 号文件规定的"学校学费收入中用于日常教学的经费一般不应低于 20%，用以保障教学业务、教学仪器设备修理、教学差旅、体育维持等基本教学经费"得到落实的基础上，各高等学校还应从事业费拨款中安排一定比例用于精品课程建设。

高等学校建设精品课程要重点抓好以下七个方面的工作：

一、制订科学的建设规划。各高等学校要在课程建设全面规划的基础上，根据学校定位与特色合理规划精品课程建设工作，要以精品课程建设带动其他课程建设，通过精品课程建设提高学校整体教学水平。

二、切实加强教学队伍建设。精品课程要由学术造诣较高、具有丰富授课经验的教授主讲（高职高专精品课程要由本领域影响力较大并具有丰富实践经验的教师主讲），要通过精品课程建设逐步形成一支结构合理、人员稳定、教学水平高、教学效果好的教师梯队，要按一定比例配备辅导教师和实验教师。鼓励博士研究生参加精品课程建设。

三、重视教学内容和课程体系改革。要准确定位精品课程在人才培养过程中的地位和作用，正确处理单门课程建设与系列课程改革的关系。精品课程的教学内容要先进，要及时反映本学科领域的最新科技成果，同时，广泛吸收先进的教学经验，积极整合优秀教改成果，体现新时期社会、政治、经济、科技的发展对人才培养提出的新要求。

四、注重使用先进的教学方法和手段。要合理运用现代信息技术等手段，改革传统的教学思想观念、教学方法、教学手段和教学管理。精品课程要使用网络进行教学与管理，相关的教学大纲、教案、习题、实验指导、参考文献目录等要上网并免费开放，鼓励将网络课件、授课录像等上网开放，实现优质教学资源共享，带动其他课程的建设。

五、重视教材建设。精品课程教材应是系列化的优秀教材。精品课程主讲教师可以自行编写、制作相关教材，也可以选用国家级优秀教材和国外高水平原版教材。鼓励建设一体化设计、多种媒体有机结合的立体化教材。

六、理论教学与实践教学并重。要高度重视实验、实习等实践性教学环节（高职高专教育要特别重视配套实训基地建设），通过实践培养和提高学生的创新能力。精品课程主讲教师要亲自主持和设计实践教学，要大力改革实验教学的形式和内容，鼓励开设综合性、创新性实验和研究型课程，鼓励本科生参与科研活动。

七、建立切实有效的激励和评价机制。各高等学校要采取切实措施，要求教授上讲台和承担精品课程建设，鼓励教师、教学管理人员和学生积极参加精品课程建设。各高等学校应对国家精品课程参与人员给予相应的奖励，鼓励高水平教师积极投身学校的教学工作。高等学校要通过精品课程建设，建立健全精品课程评价体系，建立学生评教制度，促使精品课程建设不断发展。

各省级教育行政部门要根据本通知精神，尽快组织本地区高等学校（包括部委所属高等学校）精品课程建设工作，投入足够经费支持精品课程建设，推动本地区教学资源共享和教学水平的提高。省级教育行政部门要在本地区高校精品课程建设的基础上组织本地区精品课程评选，并择优向我部推荐。

我部将对各省教育行政部门统一申报的课程进行评选，对入选的课程授予"国家精品课程"荣誉称号，给予一定经费补助，并上网形成中国高教精品课程网站，向全国高等学校免费开放。精品课程建设成果还将作为高等学校教学评估和评选高等学校教学名师奖的重要内容之一。有关国家精品课程实施的具体办法另行通知。

教育部

二○○三年四月八日

附录二

教育部办公厅关于印发《国家精品课程建设工作实施办法》的通知

教高厅〔2003〕3 号

各省、自治区、直辖市教育厅（教委），新疆生产建设兵团教委，有关部门（单位）教育司（局），教育部直属各高等学校：

根据《教育部关于启动高等学校教学质量与教学改革工程精品课程建设工作的通知》（教高〔2003〕1 号）精神，为保证国家精品课程建设的顺利实施，特制定《国家精品课程建设工作实施办法》，现印发给你们，请遵照执行。

附件：国家精品课程建设工作实施办法

教育部办公厅

二○○三年五月六日

国家精品课程建设工作实施办法

精品课程建设是高等学校教学质量与教学改革工程的重要组成部分，各级教育行政部门和各高等学校党政领导要给予高度重视，精心设计，精心组织。有关高等学校要在经费投入、人员保证、管理机制等各个方面不断创新，支持国家精品课程建设，保证国家精品课程的可持续发展。

国家精品课程建设采用学校先行建设、省区市择优推荐、教育部组织评审、授予荣誉称号、后补助建设经费的方式进行。教育部将建立"中国高教精品课程网站"，发布与高等学校精品课程建设有关的政策、规定、标准、通知等信息，并接受网上申请，开展网上评审、网上公开精品课程等工作。

一、申报方式

1. 申报条件。国家精品课程原则上应是本科、高职高专各个专业的基础课和专业（技术）基础课。申报"国家精品课程"的课程必须已在高等学校（含高职高专院校）连续开设 3 年以上。课程主讲教师具有教授职称（高职高专院校可适当放宽条件）。有关教学大纲、授课教案、习题、实验指导、参考文献目录等已经上网。同时，为评价主讲教师个人的授课效果，还需在网上提供不少于 50 分钟的现场教学录像。鼓励将课件或全程授课录像上网参评。

2. 申报步骤。国家精品课程申报由省级教育行政部门统一向教育部提出，申请公示内容应包括申请学校名称、课程名称、授课对象、主讲教师姓名等，不再附申请表格和说明材料。另由申报课程所在学校组织课程主讲教师通过"中国高教精品课程网站"直接提交课程的申请表格、说明材料以及课程上网的网址（包括进入密码）等。教育部不直接受理高等学校提出的国家精品课程评审申请。

3. 申报时间及受理机构。国家精品课程自 2003 年起，连续评审 5 年，每年评审一次，申报截止日期为当年的 9 月 15 日（2003 年将根据情况适当延期）。国家精品课程申报受理机构为教育部高等教育司（邮政编码：100816，通讯地址：北京市西城区大木仓胡同 35 号）。

二、评审方式

教育部将委托有关机构和专家进行国家精品课程评审。评审过程分为四个阶段，即：资格审查，网上教学资源评审，教学效果评价（学校举证、审看录像、网上学生评价）和公示材料（包括申请表格、说明材料、上网资源、学校举证、教学录像、网上学生评价意见）30天。情况特殊的也可委托专家到校现场复审。公示期内如无异议，由教育部授予"国家精品课程"荣誉称号，并向社会公布。

三、运行管理

1. 课程上网。由有关高等学校和主讲教师保证"国家精品课程"在网上的正常运行、维护和升级。确因技术原因需要中断的，必须在"中国高教精品课程网站"中注明原因。所在学校和课程人员应及时排除问题，尽快恢复上网课程的正常运行。

2. 年度检查。国家精品课程每年检查一次，检查工作由教育部委托有关机构和专家在网上进行，特殊情况也可到校检查。检查不合格的课程取消"国家精品课程"荣誉称号，停拨维护升级费，但保留其两年内申请复查的资格。复查合格的恢复"国家精品课程"荣誉称号，但不补拨维护升级费。被取消"国家精品课程"荣誉称号的课程不能重新申报自家精品课程。

四、知识产权管理

国家精品课程视为职务作品。凡申请国家精品课程评审的高等学校和主讲教师将被视为同意该课程在享受"国家精品课程"荣誉称号期间，其上网内容的非商业性使用权自然授予全国各高等学校。国家精品课程要按照规定上网并向全国高等学校免费开放，高等学校和授课教师要承诺上网内容不侵犯他人的知识产权。

五、经费支持

教育部对"国家精品课程"提供经费支持。支持经费包括建设补助费和维护升级费。建设补助费在评审结果公布后 3 个月内拨付，维护升级费在年度检查通过后拨付。我部将根据每门国家精品课程上网内容的多少和维护、升级情况适度调整支持额度。

六、其他

本办法未尽事宜将另行规定。本办法由教育部高等教育司负责解释。

附录三

精品课程评审指标说明（高职高专课程适用）

1. 本评审指标体系依据《教育部关于启动高等学校教学质量与教学改革工程精品课程建设工作的通知》（教高〔2003〕1 号）文件精神制定而成。

2. 高职高专精品课程是指体现高职高专教育特色和一流教学水平的示范性课程。精品课程建设要体现现代教育思想，符合科学性、先进性、创新性、系统性、适用性和教育教学的普遍规律，具有鲜明特色，并能恰当运用现代教学技术、方法与手段，教学效果显著，具有示范性和辐射推广作用。

3. 本指标以鼓励教育教学改革，引导教师创新，促进教学现代化为指导思想，评审时应结合高职高专教育教学特点着重考虑：

（1）理论教学应体现以应用为目的，以"必需、够用"为度；实践教学内容应与理论教学相配套，形成完整体系，突出产学结合特色，能很好培养学生实践技能，并尽可能考虑与国家职业技能鉴定相接轨；

（2）理论教学和实践教学大纲系统完整，能充分体现教学改革和教学研究的成果，指导思想把握准确，教学大纲既是本门课程教学的指导性文件，又是指导学生自学的纲要。教学大纲除了对本课程的基本内容提出明确要求外，还应根据学科的发展加以更新，提出培养学生能力的措施，阐明本课程与有关课程间的联系，充分体现优化课内、强化课外、激发学生主动学习的精神，并提出相应措施和办法；

（3）课程主要负责人与主讲教师应为具有丰富实践经验的"双师型"或"双师素质"的副高级及以上职称教师，并亲自主持、设计和指导实践教学；同时形成一支职称、学历、年龄结构合理、人员稳定、教学水平高、教学效果好的教学梯队，教学队伍中配备足够数量的辅导教师和实验教师，并具备一定比例的高水平的"双师型"或"双师素质"教师及企业兼职教师；

（4）教学条件上，应重点考察实训大纲、教材、学生指导书等教辅材料建设及实训硬件设施条件、实训项目开设等内容，除在数量上要保证实践教学要求，还要在质量上反映出高要求；

（5）教学方法上，要处理好以充分调动学生学习积极性和参与性为目的的传统教学手段和现代教育技术协调应用的关系；要恰当地处理传授知识和培养能力的关系，把讲授的重点由单纯讲知识本身转向同时讲授获得知识的方法和思维方法，注重"双语教学"应用；同时强调理论教学与实践教学并重，重视在实践教学中培养学生的实践能力和创新能力；

（6）教学效果上，应考察理论和实践环节考核方法指标，国家精品课程应在考核方式上有所创新和突破，考核方式、方法应科学、适用、灵活、多样；考核的重点，除了"三基"内容外要着重考核分析问题、解决问题的能力，通过全程考核激发学生学习的主动性和积极性，全面考核学生的能力和素质，能真实反映高职高专学生应用能力的培养水平。

4. 本方案采取定量评价与定性评价相结合的方法，以提高评价结果的可靠性与可比性。评审方案分为综合评审与特色评审两部分，分别用百分制记分。总分为综合评审得分折算

70%与特色评审得分折算30%后之和。

5. 综合评审得分计算：$M = \sum K_i M_i$，其中 K_i 为评分等级系数，A、B、C、D、E 的系数分别为 1.0、0.8、0.6、0.4、0.2，M_i 是各二级指标的分值。

6. 带 * 号的指标为核心指标，国家精品课程各核心指标得分均应在 C 以上（不含 C）。

附录四

教育部关于全面提高高等职业教育教学质量的若干意见

（教高〔2006〕16 号）

　　在贯彻党的十六届六中全会精神、努力构建社会主义和谐社会的新形势下，为进一步落实《国务院关于大力发展职业教育的决定》精神，以科学发展观为指导，促进高等职业教育健康发展，现就全面提高高等职业教育教学质量提出如下意见。

　　一、深刻认识高等职业教育全面提高教学质量的重要性和紧迫性

　　近年来，我国高等职业教育蓬勃发展，为现代化建设培养了大量高素质技能型专门人才，对高等教育大众化作出了重要贡献；丰富了高等教育体系结构，形成了高等职业教育体系框架；顺应了人民群众接受高等教育的强烈需求。高等职业教育作为高等教育发展中的一个类型，肩负着培养面向生产、建设、服务和管理第一线需要的高技能人才的使命，在我国加快推进社会主义现代化建设进程中具有不可替代的作用。随着我国走新型工业化道路、建设社会主义新农村和创新型国家对高技能人才要求的不断提高，高等职业教育既面临着极好的发展机遇，也面临着严峻的挑战。

　　各级教育行政部门和高等职业院校要深刻认识全面提高教学质量是实施科教兴国战略的必然要求，也是高等职业教育自身发展的客观要求。要认真贯彻国务院关于提高高等教育质量的要求，适当控制高等职业院校招生增长幅度，相对稳定招生规模，切实把工作重点放在提高质量上。要全面贯彻党的教育方针，以服务为宗旨，以就业为导向，走产学结合发展道路，为社会主义现代化建设培养千百万高素质技能型专门人才，为全面建设小康社会、构建社会主义和谐社会作出应有的贡献。

　　二、加强素质教育，强化职业道德，明确培养目标

　　高等职业院校要坚持育人为本，德育为先，把立德树人作为根本任务。要以《中共中央国务院关于进一步加强和改进大学生思想政治教育的意见》（中发〔2004〕16 号）为指导，进一步加强思想政治教育，把社会主义核心价值体系融入到高等职业教育人才培养的全过程。要高度重视学生的职业道德教育和法制教育，重视培养学生的诚信品质、敬业精神和责任意识、遵纪守法意识，培养出一批高素质的技能性人才。要加强辅导员和班主任队伍建设，倡导选聘劳动模范、技术能手作为德育辅导员；加强高等职业院校党团组织建设，积极发展学生党团员。要针对高等职业院校学生的特点，培养学生的社会适应性，教育学生树立终身学习理念，提高学习能力，学会交流沟通和团队协作，提高学生的实践能力、创造能力、就业能力和创业能力，培养德智体美全面发展的社会主义建设者和接班人。

　　三、服务区域经济和社会发展，以就业为导向，加快专业改革与建设

　　针对区域经济发展的要求，灵活调整和设置专业，是高等职业教育的一个重要特色。各级教育行政部门要及时发布各专业人才培养规模变化、就业状况和供求情况，调控与优化专业结构布局。高等职业院校要及时跟踪市场需求的变化，主动适应区域、行业经济和社会发展的需要，根据学校的办学条件，有针对性地调整和设置专业。要根据市场需求与专业设置情况，建立以重点专业为龙头、相关专业为支撑的专业群，辐射服务面向的区域、行业、企业和农村，增强学生的就业能力。"十一五"期间，国家将选择一批基础条件好、特色鲜明、

办学水平和就业率高的专业点进行重点建设，优先支持在工学结合等方面优势凸显以及培养高技能紧缺人才的专业点；鼓励地方和学校共同努力，形成国家、地方（省级）、学校三级重点专业建设体系，推动专业建设与发展。发挥行业企业和专业教学指导委员会的作用，加强专业教学标准建设。逐步构建专业认证体系，与劳动、人事及相关行业部门密切合作，使有条件的高等职业院校都建立职业技能鉴定机构，开展职业技能鉴定工作，推行"双证书"制度，强化学生职业能力的培养，使有职业资格证书专业的毕业生取得"双证书"的人数达到80%以上。

四、加大课程建设与改革的力度，增强学生的职业能力

课程建设与改革是提高教学质量的核心，也是教学改革的重点和难点。高等职业院校要积极与行业企业合作开发课程，根据技术领域和职业岗位（群）的任职要求，参照相关的职业资格标准，改革课程体系和教学内容。建立突出职业能力培养的课程标准，规范课程教学的基本要求，提高课程教学质量。"十一五"期间，国家将启动1000门工学结合的精品课程建设，带动地方和学校加强课程建设。改革教学方法和手段，融"教、学、做"为一体，强化学生能力的培养。加强教材建设，重点建设好3000种左右国家规划教材，与行业企业共同开发紧密结合生产实际的实训教材，并确保优质教材进课堂。重视优质教学资源和网络信息资源的利用，把现代信息技术作为提高教学质量的重要手段，不断推进教学资源的共建共享，提高优质教学资源的使用效率，扩大受益面。

五、大力推行工学结合，突出实践能力培养，改革人才培养模式

要积极推行与生产劳动和社会实践相结合的学习模式，把工学结合作为高等职业教育人才培养模式改革的重要切入点，带动专业调整与建设，引导课程设置、教学内容和教学方法改革。人才培养模式改革的重点是教学过程的实践性、开放性和职业性，实验、实训、实习是三个关键环节。要重视学生校内学习与实际工作的一致性，校内成绩考核与企业实践考核相结合，探索课堂与实习地点的一体化；积极推行订单培养，探索工学交替、任务驱动、项目导向、顶岗实习等有利于增强学生能力的教学模式；引导建立企业接收高等职业院校学生实习的制度，加强学生的生产实习和社会实践，高等职业院校要保证在校生至少有半年时间到企业等用人单位顶岗实习。工学结合的本质是教育通过企业与社会需求紧密结合，高等职业院校要按照企业需要开展企业员工的职业培训，与企业合作开展应用研究和技术开发，使企业在分享学校资源优势的同时，参与学校的改革与发展，使学校在校企合作中创新人才培养模式。

六、校企合作，加强实训、实习基地建设

加强实训、实习基地建设是高等职业院校改善办学条件、彰显办学特色、提高教学质量的重点。高等职业院校要按照教育规律和市场规则，本着建设主体多元化的原则，多渠道、多形式筹措资金；要紧密联系行业企业，厂校合作，不断改善实训、实习基地条件。要积极探索校内生产性实训基地建设的校企组合新模式，由学校提供场地和管理，企业提供设备、技术和师资支持，以企业为主组织实训；加强和推进校外顶岗实习力度，使校内生产性实训、校外顶岗实习比例逐步加大，提高学生的实际动手能力。要充分利用现代信息技术，开发虚拟工厂、虚拟车间、虚拟工艺、虚拟实验。"十一五"期间，国家将在重点专业领域选择市场需求大、机制灵活、效益突出的实训基地进行支持与建设，形成一批教育改革力度大、装备水平高、优质资源共享的高水平高等职业教育校内生产性实训基地。

七、注重教师队伍的"双师"结构，改革人事分配和管理制度，加强专兼结合的专业教学团队建设

高等职业院校教师队伍建设要适应人才培养模式改革的需要，按照开放性和职业性的内

在要求，根据国家人事分配制度改革的总体部署，改革人事分配和管理制度。要增加专业教师中具有企业工作经历的教师比例，安排专业教师到企业顶岗实践，积累实际工作经历，提高实践教学能力。同时要大量聘请行业企业的专业人才和能工巧匠到学校担任兼职教师，逐步加大兼职教师的比例，逐步形成实践技能课程主要由具有相应高技能水平的兼职教师讲授的机制。重视教师的职业道德、工作学习经历和科技开发服务能力，引导教师为企业和社区服务。逐步建立"双师型"教师资格认证体系，研究制订高等职业院校教师任职标准和准入制度。重视中青年教师的培养和教师的继续教育，提高教师的综合素质与教学能力。"十一五"期间，国家将加强骨干教师与教学管理人员的培训，建设一批优秀教学团队、表彰一批在高职教育领域作出突出贡献的专业带头人和骨干教师，提高教师队伍整体水平。

八、加强教学评估，完善教学质量保障体系

高等职业院校要强化质量意识，尤其要加强质量管理体系建设，重视过程监控，吸收用人单位参与教学质量评价，逐步完善以学校为核心、教育行政部门引导、社会参与的教学质量保障体系。各地教育行政部门要完善5年一轮的高等职业院校人才培养工作水平评估体系，在评估过程中要将毕业生就业率与就业质量、"双证书"获取率与获取质量、职业素质养成、生产性实训基地建设、顶岗实习落实情况以及专兼结合专业教学团队建设等方面作为重要考核指标。

九、切实加强领导，规范管理，保证高等职业教育持续健康发展

国家将实施示范性高等职业院校建设计划，重点支持建设100所示范性院校，引领全国高等职业院校与经济社会发展紧密结合，强化办学特色，全面提高教学质量，推动高等职业教育持续健康发展。各地要加强对高等职业教育的统筹管理，加大经费投入，制定政策措施，引导高等职业院校主动服务社会，鼓励行业企业积极参与院校办学，促进高等职业院校整体办学水平的提升，逐步形成结构合理、功能完善、质量优良、特色鲜明的高等职业教育体系。重视高等职业教育理论研究和实践总结，加强对高等职业教育改革和发展成果的宣传，增强社会对高等职业教育的了解，提高社会认可度。要高度重视高等职业院校领导班子的能力建设，建立轮训制度，引导学校领导更新理念，拓宽视野，增强战略思维和科学决策能力，要把人才培养质量作为考核学校领导班子的重要指标。高等职业院校党政领导班子要树立科学的人才观和质量观，把学校的发展重心放到内涵建设、提高质量上来，确保教学工作的中心地位。要从严治教，规范管理，特别是规范办学行为，严格招生管理。建立健全各种规章制度，完善运行机制，维护稳定，保障高等职业教育持续健康发展。

附录五

上海市高职高专精品课程一览表 （2003～2007 年）

精品课程名称	所在学院	时间（年）
商务管理实务	上海财经大学	2003
经济法概论		2005
生物化学	上海第二医科大学	2003
数据结构	上海第二工业大学	2003
JSP 程序设计		2004
数控机床故障诊断与维修		2004
程序设计基础		2005
电子商务概论	上海商职院	2003
基础会计学		2003
国际金融学	上海金融高等专科学校	2003
计算机组成与结构		2004
金融概论		2004
C＋＋ 程序设计	上海电机高等专科学校	2003
经济学基础		2003
可编程控制器技术应用		2004
基础会计学		2004
机械制图及计算机绘图	上海医疗器械高等专科学校	2003
药剂设备机械设计		2004
数字化医疗设备		2005
医院管理信息系统		2007
医疗器械检测技术		2007
金属热处理原理	上海应用技术学院	2004
文字设计		2006
市场营销学		2006

精品课程名称	所在学院	时间（年）
财务会计	上海立信会计学院	2004
财务管理		2005
商业银行经营与管理		2005
建设工程招标投标	上海城市管理职业技术学院	2004
城市管理监察执法实务		2006
物业维修管理		2007
健康评估	复旦大学	2005
Visual Basic 程序设计	同济大学	2005
Access 程序设计基础		2005
视觉形态创造学		2006
金融交易技术分析	上海金融学院	2005
保险概论		2005
自动检测技术	上海电机学院	2005
财务管理基础		2006
管理学基础		2006
微机原理与接口技术		2006
高职体育		2007
网络营销	上海建桥学院	2005
NET 程序设计		2007
创意设计基础		2007
职业发展规划与设计	上海商学院	2006
经济法		2007
现代饭店管理	上海旅游高等专科学校	2006
中国名菜制作技艺		2007
印刷概论	上海出版高等专科学校	2006
幼儿钢琴弹唱教程	上海行健职业技术学院	2006
网络工程		2007
预防医学	上海医药高等专科学校	2006
护理技术		2007
牙体形态学		2007

续表

精品课程名称	所在学院	时间（年）
高职应用数学	上海工商外国语职业学院	2006
数控原理与编程		2007
模拟电子技术		2006
现代汽车发动机电控技术	上海科学技术职业学院	2007
商务英语精读		2007
道路交通安全违法行为处理	上海公安高等专科学校	2007
海关稽查理论与实务	上海海关学院	2007
贸易单据	上海对外贸易学院	2007
现代通信技术基础	上海电子信息职业技术学院	2007
电工技术	上海工程技术大学	2007
数控机床与编程		2007
景观设计	上海济光学院	2007
船舶操纵	上海海事职业技术学院	2007
园林树木	上海农林职业技术学院	2007
建筑施工组织与管理	上海建峰职业技术学院	2007
书籍装帧	上海东海职业技术学院	2007
宝石学基础	上海新侨职业技术学院	2007

参 考 文 献

[1] 姬玉明，朱旭．创新高职师资培养途径：从"双师"向"三能"的跨越［J］．南通职业大学学报，2006，4．

[2] 孟庆黎．高职院校双师型教师队伍建设思考［J］．重庆科技学院学报（社会科学版），2007，2．

[3] 孔德慧，宋官东．加强"双师型"教师队伍建设 提高人才培养质量［J］．辽宁高职学报，2006，6．

[4] 毕于民．以人为本加强高职院校管理工作探析［J］．中国职业技术教育，2004，6：40．

[5] 教育部．关于"十五"期间加强中等职业学校教师队伍建设的意见．教育科学与计算机网

[6] （美）斯蒂芬·罗宾斯．组织行为学（第七版）．北京：中国人民大学出版社，2003．

[7] 彭新实．日本教师定期流动［J］．中国教师，2003，6，59－60．

[8] 翟轰．校厂一体，产教结合［J］．中国职业技术教育，2006，23．

[9] 黄旭．论高职共享型实训基地的建设［J］．中国职业技术教育，2004，21．

[10] 曾令奇．高职教育实训基地功能原则和途径建设理论探讨［J］．职教论坛，2005，18．

[11] 郑腾芳，朱康良．试论高职院校教师绩效评价体系的构建［J］．湖南广播电视大学学报，2007，1．

[12] 钟振宇．高职土建类专业教学模式改革探讨［J］．沿海企业与科技，2006，4．

[13] 李洪启．土木工程教育教学模式与操作技术［J］．辽宁高职学报，2003，5．

[14] 杨银凤．高职师资建设存在的问题与对策研究［J］．浙江教育学院学报，2007，1．

[15] 王济干，王志峰．青年教师成长要素分析和环境构造［J］．江苏高教，2003，4．

[16] 石伟平．比较职业技术教育［M］．上海：华东师范大学出版社，2001．

[17] 李宗尧．迈向21世纪的中国高等教育［M］．西安：西安电子科技大学出版社，1999．

[18] 王毅等．高等职业教育理论探索与实践［M］．南京：东南大学出版社，2005．

[19] 黄旭．论高职共享型实训基地的建设［J］．中国职业技术教育，2004，21．

[20] 曾令奇．高职教育实训基地功能原则和途径建设理论探讨［J］．职教论坛，2005，18．

[21] 吴建设．高职院校校企"双赢"合作机制的理性思考［J］．黑龙江高教研究，2005，1．

[22] 仲耀黎．高职科研劣势分析及解决办法［J］．中国成人教育，2004，3．

[23] 牛征．优化职业教育资源配置的研究［J］．教育科学，2001，2．

[24] 王照雯，宋殿文．高职城镇建设专业的办学经验与体会［J］．中国职业技术教育，2005，10．

[25] 徐挺，张碧辉．高职人才培养模式的特征再探［J］．职业技术教育，2003，22．

[26] 张建荣，颜明忠，陈兆铭．中国建筑企业职业教育及技术培训的新发展［M］．中

德职业教育的现状与未来，上海：学林出版社，2000.

［27］赵文辉. 高职高专院校师资品牌战略浅论［J］. 当代教育论坛，2007，4.

［28］谢小红. 奥地利工程类职业技术教育的特色［J］. 中国职业技术教育，2005，21.

［29］Davod H Bradley, Stephen A Herzenberg, Howard Wial. An Assessment of Labor Force Participation Rates and Underemployment in Appalachia［J］. Keystone Research Center, 2001, 8.

［30］赵志群. 职业教育与培训学习新概念［M］. 北京：科学出版社，2003.

［31］耿一波. 关于提高中等职业教育办学质量的若干思考［J］. 职教通讯，2005，1.

［32］徐挺，张碧辉. 高职人才培养模式的特征再探［J］. 职业技术教育，2003，22.

［33］史士本. 构建高等职业教育人才培养模式的探讨［J］. 教育科学研究，2001，6.

［34］许明，刘在今. 房屋建筑工程专业教学模式改革研究［J］. 职教论坛，2004，11.

［35］何翼，赵海洪. 从国外教育改革反思国内高校教师评估［J］. 宜宾学院学报，2007，1.

［36］王作兴. 高职建筑工程技术专业教育标准的研究. 高职高专教育土建类专业教学指导委员会会议交流材料，2004，8.

［37］丁宪良. 新世纪工程教育的思考［J］. 建筑教育研究，2004，4.

［38］赫克明. 当代中国教育结构体系研究［M］. 广州：广东教育出版社，2001.

［39］本书编委会. 职业学校（院）专业设置及培养模式与技能型人才培养指导全书［M］. 济南：山东文化音像出版社，2004.

［40］孙文学. 以就业为导向的高职学生职业能力培养－兼论高职人才培养模式的变革［J］. 职业技术教育，2005，4.

［41］Appleby, Alex, Sharon Mavin, Innovation not Imitation：Human Resource Strategy and the Impact on World-class Status［J］. Total Qaulity Management, 2005, 11.

［42］何乐民，张廷刚. 中等职业教育与现代教育技术的整合［J］. 职业教育研究，2004，10.

［43］高存艳. 职教教师效能研究［J］. 继续教育研究，2007，2.

［44］Good, T. L. & Brophy. J.：Contemporary Educational Psychology, 5thed. Longman publishers usa, 1995

［45］张风龙等. 现代远程教育人才培养模式探索［J］，中国远程教育，2001，12

［46］Philip H. Combas. 非正规教育应该得到发展吗［J］. 展望，1973，3（3）.

［47］高职高专教育土建类专业教学指导委员会建设类专业指导分委员会. 建筑装饰专业教学改革研究报告，2004，12.

［48］刘斌等. 新经济下职教师队伍建设资面临的问题及对策［J］. 企业经济，2005，1.

［49］曲洪山等. 以深化改革为基础强化高职精品课程建设［J］. 教育与职业，2006，9.

［50］吕岩荣等. 试论高职院校精品课程建设［J］. 教育与职业，2006，32.

［51］葛大汇. 面向市场学会经营——中小学管理的必由之路［J］. 中小学管理，2003，（10）.

［52］贺文瑾等. 我国职教师资队伍专业化建设的问题与对策［J］. 教育发展研究，2005，（10）.

［53］邓泽民，王宽. 现代四大职教模式［M］. 北京：中国铁道出版社，2006.

［54］邓泽民，陈庆合. 职业教育课程设计［M］. 北京：中国铁道出版社，2006.

［55］邓泽民，赵沛. 职业教育教学设计［M］. 北京：中国铁道出版社，2006.

［56］邓泽民，侯金柱. 职业教育教材设计［M］. 北京：中国铁道出版社，2006.

［57］中华人民共和国教育部高等教育司，全国高职高专校长联席会. 职场必修——高等职业教育学生职业素质培养与训练［M］. 北京：高等教育出版社，2005.

后 记

为了切实推进教育创新，深化教学改革，促进现代信息技术在教学中的应用，共享优质教学资源，全面提高教学质量，造就数以万计的专门人才和一大批拔尖创新人才，提升我国高等教育的综合实力和国际竞争能力，教育部决定在全国高等学校（包括高职高专院校）中启动高等学校教学质量与教学改革工程精品课程建设工作。

精品课程建设是高等学校教学质量与教学改革工程的重要组成部分。高等学校在精品课程建设中经过几年的实践已积累了不少宝贵经验。但是，为保证精品课程的可持续发展，在精品课程建设的实践中，如何紧紧抓住提高人才培养质量这条生命线，确保教学工作的中心地位，以培养满足国家和地方发展需要的高素质人才为目标，以提高学生国际竞争能力为重点，整合各类教学改革成果，加大教学过程中使用信息技术的力度，加强教学与科研的紧密结合，大力提倡和促进学生主动、自主学习，改革阻碍提高人才培养质量的不合理机制与制度，促进高等学校对教学工作的投入，建立各门类、专业的校、省、国家三级精品课程体系等等，在这些方面还有许多值得探索和研究的领域。

面对日新月异的高等教育发展形势和高等学校精品课程建设的大力推进，中国建设教育协会认真审视了3年来精品课程建设情况，尤其是对比分析了土建类专业精品课程建设情况，感觉到土建类精品课程建设任重道远。有鉴于此，中国建设教育协会于2005年底拟订了课题研究计划，其中包括《高职高专土建类精品课程建设的理论与实践》课题，上海城市管理职业技术学院承担了该课题研究项目。

为了高质量地完成课题研究项目，课题组展开了深入地调查研究。在取得第一手资料的基础上，《高职高专土建类精品课程建设的理论与实践》课题组编制了课题研究提纲，从课题研究背景、土建类精品课程建设国内外比较研究、土建类精品课程建设的指导思想、目标与定位、土建类精品课程建设的内容与方式和土建类专业精品课程评估指标五个方面形成课题研究主报告。在主报告研究的基础上，课题组又从"关于一流教学队伍建设研究"、"关于一流教学内容与教材研究"、"关于一流教学方法改革研究"、"关于一流教学管理现代化研究"和"关于一流公共实训基地建设研究"五个子课题进行研究，再加上四门精品课程建设情况及精品课程建设相关资料作为附录构成此书，总体设想是通过本课题研究来有效推动土建类高职高专院校精品课程的建设水平，创新土建类精品课程教学队伍构建、教学内容更新和教学方法改革，建立切实有效的激励和评价机制，高度重视实践性教学环节，通过实践培养和提高学生的创新能力。

在本书写作过程中，我们借鉴和吸收了一些国内外已有的研究成果，在文中都尽量加以注明。在专项研究成果中也列举了主要的参考文献，在此对这些研究成果的作者表示感谢。我们还要感谢中国建筑工业出版社对本书的编辑和出版给予的大力支持！

高职高专精品课程建设是一项长期的系统工程，还有许多工作要做。本书仅仅起到了一点抛砖引玉的作用。由于水平有限和编写匆忙，书中肯定存在着不少缺点和问题，我们真诚地欢迎和感谢同行专家和广大读者不吝赐教和指正。

陈锡宝
2007 年 7 月